ASSOCIATION FRANÇAISE

POUR

L'AVANCEMENT DES SCIENCES

Une table des matières et une table analytique, par ordre alphabétique, terminent chaque Tome des Comptes rendus de l'Association en 1911.

Dans les tables analytiques les nombres qui sont placés après la lettre *p* se rapportent aux pages de la brochure des Procès-Verbaux, ceux placés après l'astérisque (*) se rapportent aux pages du Volume des Comptes rendus.

47720   Paris. — Imprimerie GAUTHIER-VILLARS, 55, quai des Grands-Augustins.

ASSOCIATION FRANÇAISE

POUR

L'AVANCEMENT DES SCIENCES

FUSIONNÉE AVEC

L'ASSOCIATION SCIENTIFIQUE DE FRANCE

(Fondée par Le Verrier en 1864).

Reconnues d'utilité publique.

COMPTE RENDU DE LA 40ᴹᴱ SESSION.

DIJON

— 1911 —

NOTES ET MÉMOIRES

TOME III

SCIENCES MÉDICALES ;

SCIENCES PHARMACOLOGIQUES ;

ÉLECTRICITÉ MÉDICALE.

PARIS,

AU SECRÉTARIAT DE L'ASSOCIATION

Rue Serpente, 28

ET CHEZ MM. MASSON ET Cⁱᵉ, LIBRAIRES DE L'ACADÉMIE DE MÉDECINE

Boulevard Saint-Germain, 120.

1912

LISTE DES CONGRÈS ET DE LEURS PRÉSIDENTS.

— VOLUMES —

ANNÉES.		VILLES.		PRÉSIDENTS.	
1872	1re Session.	Bordeaux........	1 volume.	Claude BERNARD..........	(Décédé.)
1873	2e —	Lyon............	1 —	DE QUATREFAGES..........	(Décédé.)
1874	3e —	Lille	1 —	Adolphe WURTZ...........	(Décédé.)
1875	4e —	Nantes	1 —	Adolphe D'EICHTAL........	(Décédé.)
1876	5e —	Clermont-Ferrand.	1 —	J.-B. DUMAS	(Décédé.)
1877	6e —	Le Havre........	1 —	Paul BROCA...............	(Décédé.)
1878	7e —	Paris...........	1 —	Edmond FRÉMY...........	(Décédé.)
1879	8e —	Montpellier	1 —	Agénor BARDOUX	(Décédé.)
1880	9e —	Reims..........	1 —	J.-B. KRANTZ............	(Décédé.)
1881	10e —	Alger	1 —	Auguste CHAUVEAU.	
1882	11e —	La Rochelle	1 —	Jules JANSSEN............	(Décédé.)
1883	12e —	Rouen..........	1 —	Frédéric PASSY.	
1884	13e —	Blois...........	2 volumes (1).	Anatole BOUQUET DE LA GRYE.	(Décédé.)
1885	14e —	Grenoble	2 — (2).	Aristide VERNEUIL..........	(Décédé.)
1886	15e —	Nancy...........	2 —	Charles FRIEDEL	(Décédé.)
1887	16e —	Toulouse	2 —	Jules ROCHARD............	(Décédé.)
1888	17e —	Oran...........	2 —	Aimé LAUSSEDAT..........	(Décédé.)
1889	18e —	Paris...........	2 —	Henri DE LACAZE-DUTHIERS..	(Décédé.)
1890	19e —	Limoges.........	2 —	Alfred CORNU.............	(Décédé.)
1891	20e —	Marseille	2 —	P.-P. DEHÉRAIN...........	(Décédé.)
1892	21e —	Pau.............	2 —	Édouard COLLIGNON.	
1893	22e —	Besançon........	2 —	Charles BOUCHARD.	
1894	23e —	Caen............	2 —	É. MASCART	(Décédé.)
1895	24e —	Bordeaux........	2 —	Émile TRÉLAT............	(Décédé.)
1896	25e —	Tunis	2 —	Paul DISLÈRE.	
1897	26e —	Saint-Étienne....	2 —	J.-E. MAREY..............	(Décédé.)
1898	27e —	Nantes	2 —	Édouard GRIMAUX..........	(Décédé.)
1899	28e —	Boulogne-sur-Mer.	2 —	Paul BROUARDEL..........	(Décédé.)
1900	29e —	Paris...........	2 —	Hippolyte SEBERT.	
1901	30e —	Ajaccio..........	2 —	E.-T. HAMY	(Décédé.)
1902	31e —	Montauban.......	2 —	Jules CARPENTIER.	
1903	32e —	Angers.........	2 —	Émile LEVASSEUR.	(Décédé.)
1904	33e —	Grenoble	1 volume (3).	C.-A. LAISANT.	
1905	34e —	Cherbourg.......	1 — (3).	Alfred GIARD.............	(Décédé.)
1906	35e —	Lyon...........	2 volumes.	Gabriel LIPPMANN.	
1907	36e —	Reims..........	2 —	Henri HENROT.	
1908	37e —	Clermont-Ferrand.	1 volume (4).	Paul APPELL.	
1909	38e —	Lille...........	1 — (5).	Louis LANDOUZY.	
1910	39e —	Toulouse	1 — (6).	C.-M. GARIEL.	
1911	40e —	Dijon	1 — (6).	S. ARLOING.	(Décédé.)

(1) Reliés ensemble ou séparément.

(2) A partir de la 14e Session, les Tomes I et II sont reliés séparément.

(3) Pour le 33e Congrès de Grenoble, 1904, et le 34e, Cherbourg, 1905, le Tome I a été remplacé par un Bulletin mensuel dont les numéros 8 et 9 de chaque année ont été consacrés aux comptes rendus des séances générales et aux procès-verbaux des Sections.

(4) Le Tome I a été remplacé par deux brochures parues en septembre 1908.

(5) Le Tome I a été remplacé par une brochure parue en septembre 1909.

(6) Le Tome I a été remplacé par une brochure parue en septembre 1910. Le volume des Notes et Mémoires existe divisé en quatre Tomes, dont chacun comprend sa Table des matières et sa Table analytique par ordre alphabétique.

ASSOCIATION FRANÇAISE

POUR

L'AVANCEMENT DES SCIENCES

SCIENCES MÉDICALES.

M. TERRE,

Sous-Inspecteur de l'Assistance publique du Cher (Bourges).

DE L'UNITÉ DE LA TUBERCULOSE.
ROLE DE LA TUBERCULOSE BOVINE DANS LA TUBERCULOSE HUMAINE.

619 : 616.995

1er Août.

Les nombreux travaux qu'a suscités la retentissante Communication de Koch au Congrès de Londres en 1901, (communication dans laquelle l'illustre savant soutenait la théorie de la dualité de la tuberculose bovine et de la tuberculose humaine) ont eu pour résultat de préciser nos connaissances sur l'agent de la Tuberculose. Ils ont établi qu'il existe un type *bovin*, un type *humain* comme il existe un type *aviaire* et un type *pisciaire*. Mais, entre ces types fondamentaux, se rencontre toute une série d'intermédiaires aux caractères hybrides qui permettent de rattacher un type à l'autre.

De l'ensemble de ces travaux, dans l'exposé desquels il est impossible d'entrer dans une courte note comme celle-ci, il résulte encore que la tuberculose bovine est excessivement répandue (d'après certains auteurs, 5o et même 8o % des individus seraient atteints); que les jeunes sont plus vulnérables que les adultes, que la contagion par la voie du tube digestif joue un rôle prépondérant; enfin qu'à côté de la contamination bovo-bovine il existe aussi une contamination homino-bovine. Si les individus de l'espèce bovine jouissaient d'une existence aussi longue que ceux de l'espèce humaine, alors que leur existence naturellement plus courte se trouve encore abrégée par leur destination économique, il n'est pas exagéré d'affirmer que tous les bovins seraient atteints de tuberculose à la fin de leurs jours. Il faut dire aussi qu'en général l'espèce bovine offre une extrême résistance à la tuberculose, en ce sens que la maladie peut évoluer sans causer de troubles notables de la santé, puisque des animaux primés aux concours, les plus beaux sujets de boucherie, sont fréquemment atteints de pommelière.

De même, l'homme est extrêmement résistant à la tuberculose, ainsi que l'ont démontré les constatations nécropsiques; de nombreux travaux ont prouvé que si la contamination humaine s'effectue souvent par les germes contenus dans les poussières de l'air, empruntant ainsi la voie pulmonaire, elle a lieu aussi par la voie digestive comme conséquence de l'ingestion de produits tuberculeux (lait, viande) ou d'aliments souillés par des poussières bacillifères; ces travaux ont établi que si la contagion interhumaine semble jouer un rôle prépondérant, la contagion bovo-humaine est loin d'être négligeable. Ils ont mis en relief la vulnérabilité plus grande de l'enfance, la sensibilité du tube digestif de l'enfant au bacille d'origine bovine, fait à rapprocher de la vulnérabilité plus grande du veau chez les bovins et du rôle joué par son tube digestif dans l'infection.

Nous avons dit qu'il existe un type *bovin* et un type *humain*. Ces types se différencient par l'examen microscopique, par l'aspect des cultures, la rapidité du développement sur tel ou tel milieu, la virulence pour tel ou tel animal. Mais aucun caractère n'est fixe, le temps, la composition des milieux de culture, le passage sur tel ou tel animal, de multiples conditions qu'il n'est pas toujours possible de préciser permettent de passer d'un type à l'autre, par toute une gamme de variétés aux caractères hybrides.

Le type *bovin* est constitué par des bacilles courts, épais, très résistants aux décolorants. Le type *humain* présente des bacilles longs, grêles, résistant moins bien aux acides et à l'alcool. L'addition de glycérine aux divers milieux de culture active le développement du *bacille humain*, elle enraye ou retarde celui du *bacille bovin*. De sorte que les milieux glycérinés constituent en quelque sorte une pierre de touche permettant de déceler l'origine de tel bacille. S'il végète d'emblée sur milieu glycériné, c'est un bacille d'origine *humaine*. S'il ne cultive pas, c'est un bacille d'origine *bovine*.

D'après W. Park (¹), le meilleur milieu d'isolement et de différenciation pour le *type bovin* est le milieu de Dorset qui consiste dans l'œuf non glycériné additionné de 10 % d'eau en volume, puis congelé; pour le *type humain*, c'est le milieu de Lubenau composé d'œuf additionné de 3o %

(¹) CALMETTE. *De l'importance relative des bacilles tuberculeux d'origine bovine et humaine dans la contamination de l'homme.* (*Bulletin de l'Institut Pasteur*, 15 février 1911.)

de bouillon alcalin glycériné à 5 % et également coagulé. Selon W. Park, toute culture initiale à partir de produits tuberculeux végétant rapidement sur œuf glycériné est de *type humain*; au contraire, toute culture végétant bien sur œuf non glycériné est de *type bovin*. Cependant cette différenciation n'est pas aussi nette, aussi tranchée que l'affirme Park, puisque, par des repiquages en série, il est possible d'acclimater le bacille bovin au milieu glycériné.

Enfin, le bacille d'origine humaine est peu virulent pour le lapin, tandis que le bacille bovin provoque chez le lapin des lésions rapidement progressives et toujours graves.

Il apparaît donc, dit M. Calmette, que

« Le parallélisme de la virulence pour le lapin et pour le veau est bien réel, ainsi qu'en avaient déjà témoigné les expériences faites à Berlin. »

D'après ce qui précède, il pourrait sembler qu'il y a des limites nettement accusées entre la tuberculose bovine et la tuberculose humaine. Nous allons voir ce qu'il en faut penser.

En 1897, en collaboration avec MM. Bataillon et Dubard ([1]), nous avons fait connaître un nouveau type de tuberculose qu'on a appelé depuis *tuberculose pisciaire*, parce que ce type a été isolé sur une carpe. Nous avons démontré que par passage sur les animaux à sang froid : poissons, grenouilles, orvet, il est possible de transformer le bacille humain en bacille pisciaire. Cette transformation a été réalisée en utilisant des produits tuberculeux et des cultures. Elle s'obtient avec le bacille bovin comme avec le bacille humain. Des grenouilles inoculées avec des cultures d'origine bovine ont permis d'isoler le type pisciaire, les expériences ont été répétées avec de nombreuses cultures d'origines diverses; les unes provenaient de l'Institut Pasteur, du laboratoire du Val-de-Grâce, les autres provenaient du laboratoire de M. Arloing ou avaient été isolées de produits tuberculeux recueillis à l'abattoir de Dijon. Enfin, le type *aviaire* se transforme également en type *pisciaire* par passage sur l'animal à sang froid. Donc, des types aussi différenciés que les types bovin, humain, aviaire sont susceptibles de se transformer en type pisciaire. C'est là, à notre avis, un argument péremptoire contre la théorie de la dualité ou de la pluralité de la tuberculose. Et nous dirons aujourd'hui, comme en 1902, que l'agent de la tuberculose est susceptible d'adaptations multiples entraînant des variations dans sa virulence, ses propriétés, sa végétabilité; mais qu'il revête la forme bovine, la forme humaine, la forme aviaire ou la forme pisciaire, c'est toujours le rejeton issu d'une même souche initiale dont il importerait de préciser la nature.

Il est suffisamment démontré que les divers types de bacilles de Koch n'ont aucun caractère fixe; morphologie, végétabilité, virulence, adapta-

---

([1]) BATAILLON, DUBARD et TERRE, *Un nouveau type de tuberculose.* (*Comptes rendus Soc. Biologie*, 4ᵉ série, t. IV, 1897, p. 446-449). — L. TERRE, *Essai sur la tuberculose des vertébrés à sang froid.* (*Thèse de Lyon*, 1902).

tion, tout varie. C'est pourquoi il serait extrêmement dangereux de laisser répandre l'opinion que le type bovin n'est pas virulent pour l'homme.

Il est certain, au contraire, que le *type bovin* s'adapte à l'organisme humain, surtout dans le jeune âge. D'après W. Park, sur 100 enfants de o à 5 ans qui meurent tuberculeux plus du quart sont contaminés par le type *bovin*, tandis qu'au-dessus de 16 ans ce n'est qu'exceptionnellement que le bacille bovin se rencontre chez l'homme tuberculeux. Exactement, dans une proportion de 1,31 %, étant donné le lourd tribut que nous payons à la tuberculose, cette proportion est encore loin d'être négligeable.

Si l'on veut bien considérer que l'allaitement maternel a presque complètement disparu par suite du développement de l'industrialisme, que le lait maternel est remplacé par le lait de vache, que le jeune enfant possède un tube digestif tout particulièrement réceptif pour le bacille bovin, on conçoit le rôle capital joué par la contagion bovine par l'intermédiaire du lait bacillifère dans la mortalité infantile, dans la mortalité par tuberculose. Plus du quart des enfants qui meurent de tuberculose présentent du bacille bovin, c'est un chiffre qu'il ne faut pas oublier. Il est facile de concevoir que l'ingestion quotidienne de bacilles bovins par un organisme peu résistant, entraine finalement l'infection, et il n'est pas besoin d'insister, étant données nos connaissances sur la latence de la tuberculose chez l'homme et sa longue évolution, pour comprendre que si le bacille bovin ne se rencontre pas plus souvent chez l'adulte, c'est, d'une part, que l'adulte consomme moins de lait que l'enfant, que souvent l'adulte ne consomme pas le lait en nature comme l'enfant et, d'autre part, que le bacille bovin peut évoluer depuis l'époque éloignée de son introduction dans l'organisme de l'enfant pour se transformer en bacille humain.

De ce qui précède il semble résulter que l'organisation d'un contrôle sévère du lait s'impose. Et cependant un hygiéniste de haute valeur comme M. Calmette, qui reconnait bien que la tuberculose bovine constitue un réel danger pour l'homme n'hésite pas à écrire

« Qu'il convient de réagir contre l'exagération des craintes de contamination de l'homme par les bacilles qui existent fréquemment dans les laits commerciaux. On ne saurait contester que, même pour les jeunes enfants, la consommation du lait de vaches, malades, atteintes de tuberculose de la mamelle, soit infiniment moins périlleuse que les hygiénistes et les bactériologistes l'avaient pensé jusqu'à ces derniers temps: »

A ma confusion, j'avoue ne pas comprendre. Il y a des faits de contagion de l'enfant par le lait de vache, ces faits sont indiscutables. M. Calmette en rapporte : plus du quart des enfants qui meurent tuberculeux sont contaminés par le bacille bovin et M. Calmette écrit quand même que la consommation du lait de vaches tuberculeuses est moins périlleuse qu'on ne l'avait pensé. Certains lecteurs interprèteront mal ses écrits, d'autres travestiront sa pensée et l'opinion s'accréditera que le lait de

vaches tuberculeuses n'est pas dangereux, d'autant plus volontiers qu'il
s'agit là d'une question dans laquelle de gros intérêts économiques sont
en jeu.

Le crédit de 1 600 000^{fr}, inscrit au budget de l'agriculture pour indem-
niser les propriétaires d'animaux tuberculeux, est absolument insuffisant,
c'est trop peu pour entreprendre une lutte efficace; actuellement c'est
trop, car ce crédit constitue une véritable prime à la tuberculose. Que
représente cette somme de 1 600 000^{fr} comparée au chiffre de 2 000 000
de têtes de bétail bovin atteint de tuberculose? Pour entrer résolument,
en guerre contre ce fléau qui pèse si lourdement sur l'agriculture et la
société tout entière, qui constitue une menace perpétuelle pour la santé
de l'homme, il faudrait d'autres crédits et faire l'éducation hygiénique,
scientifique des agriculteurs qui ont le plus grand intérêt à s'imposer de
lourds sacrifices pour extirper la tuberculose de leurs étables; il faudrait
prendre des mesures rigoureuses pour interdire et empêcher la vente du
lait provenant de vaches tuberculeuses, et pour cela il serait nécessaire de
compléter notre législation sanitaire actuelle.

Mais encore, pour aboutir, faudrait-il que tous les hygiénistes soient
d'accord pour reconnaître et proclamer l'unité de la tuberculose.

M. DUBARD.

(Dijon.)

RÉFLEXIONS MÉDICO-CHIRURGICALES A PROPOS DE QUELQUES LONGUES SURVIES A LA SUITE D'OPÉRATIONS PUREMENT PALLIATIVES DANS LE CANCER DES VOIES DIGESTIVES.

616.3.0064

2 *Août.*

Je n'ai pas l'intention de faire ici la critique de la valeur comparée
en chirurgie gastro-intestinale, des résections et des opérations palliatives
telles la gastro et les entérostomies.

Au début de ma pratique, j'ai recherché ardemment les occasions de
pratiquer des résections complètes d'organes; j'ai même eu la chance de
réussir une gastrectomie totale et plusieurs résections partielles et sub-
totales de l'estomac.

Aujourd'hui je ne déplore plus, avec le désespoir du passé, de me
trouver toujours devant des lésions trop avancées pour pouvoir tenter
des résections effectives. L'expérience m'a instruit.

Aucune de mes résections ne m'a donné de survies aussi durables que de simples anastomoses; aussi, à part quelques surprises inattendues, quelques trouvailles opératoires possibles, je ne compte plus pratiquer de résection, opération que je condamne comme plus nuisible qu'utile au patient.

Voici l'exposé des faits, laissant chacun libre de juger, d'apprécier et de tirer des conclusions.

Depuis 1902, j'ai pratiqué plus de 550 grosses interventions sur le tube digestif (574 exactement). Un peu moins de la moitié s'adresse à des néoplasies.

Le cancer des voies digestives est excessivement fréquent dans la région.

De 1902 à 1907, j'ai fait 378 opérations, dont 182 pour des cancers de l'estomac, le reste pour ulcères ou affections inflammatoires des voies biliaires, de l'intestin. De ces interventions pour cancers plus ou moins avancés, dont certains tout à fait in extremis, j'ai enregistré les survies suivantes, à retenir pour leur durée. (Ici une remarque. On comprendra la réserve à laquelle je suis tenu par ma situation dans la région et la difficulté que j'ai eu à suivre des malades laissés à dessein dans l'ignorance de la nature de leur mal, et par conséquent à leur imposer un traitement médical post-opératoire.)

Malgré cela, 43 opérés pour stenoses pyloriques ou rétrécissements néoplasiques de l'intestin survivent depuis plus de quatre ans; sur ce nombre, 12 de sept à neuf ans. D'autres ont été complètement perdus de vue. Je revois quelques-uns de ces opérés, périodiquement, et après examen il m'a été fort difficile de sentir par le palper la tumeur qui avait déterminé l'intervention. L'embonpoint souvent extraordinaire qui a suivi la gastro-entérostomie et qui s'est maintenu, rend cette recherche impossible.

La plupart ont repris leur vie et leurs travaux habituels sans éprouver de malaise et sans suivre de régime. Je n'insiste pas.

Comment expliquer ces survies?

A. Erreurs de diagnostic, syphilomes, ulcères calleux! c'est bien difficile à admettre. Le chiffre effraie ma modestie.

B. Qui nous dit que le cancer ne serait pas spontanément curable dans certaines conditions ignorées encore ? C'est possible.

C. Je préférerais invoquer l'existence de temps d'arrêt dans la marche de l'invasion néoplasique, rémissions que l'organisme utiliserait de son mieux après la gastro-entérostomie pour opposer à la marche envahissante du mal de nouvelles barrières.

Mes prétentions ne vont pas au delà : avoir aidé l'organisme par une opération, à reprendre momentanément le dessus.

Ici, qu'on me permette d'exposer incidemment une série de constatations appuyées sur des recherches histologiques et des observations personnelles. En voici les conclusions.

Il ne faut pas considérer l'envahissement lymphatique, plus ou moins étendu, comme le *criterium* de la marche et la malignité du cancer. Au contraire, ce qui paraît mesurer sa virulence, c'est l'envahissement local des tissus différents à la façon d'une tache d'huile. Le cancer, suivant l'expression du poète latin, *adquirit vires eundo.* Tout particulièrement pour l'estomac, la gravité du pronostic découle plus du nombre de tissus muqueux, musculeux, celluleux et surtout séreux, envahis, que de l'étendue et de la grosseur de la tumeur.

Tant que le péritoine est indemne, on est en droit d'espérer une longue survie. Le respect m'est venu de l'intégrité péritonéale, au point de renoncer aux résections et même aux biopsies, en apparence innocentes, des généralisations ultérieures rapides. L'expérience m'a montré qu'il valait mieux rester dans le doute histologique de la nature d'une lésion que d'en acquérir la certitude par un viol du péritoine. Car ce viol amène fatalement une poussée de généralisation. (Voir *Observations* Bl.)

A. Ce que je viens d'exposer des relais se produisant dans la marche du cancer nous conduit à une autre explication des survies. C'est que le cancer du tube digestif évolue plus lentement que ne le disent les traités classiques. — Rien de plus vrai. Mais quelle que soit la durée qu'assigneront aux néoplasmes les traités rajeunis de l'enseignement classique, il est une notion qui me paraît acquise déjà. C'est que seuls ont bénéficié d'une longue survie les sujets dont le péritoine était indemne au moment de l'intervention.

E. Enfin, les longues survies obtenues ne seraient-elles pas un effet du traitement médical que j'institue et que je m'efforce de faire suivre à mes opérés, systématiquement depuis cinq années, moins sévèrement peut-être avant cette époque? Je fais prendre à tous mes cancéreux classiquement du fer et de l'arsenic et empiriquement de la magnésie et du manganèse.

« La directive » de cette conduite m'est venue de l'étude des régions où prédomine le cancer, c'est-à-dire les régions calcaires surtout, où la magnésie est rare. J'ai rapproché cela du fait, très anciennement connu de l'action éminemment favorable de la magnésie dans la cure de certains papillomes bénins mais inoculables : les verrues. J'en ai obtenu un succès remarquable dans un cas de verrucose généralisée. On ignore tout de ce qui constitue les conditions de virulence, d'évolution, des tumeurs dites *bénignes* ou *malignes*. J'ai cru pouvoir, sans aucuns risques, étendre la médication magnésienne du papillome bénin au cancer des voies digestives.

Autre chose encore :

La disparition précoce des principes oxydants dans le sang des cancéreux milite aussi en faveur de l'emploi du manganèse et de la magnésie dans les néoplasies. Ces métaux forment des bioxydes qui se réduisent et se régénèrent dans les tissus. On les trouve comme squelette des oxy-

dases que nous connaissons. Voici en résumé les considérations qui m'ont
conduit au choix de ces substances.

Comment agissent la magnésie et le manganèse? Est-ce directement,
en modifiant par leur présence les humeurs et le terrain humain? Est-ce
indirectement en changeant les conditions d'innervation et de vitalité
des tissus? Je ne saurais le dire. J'apporte des faits. Aux savants bien
placés de vérifier leur valeur et d'en donner les explications.

Il y a là certainement quelque chose. Alors même que je me ferais
illusion sur la valeur de l'emploi journalier et longtemps prolongé de
hautes doses de magnésie et de manganèse.

Comme cette thérapeutique est sans aucun danger, j'espère qu'elle sera
jugée digne d'être essayée par un grand nombre de mes confrères, seul
moyen d'en contrôler l'efficacité. Quelle que soit la valeur de cette
médication, il est bien certain qu'aucune thérapeutique ne sauvera un
cancéreux à la période cachectique, de même qu'aucune méthode ne
guérira un phtisique avancé.

Voici la façon de procéder à laquelle je me suis arrêté :

Pendant quinze jours, trois fois par jour entre les repas, une cuillerée
à café d'une poudre ainsi composée :

Carbonate de magnésie........... 100 ou 100
Phosphate trimagnésien........... 50 ou 100
Oxyde de manganèse........... 10 ou 10

Cesser huit à dix jours et reprendre le traitement pendant des mois.

La réserve que m'impose ma situation d'opérateur local m'oblige
à taire des observations où l'on pourrait reconnaître certains malades.
Cependant, je ne puis résister au désir d'exposer trois observations qui
ont presque la valeur d'expériences de laboratoire.

J'ai, depuis 1906, un grand nombre de malades qui suivent le traitement magnésien. Les résultats seront publiés quand le temps leur aura
apporté son contrôle.

Observation P..., bou..., à A...-le-D..., 57 ans. Estomac bi-loculaire,
suite (d'ulcère calleux?) août 1904. Deux cavités de même volume reliées
par un canal fibreux dur, blanc, du volume du pouce. Très peu de périgastrite et d'épiploïde.

Gastro-gastrostomie, car le pylore est très loin du travail inflammatoire de la petite courbure, est sain et très largement ouvert.

Suites parfaites, reprend sa vie, son métier de bouchère de campagne,
très pénible.

1906. — Souffre à nouveau, et comme entre temps j'ai opéré sa sœur
d'un néoplasme pylorique en octobre 1986, elle se décide à une nouvelle
intervention en février 1907. — Vomit tout, souffre atrocement, a
beaucoup maigri, est très cachectique. A l'ouverture du ventre, tout est
en ordre, pas d'adhérences. Cependant, partant de ma suture à l'angle

supérieur et antérieur de la séro-séreuse, du côté pylorique de l'anasto-
mose ancienne un énorme noyau néoplasique s'est développé qui a
envahi tout l'antre prépylorique et la petite courbure.

Je pratique une très large gatro-entérostomie réunissant les deux
poches, et j'ajoute un entéro-anastomose entre le bout jéjunal et le bout
duodénal de l'anse jéjunale reliée si largement à l'estomac. — Suites
parfaites. — Est toujours là, faisant son métier; a pris et prend encore
de la magnésie, si elle ne me ment pas. — Sa sœur vit aussi et suit le
même traitement.

Observation B..., chauffeur P.-L.-M., 35 ans.

Souffre de crises atroces de vomissements paroxystiques sur sa machine.
Est obligé de se faire vomir. Douleurs spontanées et provoquées sur le
bord gauche des côtes.

La palpation révèle une induration, une masse empâtée à gauche de la
ligne médiane tenant à l'estomac qui est peu mobilisable.

Insufflation impossible, douloureuse, provoquant vomissements. Intervention décidée.

Ulcus de la petite courbure, face postérieure, soudé au colon transverse qui a plongé avec l'épiploon et est venu s'accoler en haut et en
arrière de l'estomac. Perforation très petite du colon et de l'estomac.

Rupture des adhérences, suture de la perforation colique, résection
cunéiforme de l'ulcère gastrite. (Le pylore était sain et largement
ouvert.) Faute, mais comme le chante l'Église catholique, *Felix culpa...*,
qui m'a permis d'intéressantes constatations ultérieures. Guérison
complète; un mois après reprend son service; dix mois après, nouvelles
souffrances et pylorisme; un an, jour pour jour, après sa première intervention, est réopéré.

Tout est parfait, pas d'adhérences ni de périgastrite; mais à la partie
inférieure de la résection cunéiforme ancienne, un large bourrelet bosselé,
sous-péritonéal encore, disposé en fer à cheval, a envahi ma suture.

Néoplasme, à n'en pas douter, et néoplasme dont la marche rapide
a été favorisée par une résection sans doute incomplète du petit ulcère
perforant, résection qui a ouvert à la néoplasie le péritoine.

Je me contente d'une gastro postérieure. Excellents résultats, reprend
ses forces et passe mécanicien au P.-L.-M. et dix-huit mois après, en
pleine santé florissante, trouve la mort dans l'accident de Chagny.

Observation J. M..., 48 ans.

Hérédité néoplasique, femme de 48 ans, connue depuis février 1908,
où elle m'était adressée pour être opérée. Teint, faciès anémiés, cancéreux; à la palpation, tumeur volumineuse de la petite courbure.

Comme il n'y a pas de pylorisme ni de vomissements, je refuse d'intervenir, mais je la mets au traitement fer, arsenic, magnésie et manganèse.

Revue périodiquement, amélioration surprenante; reprise d'un embonpoint qui masque la tumeur et qui se maintient jusqu'au début de 1911. A la suite de fatigues, ennuis, surmenage, elle souffre à nouveau de l'estomac; elle présente les grands vomissements tardifs de stase. A maigri beaucoup et se cachectise.

La palpation montre un estomac volumineux sans atteindre la taille de certains, toutefois. Clapotant, etc., insufflation [un peu pénible, provoque des vomissements.

Au niveau de la petite courbure, induration, mais on ne sent plus la tumeur ancienne. Insufflation, pas d'adhérences; gastro-entérostomie décidée fin mai 1911; à l'ouverture du ventre, la tumeur a disparu. Toute la petite courbure de l'autre prépylorique du pylore est envahie par une cicatrice blanche, dure à la périphérie, de laquelle quelques bosselures et bourgeons sous-péritonéaux accusent la nature néaplasique de l'affection. Pas d'adhérences ni de périgastrite.

Gastro-entérostomie postérieure; suites parfaites; reprend ses forces et sa vie.

Sera suivie scrupuleusement. Elle continue du reste le traitement à la magnésie.

C'est la cicatrice déformant toute l'antre prépylorique qui a déterminé le pylorisme. Mais rien ne ressemblait à l'énorme tumeur perçue autrefois pendant de nombreux examens.

CONCLUSIONS.

1º Il résulte des faits observés que, dans le cancer gastrique, l'évolution et le pronostic après une opération palliative comme la gastro-entérostomie sont subordonnés à l'intégrité du péritoine plus qu'au volume de la masse néoplasique.

2b La conservation de l'intégrité péritonéale doit être une loi pour le chirurgien. Il devra être très circonspect en matière de résections. Celles-ci ne m'ont donné que des survies inférieures à celles des gastros, bien qu'ayant porté sur des sujets bien moins atteints par le néoplasme.

3º De dix années d'expérience il semble résulter que l'usage de la magnésie et du manganèse ont augmenté dans de riches proportions les survies post-opératoires qu'on est accoutumé de demander à de simples opérations palliatives comme la gastro-entérostomie.

4º Comme cette médication est d'une innocuité absolue, j'espère qu'elle entrera dans la pratique. On jugera ainsi de sa valeur dans le traitement du cancer des voies digestives.

5º En apportant ces faits à la connaissance du public médical après une période aussi longue de silence et d'observation, j'espère échapper au reproche de publier des faits avant les temps révolus, comme à celui de croire avoir trouvé la panacée du cancer. Car, dans mon esprit, j'attache peut-être plus d'importance à l'intégrité péritonéale de mes opérés qu'au traitement magnésien dont je fais suivre l'intervention.

6º Nous ne savons rien des conditions d'évolution, de virulence, etc., du cancer, de son essence, etc. Qui nous dit qu'en minéralisant l'organisme d'une façon particulière, on ne constitue pas dans le terrain humain des conditions toutes différentes où le cancer en évolution trouve une résistance augmentée des cellules de l'organisme, ou bien subit une transformation de sa virulence et n'évolue plus qu'avec la lenteur de la forme qu'on appelait autrefois le squirrhe.

La Tuberculose dans la genèse des états dyspeptiques graves.

L'estomac des tuberculeux a fourni de nombreux Chapitres à la pathologie gastrique. C'est un champ d'exploration inépuisable sur lequel on peut encore glaner des faits intéressants.

Écartons de notre sujet les lésions tuberculeuses de l'estomac et de l'intestin, les dyspepsies cachectiques de la période terminale, les dyspepsies créées, tant par les traitements médicamenteux que par la cure diététique de la tuberculose pulmonaire. Car, avouons-le, la suralimentation a tué plus de tuberculeux qu'elle n'en a guéri. Il nous reste toute une série de maladies de l'estomac, où le bacille de Koch, sans exercer directement son pouvoir nocif, me semble devoir endosser une grande part des responsabiltés pathogéniques.

Nous savons tous comment un organe malade excite à distance des troubles réflexes, vrais échos qui répercutent les souffrances d'un point malade à toute une sphère d'innervation. Il en est ainsi de la tuberculose pulmonaire chronique.

Redire la fréquence des palpitations de cœur et les troubles gastro-intestinaux dont souffrent ces malades serait vraiment ridicule. Mais, au point de vue qui m'occupe, si l'on examine certains dyspeptiques, on ne peut qu'être frappé par l'air de famille qui les caractérise. Ce sont des malades dont le visage porte le cachet des souffrances gastriques longtemps supportées; amaigris, les traits tirés, plus ou moins anémiés suivant qu'on les examine pendant une période de crise ou de rémission. Ils accusent à peu près les mêmes symptômes au début : dyspepsies par excès de sécrétion ou spasme pylorique; symptômes qui vont s'atténuant ou s'exacerbant suivant que leur type de dyspepsie hyperchlorhydrique se modifie avec le temps et la gastrite chronique qui vont diminuant leur activité sécrétoire; ou bien qu'au contraire, la présence d'un ulcus et des accidents de pylorisme viennent assombrir le tableau symptomatique en le corsant de vomissements et de crises douloureuses paroxystiques.

Tous ont été des dilatés. Mais pendant que certains d'entre eux évoluent spontanément vers la guérison à mesure que les troubles d'inervation dans la sphère pneumogastrique s'atténuent, d'autres deviennent, médicalement parlant, des incurables. Ils relèvent de la chirurgie. Une cicatrice pylorique, un ulcère de la petite courbure, etc., rendent une intervention nécessaire.

Examinez et interrogez ces malades. Tous vous avoueront avoir eu des bronchites répétées dans leur jeunesse ou leur âge mûr. L'auscultation vous confirmera l'existence d'une tuberculose pulmonaire ancienne des traces indiscutables de sclérose pulmonaire, des adhérences.... Chez certains, quelques râles discrètement localisés à l'un des sommets, des frottements pleuraux à la base du même poumon ne vous laisseront aucun doute sur la nature d'une tuberculose torpide en voie de cicatrisation ou d'évolution ralentie.

Beaucoup de ces malades vous diront aussi avoir souffert d'attaques d'asthmes, de fausses angines de poitrine que remplacent parfois des crises gastriques paroxystiques survenant à la suite de causes banales : fatigue, surmenage, excès alimentaires insignifiants. Tous ces troubles existant concurremment dans la sphère de distribution du pneumogastrique, et survenant chez des sujets qui ont la même histoire pathologique, sont des plus suggestifs. J'ai pensé voir dans ces dyspeptiques plus ou moins atteints dans leur sécrétion, leur motricité et leur trophisme stomacal une véritable parenté clinique et devoir chercher dans une cause commune l'origine de leur état dyspeptique.

La tuberculose, en créant au niveau des terminaisons pulmonaires des vagues une irritation chronique, a déterminé à la longue l'inflammation de ces filets nerveux; *travail inflammatoire toxique* (tuberculines, produits réactionnels de la lutte phagocitaire contre le bacille et ses sécrétions, etc.) ou *dégénérescence des filets du nerf par surmenage fonctionnel*, je ne saurais le dire; mais, en tout cas, état d'irritabilité chronique du nerf pneumogastrique, situé du côté de la lésion pulmonaire, irritabilité qu'on peut mettre en évidence d'une façon très simple, ainsi qu'on le fait lorsqu'on cherche les points sciatiques aux lieux d'élection.

En effet, si l'on vient à comprimer le vague sur son trajet cervical chez ces malades, on détermine une douleur souvent très vive. On ne trouve pas cette douleur chez tous les tuberculeux résistants, mais on peut être assuré que, chez tous les tuberculeux chroniques où elle existe, la sphère d'innervation pneumogastrique présente les troubles fonctionnels remarquables que j'ai esquissés plus haut.

Les points sensibles sciatiques, l'extension de la jambe devenue douloureuse, l'atrophie des muscles ne suffisent-ils pas aux cliniciens pour dire névrite sciatique? Pourquoi être plus exigeant vis-à-vis des pneumogastriques et ne pas honnêtement appeler névrite pneumogastrique un état pathologique dans lequel existent : douleur sur le trajet, retentissement morbides dans sa distribution anatomique, troubles sécrétoires divers, paroxysmes de souffrances, états spasmodiques... et enfin troubles trophiques tels que l'ulcus gastrique?

Lorsqu'on parcourt la pathogénie de l'ulcère gastrique, on est frappé du nombre et de la pauvreté des causes invoquées : température des aliments ingérés; leur point de chute sur la petite courbure; l'absorption de boissons alcooliques, de caustiques; infection de la muqueuse; embolies septiques, etc. Après ventilation des faits, je suis certain que toutes ces causes, isolées ou coalisées, n'arriveront pas à déterminer des dyspepsies graves et de l'ulcère gastrique. Il faut qu'un trouble de l'innervation stomacale préexiste à ces causes par trop banales.

Sur cent ulcères gastriques opérés, je trouve soixante-quinze fois l'existence d'une tuberculose pulmonaire antérieure, guérie ou à évolution très lente. Chez ces 75 % de ces malades, les pneumogastriques sont restés douloureux à la pression.

Dans une thèse (¹) intitulée *Pneumogastrique et ulcère stomacal*, mon élève, le docteur Huchon, a déjà, en 1907, exposé et défendu ces idées. Depuis, les nombreux malades que j'ai eu à examiner et à opérer par la suite n'ont fait que confirmer dans l'étiologie des dyspepsies graves et de l'ulcus gastrique le rôle prépondérant de la tuberculose pulmonaire à évolution lente.

Dans diverses Communications à notre Société médicale locale, aux congrès de la Tuberculose, j'ai apporté de nombreux faits confirmatifs de cette manière de voir. Je ne nie pas l'aide considérable apportée à la constitution de ces états dyspeptiques chez des tuberculeux, par le surmenage imposé à leurs organes digestifs par une suralimentation inconsidérée; je l'admets sans contestation. Mais encore a-t-il fallu à ces gros mangeurs, par ordonnance médicale, que leur tuberculose pulmonaire ait créé dans leurs filets pneumogastriques une irritabilité morbide spéciale pour engendrer les troubles trophiques nécessaires à la formation de l'ulcus stomacal ou duodénal, ou seulement d'une maladie grave de la sécrétion et motricité gastrique.

Il manque à ma thèse l'examen histologique. Je ne l'ai pu faire, n'en ayant pas eu l'occasion.

Mais avant de rejeter ma théorie sur la genèse de l'ulcus stomacal, qu'on n'oublie pas une expérience de Pawlow. Dans son laboratoire, il a réalisé de toutes pièces l'ulcère stomacal et les troubles moteurs et sécrétoires qui l'accompagnent, en broyant ou irritant chroniquement les vagues chez les chiens en expérience.

Il ne suffit pas de couper le ou les vagues pour créer l'ulcus stomacal : il faut un état de souffrance chronique du nerf, un détraquement prolongé de l'innervation pour que se manifestent à l'une de ses extrémités les troubles trophiques qui seuls peuvent constituer l'ulcère de l'estomac.

Quel état peut mieux réaliser cliniquement ce *desideratum* de souffrances chroniques des vagues et les troubles prolongés dans leur innervation que la tuberculose chronique?

Je rappelle, en passant, que la douleur à la pression sur le trajet des

(¹) Lyon, 1907.

vagues au cou est un des meilleurs signes pour le clinicien de différencier le cancer stomacal de l'ulcère vrai, tel que nous l'entendons en clinique. C'est à ce symptôme que le Dr Huchon a donné le nom de *signe de Dubard.*

Nous lui en laissons, tout en l'en remerciant, la responsabilité.

M. Victor NICAISE,

Lauréat de l'Institut (Paris).

STATISTIQUE SUR LES SIX CAS DE KYSTES HYDATIQUES DES CAPSULES SURRÉNALES QUI EXISTENT DANS LA SCIENCE.

616.45.0028

31 *Juillet.*

Au cours de nos recherches sur l'*Echinococcose dans les organes urinaires,* — recherches que nous avons consignées dans un volume qui paraîtra sous ce titre dans les premiers mois de l'année 1912, — nous avons dépouillé un nombre énorme d'observations de kystes hydatiques, aisément de 8000 à 10000. Nous nous disposons du reste à publier cette sorte de recensement, en tableaux récapitulatifs tout au moins. Ce travail au surplus sera assez malaisé. En effet, un certain nombre d'auteurs se sont bornés à nous apprendre dans de simples relevés statistiques qu'ils avaient observé tant de cas dans le foie, tant dans le poumon, etc., sans énumérer le moins du monde les cas ainsi rencontrés. Il est facile de comprendre que de tels travaux ne peuvent guère nous servir, vu leur imprécision. D'autre part, les statistiques bibliographiques sont tellement intriquées les unes dans les autres à cause des emprunts que leurs auteurs se sont fait réciproquement, qu'on ne peut les juxtaposer bout à bout et qu'il est nécessaire pour en faire la somme de les démolir entièrement et de les reprendre observation par observation, travail fastidieux et qui n'est même qu'à moitié intelligent, car si la bibliographie est utile, pourtant pas trop n'en faut.

Enfin, bref, sur un nombre d'observations de kystes hydatiques que nous pouvons qualifier de considérable, nous n'en avons rencontré que six ayant trait à la localisation de l'échinocoque dans les capsules surrénales, une rédigée en français, une en italien, une en anglais et trois en allemand, dont un cas allemand, un cas suisse et un cas russe. Ces six cas sont ceux de Perrin (1853), de Risdon Bennett (1863), de Huber (1868), de Teutschlaender (1907), d'Elenevsky (1907) et de Pacinotti (1908).

Dans notre Ouvrage sur l'*Echinococcose dans les organes urinaires,*

où toutes ces observations sont rapportées *in extenso* ([1]), le lecteur trouvera une étude très détaillée et très minutieuse de cette question. Nous
nous bornons ici à une simple Note statistique.

Ces observations ne concernent toutes que des hommes, âgés respectivement de 36, 46, 60, 62 et 80 ans; dans un cas l'âge n'est pas indiqué.

Dans tous ces cas, il s'agit de trouvailles d'autopsie. Le kyste siégea
cinq fois à droite et une fois à gauche. Il n'y eut d'accidents d'insuffisance
surrénale, auxquels du reste le malade succomba, que dans le cas de Huber.
Dans les autres observations, nous relevons comme cause de mort les
suites d'une apoplexie, une affection chronique du poumon, des accidents
consécutifs à de l'hypertrophie de la prostate (cystite, infiltration d'urine,
etc.); dans un cas, celui de Teutschlaender, aucun renseignement à ce
sujet; dans le cas d'Elenevsky, le malade mourut épuisé du fait de la présence dans quantité d'organes de kystes de la forme bavaro-tyrolienne.

En effet, de ces 6 observations, 3 relèvent de la forme hydatique
commune, celles de Perrin, de Risdon Bennett et de Pacinotti, et 3 de
la forme bavaro-tyrolienne, celles de Huber, d'Elenevsky et de Teutschlaender.

Dans les cas de Risdon Bennett et de Pacinotti, on ne nota pas la présence de kystes hydatiques dans d'autres organes que la capsule surrénale. Au contraire, dans celui de Perrin, on trouva dans le petit bassin un
kyste extrêmement volumineux qui, même, avait déplacé la vessie dont
une partie s'était logée dans la poche scrotale gauche.

Dans l'observation de Huber, l'affection parasitaire était localisée uniquement à la capsule surrénale, tandis que dans celles extrêmement
curieuses et remarquables à tout point de vue (et qui de plus ont le mérite
d'avoir été admirablement bien prises et rédigées) d'Elenevsky et de
Teutschlaender, l'organisme était farci, si on peut s'exprimer ainsi, de
kystes alvéolaires. Chez le malade de Teutschlaender, on en trouva, et en
grandes quantités, dans l'hémisphère gauche du cerveau, dans les deux
poumons et dans le foie, et chez celui d'Elenevsky, au niveau du
diaphragme, dans le foie, dans la plèvre droite, dans le médiastin antérieur et au niveau des côtes et de la colonne vertébrale qui même étaient
fracturées par suite de la destruction des trabécules. Le sujet en question
avait été soigné pour ces lésions osseuses, lésions dont la cause ne fut
du reste pas reconnue pendant la vie.

Ainsi que nous l'avons déjà dit, il n'y a que le cas de Huber où l'on ait
noté des symptômes d'insuffisance surrénale. Dans tous les autres cas,
l'affection passa inaperçue et la suppression physiologique de la glande
ne parut pas causer grand dommage à l'organisme. Pourtant, plusieurs
de ces malades durent porter leur tumeur parasitaire durant de longues
années, notamment celui de Pacinotti, dont le kyste était tellement
calcifié qu'on eut le plus grand mal à l'inciser.

([1]) Les chercher aux n°s 377, 378, 379, 585, 586, 587.

Il convient de remarquer que la glande surrénale constitue chez le Porc un siège d'élection de l'échinococcose, de l'*échinococcose expérimentale* tout au moins. C'est ainsi que Dévé ([1]), ayant fait ingérer à trois gorets des boulettes de matières fécales de chien ténifères desséchées à l'air, constata, chez chacun de ces trois sujets sacrifiés le quatrième mois après l'infestation, la présence de nombreux kystes dans les surrénales et kystes volumineux, et kystes bilatéraux et kystes multiples, ce qui prouve bien (point sur lequel insiste Dévé) que cette localisation, un peu surprenante au premier abord, n'était pas le résultat du hasard ou d'un accident. Dévé ajoutait que les capsules surrénales venaient en quatrième lieu, après le poumon, le foie et la rate, avant le rein et le cœur, dans l'échelle des localisations d'élection de l'échinococcose primitive expérimentale chez le Porc. Dévé faisait remarquer, toujours au cours de cette même Communication à la Société de Biologie, que cependant cette localisation à l'état *spontané* était exceptionnelle chez le Porc et que même il ne l'avait trouvé signalée dans aucun des Traités et Ouvrages traitant de l'art vétérinaire. Une enquête de ce genre que nous avons menée de notre côté nous a donné des résultats tout aussi négatifs. Le kyste hydatique des capsules surrénales paraît du reste aussi rare chez les animaux que chez l'homme. Pourtant, Fumagalli en aurait observé un cas chez le Bœuf.

Pourquoi, chez le Porc, une telle différence, au point de vue de la fréquence, entre l'échinococcose spontanée et l'échinococcose expérimentale des capsules surrénales? Voilà une question à laquelle il est difficile de répondre. Il est certain que le fait est déconcertant.

Pacinotti, au cours de considérations dont il faisait suivre son observation, s'étonnait de la rareté de cette localisation chez l'homme, vu « que les capsules surrénales sont richement vascularisées et, de plus, proches du foie et du tube intestinal ». Il pensait :

« Que le produit de sécrétion des cellules de la substance médullaire des surrénales, l'adrénaline, était pour les kystes hydatiques un poison très énergique qui les arrêtait dans leur développement. »

Nous ne croyons pas que cette opinion, que le très distingué chirurgien italien n'émettait du reste qu'à titre de supposition, faisant remarquer qu'elle aurait besoin d'être vérifiée, réponde à la réalité des faits. D'abord, c'est par la voie artérielle que l'échinocoque pénètre dans les organes. Dans notre Ouvrage sur l'*Echinococcose dans les organes urinaires* et dans une Communication sur la *Migration de l'hexacanthe dans l'organisme*, apportée au Congrès de l'Association française pour l'Avancement des Sciences de 1909 (session de Lille), nous nous sommes longuement étendu sur cette question, du reste parfaitement étudiée

---

([1]) Dévé, *Echinococcosse expérimentale du Porc. Kystes hydatiques des glandes surrénales* (*Comptes rendus Séances et Mém. Soc. Biol.*, Paris, t. LXIX, 1910, p. 41-43).

depuis longtemps, et le seul point tant soit peu original de notre travail fut de confirmer le fait à l'aide de considérations statistiques basées sur les préférences que l'échinocoque a pour tel et tel organe de l'économie. Dans chacune des trois expériences de Dévé, la présence de kystes fut signalée dans chacune des deux capsules surrénales, et dans chaque surrénale ils étaient volumineux et multiples, ce qui prouve bien que c'était par la voie artérielle que les embryons hexacanthes étaient parvenus dans l'organe. Donc le voisinage des surrénales avec le foie et l'intestin n'a aucune sorte d'importance, d'autant plus que si la première proposition de Pacinotti (la migration active d'embryons venus directement du duodénum) était vraie, on devrait trouver également des kystes dans les autres tissus juxta-duodénaux, ce qui n'a jamais été constaté, à notre connaissance du moins, et nous avons quelque expérience de cette question. Cet avis, du reste, est celui de Dévé.

Quant à la deuxième proposition de Pacinotti (à savoir que l'adrénaline serait un poison pour l'échinocoque), elle tombe devant l'assertion de Dévé qui dit avoir trouvé sur ses coupes histologiques « des kystes en pleine activité se développant au centre même de la substance médullaire des surrénales ».

Les kystes hydatiques des capsules surrénales peuvent évidemment être *primitifs* ou *secondaires*. Jusqu'à plus ample informé (se reporter à notre Livre), nous tenons les six cas cliniques que nous avons trouvés dans la littérature médicale comme relevant de l'échinococcose primitive.

Bibliographie, par ordre chronologique, des cas de kystes hydatiques des capsules surrénales publiés jusqu'à ce jour.

Perrin, *Kyste hydatique du petit bassin ayant déterminé une hernie de la vessie* (*Comptes-rendus des séances et Mémoires de la Société de Biologie de Paris*, t. V, 1853, p. 155-157).

Risdon Bennett, *Hydatid cyst occupying the left supra-renal capsule* (*Transactions of Pathological Society of London*, t. XV, 1863-1864, p. 224).

Huber, *Zur Casuistik der Addison'scher Krankheit* (*Deutsche Archiv für Klinische Medicin*, t. IV, 1868, p. 613-615). *Echinococcus multilocularis der Nebenniere* (*Archiv für Klinische Medicin*, t. V, 1869, p. 139-140).

Elenevsky, *Zur pathologischen Anatomie des multiloculären Echinococcus beim Menschen* (*Archiv für Klinische Chirurgie* 1907, t. LXXXII, p. 393-461; obs. p. 394-406).

Teutschlaender, *Zur Kasuistik des Echinococcus alveolaris* (*Correspondenz-Blatt für Schweizer Aerzte* 1907, p. 406-413).

Pacinotti, *Di un caso di cisti d'echinococco della capsula surrénale* (*Gazzetta degli Ospedali e delle Cliniche* 1908, p. 847-851).

MM. Marcel LABBÉ et BITH.

(Paris).

LA DIURÈSE AU COURS DE LA FIÈVRE TYPHOÏDE.

612.464.7 + 616.63

2 Août.

On a toujours attaché un grand intérêt clinique à l'étude de la diurèse dans les diverses maladies et l'on a l'habitude de suivre les variations de la quantité des urines comme l'on suit la courbe de la température.

Mais, le plus souvent, c'est très arbitrairement que l'on en tire des conclusions, se contentant de penser qu'il y a polyurie ou oligurie, suivant que les urines sont au-dessus de 2 litres ou n'atteignent pas le litre. Ces constatations ne servent à rien, car l'on néglige le facteur le plus important dans cette question, c'est-à-dire la quantité de liquide ingérée.

La diurèse, en effet, dépend surtout des ingesta et c'est l'étude du rapport entre l'eau ingérée et l'eau excrétée qui seule peut nous donner des renseignements exacts, presque mathématiques, sur l'état du rein et les petits troubles de la sécrétion urinaire.

Nous éliminerons ainsi les fausses polyuries et oliguries qui ne sont dues qu'à l'excès ou au défaut de boissons, et nous pourrons saisir des troubles légers de la filtration rénale qui, sans cela, auraient passé inaperçus.

C'est ce rapport entre la quantité d'eau mise à la disposition de l'organisme et l'urine excrétée que nous proposons d'appeler *coefficient de diurèse*.

L'eau fournie à l'organisme, vient de trois sources :

1° L'eau des boissons ingérées ;

2° L'eau de constitution des aliments solides ;

3° L'eau formée par la combustion des aliments dans le corps.

On tiendra donc un compte exact des boissons bues dans les 24 heures ; on se servira des tables de composition des aliments pour connaître l'eau de constitution ; et l'on sait, d'après Magnus Lévy, que, avec un régime mixte, l'eau d'oxydation correspond à peu près à 12ᵍ pour 100 calories alimentaires.

A l'état normal, d'après les travaux de Pettenkofer et Voit, d'Atwater et Bénédict, qui ont étudié quelles sont les proportions de l'eau éliminée par les urines par rapport à celle éliminée par la respiration et la peau, on trouve que chez des ouvriers vigoureux, au repos, 1280 cm³ sont éliminés par les urines contre 830 cm³ par la respiration et la peau; au travail, 1200 cm³ par les urines contre 1410 par les autres organes.

Pour Maurel, la moitié de l'eau s'élimine par les reins, un quart par la peau, un cinquième par les poumons et un vingtième par l'intestin.

Mais la proportion de l'eau éliminée par les urines diminue pendant l'été et augmente avec la quantité des boissons.

Avant d'aborder l'étude de la diurèse dans les maladies, nous avons voulu connaître le coefficient chez des individus sains, maintenus au lit, à un régime mixte.

Nous avons obtenu la moyenne suivante :

Urine......................... 1800 cm³
Eau ingérée.................. 3008 cm³

ce qui nous donne un coefficient de diurèse de 0,60.

Nous avons alors étudié l'état de la diurèse dans la fièvre typhoïde, maladie cyclique à crise terminale, voulant nous rendre compte si l'oligurie de la période d'état ne résultait pas seulement de la petite quantité des boissons et de la perte d'eau par la diarrhée et si la crise terminale n'était pas simplement le fait d'une augmentation des aliments et des boissons.

Nos observations ont porté sur neuf malades atteints de fièvres typhoïdes moyennes ou graves, toutes terminées par la guérison.

Résumons les principales données qui ressortent de nos observations aux différentes périodes de la fièvre typhoïde.

1º *Période d'état.* — Le coefficient est très inférieur à la normale, malgré que les malades aient bu beaucoup (de 3 à 4 litres par jour). Ils sont de :

0,46 — 0,31 — 0,33 — 0,52 — 0,47 — 0,52 — 0,17 — 0,17 — 0,17.

Si le coefficient est aussi abaissé, cela ne tient pas à la diarrhée, car la plupart des malades étaient constipés. Pourtant, lorsque la diarrhée existe, le coefficient s'abaisse encore dans de fortes proportions (obs. II, VII, VIII). En outre, dans un cas, à la diarrhée s'est ajoutée une déperdition d'eau importante par la peau : grandes crises sudorales chez le malade VII.

En réalité, à cette période, il y a une véritable *hypo-urie*.

2º *Défervescence.* — La diurèse augmente et le coefficient passe de

0,46 à 0,69
0,31 à 0,36
0,31 à 0,56
0,52 à 0,33
0,17 à 0,96
0,52 à 0,44
0,17 à 0,16
0,17 à 0,27
0,17 à 0,25

Dans les observations IV et VI, le coefficient s'abaisse, la diarrhée étant apparue, et dans les observations II et VII, les coefficients restent bas, la diarrhée continuant.

3º *Convalescence. Première partie.* — Période de 1 à 2 semaines, pendant laquelle le malade est apyrétique et reste au régime lacté ou lacto-végétarien.

Il y a une véritable crise urinaire et le coefficient augmente considérablement.

$$0,74 - 0,51 - 0,81 - 0,86 - 0,94 - 0,30 - 0,63 - 0,87 - 0,76.$$

C'est à cette époque que l'on voit nettement sur les graphiques la quantité des urines dépasser la quantité de l'eau ingérée; c'est là la véritable polyurie que nous proposons d'appeler l'*hyperurie.*

Dans les observations II et VI, si les chiffres sont faibles, cela tient à la persistance de la diarrhée.

4º *Convalescence. Deuxième partie.* — Période où le convalescent a une aliméntation mixte, reprend des forces, se lève. Le coefficient, encore fort, tend à revenir à la normale.

$$0,72 - 0,79 - 0,79 - 0,66 - 0,56 - 0,72 - 0,67.$$

Dans deux cas, V et VII, les malades ont quitté l'hôpital au debut de cette période.

5º *Rechute.* — Dans deux cas, au cours de rechutes survenues au début de la crise urinaire, le coefficient a baissé, mais est resté supérieur à ce qu'il était auparavant.

Dans l'observation III, pendant la rechute, 0,68, à la fin 0,81.
Dans l'observation IV, pendant la rechute, 0,60.

En résumé, la fièvre typhoïde s'accompagne :

1º D'une diminution de la diurèse pendant la période d'état;

2º D'une élévation lente et progressive de la diurèse pendant la défervescenee;

3º D'une crise urinaire au début de la convalescence;

4º D'un retour de la diurèse à la normale au bout d'un mois;

5º L'apparition d'une rechute entrave, mais incomplètement, la diurèse.

L'évolution cyclique de la diurèse s'est retrouvée dans tous les cas étudiés, avec quelques variations d'ailleurs sans importance, dues à la persistance d'une diarrhée ou au retard de la crise ne débutant pas avec l'apyrexie (obs. IX).

De nos observations, on peut déduire que l'hypo-urie de la période d'état n'est pas due seulement à la diarrhée, puisque six de nos malades étaient constipés, ni à la petite quantité des boissons, puisqu'ils buvaient tous largement; ni à la sudation, puisque nous n'en trouvons qu'un présentant des transpirations abondantes. Seule, l'exhalation d'eau par les poumons doit être plus abondante, car Lang a démontré que, chez les fébricitants, elle augmentait de 50 %.

De même, nous pouvons dire que l'hyperurie de la période critique n'est pas due à l'abondance des liquides, les malades le plus souvent ne buvant pas plus que pendant la période d'état, ni à la diminution de la sudation, certains malades ne commençant à transpirer qu'à cette période; il n'y a que l'exhalation pulmonaire qui diminue.

Nous pensons, comme l'ont déjà montré MM. Garnier et Sabareanu, que pendant toute la période d'état il se produit une rétention de chlorures et d'eau, qui se fixent dans les tissus et viscères, ce qui explique l'hypo-urie; il est d'ailleurs prouvé que pour la défense contre l'infection, l'organisme dilue ses humeurs et fixe de l'eau dans ses tissus.

Avec la défervescence et le début de la convalescence, l'organisme se débarrasse des chlorures et de l'eau retenus et l'hyperurie se produit.

Mais, contrairement à MM. Garnier et Sabareanu, nous n'avons pas vu le rapport inverse entre les courbes d'urine et de poids; chez les malades que nous avons pu peser, nous avons constaté que l'abaissement du poids précède un peu la crise urinaire et que l'élévation de poids se fait pendant la crise, alors que la polyurie est abondante, ce qui semble paradoxal.

Pareille évolution s'explique parce que, pendant la période d'état, l'abaissement du poids, malgré la rétention d'eau, est dû à la destruction des albumines tissulaires et à l'élimination des déchets azotés, et au cours de la crise hyperurique, alors que les tissus perdent de l'eau, le poids augmente grâce à la fixation des matériaux alimentaires azotés et graisseux.

MM. P. COURMONT,

Professeur à la Faculté de Médecine. Médecin des Hôpitaux,

ET

A. CADE,

Agrégé à la Faculté de Médecine, Médecin des Hôpitaux (Lyon).

GASTRITE ULCÉREUSE URÉMIQUE.

----

2 *Août.*   617.553.1.0024 : 616.638

L'histoire de la gastrite ulcéreuse urémique est encore insuffisamment connue. Son domaine est d'ailleurs difficile à délimiter, comme nous l'a démontré l'étude attentive d'un cas récemment soumis à notre observation; et les recherches récentes sur l'artériosclérose gastrique donnent à son étude un regain d'actualité.

Notre observation personnelle peut se résumer en quelques lignes (¹) :

Cliniquement. — Vieille femme, bronchitique ancienne, emphysémateuse, habituellement oppressée, présentant un gros cœur avec signes de maladie mitrale sans phénomènes asystoliques, des artères dures avec hypertension, une albuminurie discrète avec urines limpides et claires, de l'urémie sèche à type surtout dyspnéique, une cachectisation progressive.

En somme, il s'agit d'une polysclérose, avec prédominance des symptômes de néphrosclérose. L'histoire de la malade, son séro-diagnostic positif, son emphysème inclinent à soupçonner l'intervention du bacille de Koch. La malade succombe à une hémorragie digestive, se traduisant par un mélœna abondant. Aucun signe digestif antérieur n'avait pu faire prévoir cet accident.

A l'autopsie. — Congestion et épaississement de la muqueuse gastrique, surtout dans la région du grand cul-de-sac, avec deux ulcérations, assez profondes, récentes, qui sont certainement l'origine de l'hémorragie terminale; hypertrophie du cœur, rétrécissement mitral, athérome aortique marqué, prédominant sur l'aorte abdominale; néphrite scléreuse; emphysème pulmonaire, avec symphyse bilatérale et sclérose du sommet droit.

Les examens *bactériologiques* n'ont pas révélé la présence du bacille de Koch. *Histologiquement* pas de lésions présentant le cachet dit *spécifique*, ou mieux l'aspect folliculaire. Le rein est atteint de néphrite banale, mixte, à prédominance scléreuse. Les ulcérations gastriques sont profondes, atteignent la tunique musculeuse, présentent superficiellement des altérations nécrotiques et offrent au niveau de leur fond et surtout de leurs bords une riche infiltration inflammatoire.

Cette longue observation est capable de susciter la discussion de plusieurs questions. Laissant de côté le rôle possible et même probable d'une infection bacillaire ancienne, à type sclérosant, nous ne voulons aborder ici que les relations pathogéniques des lésions stomacales observées. Il s'agit bien d'une gastrite ulcéreuse. Quelle est son origine?

Nous ne saurions incriminer l'influence possible d'un traitement par le sérum de Marmorek (injections rectales), bien qu'expérimentalement l'intoxication sérique donne des lésions du tractus digestif.

Devons-nous accuser la cardiopathie? Nous ne le croyons pas, la malade n'ayant présenté ni les signes ni les lésions de l'asystolie, et les altérations stomacales s'écartant du type classique alors noté.

Mais quelle part devons-nous accorder à l'artériosclérose, et plus spécialement aux lésions des artères de l'estomac? De nombreuses observations ont démontré l'influence érosive, ulcérative, et cliniquement hémorragipare de ces lésions : on les trouvera particulièrement citées dans l'intéressante revue de Cheinisse sur l'artériosclérose de

---

(¹) Nous publierons ultérieurement dans le *Progrès médical* cette observation *in extenso*.

l'estomac (*Semaine médicale*, 1907) et plus récemment (1910) dans l'important travail d'A. Ott (de Sassari).

L'analyse minutieuse, clinique et anatomique, de notre observation nous conduit plutôt à rapporter ici la gastrite ulcéreuse à l'urémie. La comparaison avec les observations antérieures ainsi étiquetées (Mathieu et Roux, Petitclerc et de Batz, Devé et Monpeurt, etc.) autorise le classement de notre cas dans ce cadre, de même qu'un rapide aperçu, jeté sur l'histoire de la gastrite ulcéreuse urémique. C'est là une complication relativement rare de l'insuffisance rénale, plus rare, en tout cas, que l'entérite. Elle ne se voit jamais chez l'enfant. Elle appartient surtout à la néphrite à marche lente, à type interstitiel. Les ulcérations, ordinairement multiples, apparaissent sur une muqueuse congestionnée, et voisinent avec de simples érosions. Souvent latentes cliniquement, ces lésions sont habituellement sans relations avec les troubles digestifs vulgaires de l'urémie. Les hémorragies en constituent le signe le plus bruyant et le plus grave, bien que toute hémorragie digestive des brightiques ne puisse leur être rapportée. La recherche des hémorragies occultes fécales les fera plus souvent soupçonner à l'avenir. On conçoit que le tableau clinique ainsi réalisé, surtout avec une urémie un peu fruste, ce qui n'est pas rare, puisse soulever le diagnostic de l'ulcère simple ou du cancer de l'estomac, du moins dans les cas à survie un peu prolongée. Cette réserve, en effet, est justifiée par la gravité du pronostic des hémorragies de la gastrite ulcéreuse urémique. Il s'agit le plus souvent d'un accident terminal au cours d'une insuffisance rénale à installation lente et progressive.

Son traitement est banal, mais la notion de l'influence pathogénique de la toxémie ne devra évidemment jamais être oubliée.

Nous n'avons pas voulu aborder dans le présent travail la question des relations du brightisme ou de l'urémie avec l'ulcère simple de l'estomac. Il y a là matière à discussion du plus haut intérêt, dans laquelle peuvent intervenir un certain nombre de travaux, récents ou anciens, mais notre cas personnel ne soulevait pas semblable problème.

MM. Louis RÉNON et Ch. RICHET fils.

(Paris).

ÉTATS HÉMORRAGIPARES LARVÉS AU COURS DE LA TUBERCULOSE.

616.995.005

2 *Août.*

Les deux observations que nous rapportons ont trait à des manifestations hémorragiques chez les tuberculeux.

Un certain nombre en ont déjà.été publiées qui peuvent être classées en deux groupes de faits.

Dans le premier, on peut ranger les cas très nombreux de purpura simple ou parfois hémorragique, survenant chez certains tuberculeux larvés; seul, l'examen clinique, l'évolution ou les méthodes de laboratoire permettent de dépister la tuberculose. Sur ces faits bien connus maintenant, M. Landouzy a jadis insisté longuement (*Leçons cliniques de l'hôpital Laënnec,* 1891).

Dans un second groupe de faits, on doit mettre les cas de purpura à manifestations hémorragiques multiples survenant au cours d'une tuberculose chronique et surtout aiguë.

Nous venons d'observer deux cas d'hémorragie, l'une nasale, l'autre pulmonaire qui, non accompagnées d'autres manifestations hémorragiques, cutanées, muqueuses ou viscérales, ne se différenciaient d'une hémoptysie ou d'une épistaxis banales que par leurs caractères hématologiques. A ce groupe de faits nous donnerions volontiers le nom de *purpura* sans éruption purpurique, comme il existe des scarlatines ou des rougeoles sans éruptions. Cela est d'une certaine importance, puisque l'existence d'une hémorragie intestinale, rénale ou pulmonaire, même isolée et sans déterminations cutanées, ne doit pas toujours être mise sur le compte d'une lésion tuberculeuse de ces organes, mais peut, dans quelques cas, être considérée comme d'origine sanguine.

Observation I. — Alphonsine H., 18 ans, couturière, entre à Necker le 20 janvier 1911.

Ses huit frères et sœurs sont morts de tuberculose; son père est tuberculeux.

Elle a toujours été chétive, mais n'est pas éthylique, la syphilis est possible. On ne trouve pas, par contre, en l'interrogeant, de stigmate d'hémophilie.

A l'entrée, la tuberculose est indiscutable, et la malade, malgré le peu d'extension apparente des lésions, semble profondément intoxiquée.

En février et mars, elle subit cinq injections de 10 cm³ de sérum de Vallée qui ne déterminent ni amélioration de son état ni accident sériques.

Le 23 avril, 39 jours après la dernière injection, la malade présente une épistaxis qui dure 36 heures. Le 4 mai, l'épistaxis, très abondante, reprend; elle s'arrête au bout de 5 ou 6 heures; peut-être à la suite d'un tamponnement avec le sérum de Vallée. Le surlendemain, la malade quitte brusquement le service.

Pendant toute la durée de son séjour, la malade n'a jamais présenté d'hémorragie cutanée ou muqueuse. Les règles, supprimées depuis janvier, sans qu'elle fût enceinte, n'ont pas apparu.

L'examen du sang, pratiqué le 5 mai, donne les chiffres suivants :

G. R.	2 570 000
G. Bl.	8 400
H	70
Polynucléaires neutrophiles	70
» éosinophiles	3
» basophiles	1.
Moyens mononucléaires et lymphocytes	26

Il n'existe ni hématies nuclées, ni myélocytes. Les globules rouges sont normaux (ni anizocytose, ni poïkilocytose).

La résistance globulaire est normale.

Les hémolysines n'ont pu être recherchées, car l'exsudation sérique était insignifiante.

Il existe en effet des troubles considérables de la coagulation du sang.

1. Elle est lente à s'effectuer. Par le procédé des tubes, elle n'est totale que la 30ᵉ minute, tandis que le sang de divers témoins coagulait en un laps de temps variant entre 12 et 20 minutes.

Le caillot est, sur une hauteur de 2 cm, exclusivement fibrineux; il est au contraire rouge sombre dans les deux tiers inférieurs.

: Il y a sédimentation des globules rouges sur les parois du tube.

2. L'exsudation sérique est minime. Au bout de 24 heures, on note quatre gouttes de sérum seulement pour 8 cm³ de sang. Le caillot ne se redissout pas.

Coagulation retardée et irrétractilité du caillot, tel est donc le bilan hématique de cette malade qui, par cette double tare, appartient à la fois à la famille des hémophiliques et au groupe des purpuriques.

L'épistaxis fut, chez cette jeune femme, la seule manifestation clinique observée. Sauf son abondance et sa répétition, cette épistaxis eût semblé banale. L'examen hématologique nous permit de la rattacher à une lésion sanguine survenue au cours de la toxi-infection tuberculeuse.

Observation II. — Pierre L., journalier, 43 ans, entre pour tuberculose ulcéreuse chronique à la troisième période, dont le début remonte à 18 mois.

Ni syphilis, ni éthylisme accentués ne sont constatés dans ses antécédents; il n'existe pas d'hémophilie, ancestrale ou acquise.

Il y a deux ans, cependant, le malade fut pris d'une hémorragie intestinale, de cause indéterminée. En outre de ses lésions, le malade présente un gros foie et une otite suppurée gauche.

Durant les six mois qui précèdent son entrée, le malade a trois hémoptysies; pendant les six semaines de son séjour à l'hôpital, il en présente quatre qui durent 3, 4, 5 et 7 jours.

Il n'y a pas de purpura, même au niveau d'une plaque d'urticaire sérique.

L'examen du sang, le 10 juin, nous donne les résultats suivants :

G. R.	4 200 000
G. Bl.	13 400
Polynucléaires	70
Éosinophiles	2
Moyens mononucléaires	22
Grands mononucléaires	1
Figures de transition	5

Il n'existe ni hématies nuclées ni myélocytes. On ne trouve pas d'hémolysines dans le sérum; par contre, la coagulation faite à deux reprises par le procédé des tubes est très retardée.

Le début se fait en 6 minutes 30 secondes. Elle n'est achevée que la 30ᵉ ou la 32ᵉ minute. Dans les examens, il y avait sédimentation partielle du caillot, couenneux à la partie supérieure, rouge sombre à la partie inférieure.

La rétractilité du caillot est normale et il ne se redissout pas. Dans les mêmes conditions, le sang de deux témoins coagulait en 12 et en 14 minutes.

Après l'injection de 20 cm³ de sérum, la coagulation redevint normale, l'hémoptysie s'arrêta, pour reprendre d'ailleurs quelques jours plus tard.

En résumé, il s'agit d'un tuberculeux chronique présentant des hémoptysies multiples et discontinues.

Peut-on rattacher ces hémoptysies à la tare sanguine? Nous le croyons. Les hémoptysies dépendant exclusivement de la congestion tuberculeuse ou des ulcérations vasculaires persistent moins longtemps. Nous en avons eu la preuve en examinant systématiquement les hémoptysies des tuberculeux de notre service. Aucune hémoptysie ne persista plus de 4 à 5 jours; aucun de ces malades n'avait d'altération du sang. Il est de plus exceptionnel qu'elles se répètent avec une pareille fréquence.

C'est, somme toute, une nouvelle forme d'hémoptysie tuberculeuse que Leüdet avait déjà suspectée. *Cliniquement*, elle ressemble aux hémoptysies tuberculeuses d'autre origine, mais *les réactions biologiques*, qui la caractérisent, permettent de la ranger dans le groupe des manifestations purpuriques.

Ces considérations peuvent avoir une certaine importance dans le traitement des hémoptysies de cette nature.

MM. GAULT et LUCIEN.

(Dijon).

SUR UN CAS DE MÉDIASTINITE SYPHILITIQUE.

616-27-951 ; 616.951

31 *Juillet*.

M. D. E., jardinier, 41 ans, nous est adressé le 18 janvier 1910 par notre excellent confrère le Dr Lucien, qui nous prie d'examiner son larynx, ce malade présentant un enrouement remontant à trois semaines avec amaigrissement et faiblesse générale. A l'examen laryngoscopique nous observons simplement un peu de parésie de la corde vocale gauche. Rien d'anormal sur le trajet des récurrents. Aucun signe du côté de l'aorte. A l'auscultation, un foyer de râles sous-crépitants dans la fosse sous-épineuse et l'espace interscapulovertébral gauche. Le Dr Lucien qui revoit le malade à quelques jours d'intervalle et nous-mêmes ne retrouvons plus le foyer de râles observés en arrière du poumon gauche. Ce malade est pourvu d'un traitement reconstituant et renvoyé à quelques jours.

Il nous revient seulement le 16 mai 1910, présentant les signes suivants :

au larynx, paralysie complète de la corde vocale gauche. D'autre part œdème, très considérable de la paroi thoracique, à gauche seulement, et de tout le membre supérieur gauche, qui, presque doublé de volume, est difficile à manier en raison de ce gonflement. En outre, circulation veineuse sous-cutanée très développée sur la paroi thoracique à gauche et sur le membre supérieur gauche. Pas d'œdème, ni de circulation veineuse complémentaire du cou et de la face. Les deux pouls radiaux sont égaux. Ganglions à la partie inférieure du triangle sus-claviculaire gauche, hypertrophiés et se présentant sous la forme de masses volumineuses dures, du volume d'une noix. En engageant le doigt aussi loin que possible derrière la fourchette sternale, on ne constate aucune masse appréciable au toucher. La radiographie n'a pas été faite. Ces signes s'étaient développés peu à peu depuis quatre mois et allaient augmentant, surtout l'œdème. Rien à l'auscultation, sauf peut-être une légère diminution du murmure vésiculaire à gauche.

Ces phénomènes de compression indiquaient évidemment une tumeur du médiastin. A part la paralysie de la corde vocale gauche, symptôme initial, aucun signe d'anévrisme de l'aorte que nous éliminons.

Vu le développement rapide de l'adénite sus-claviculaire, nous diagnostiquons un néoplasme malin du médiastin plutôt qu'une adénite tuberculeuse. Cependant, en raison d'antécédents spécifiques avoués et remontant à l'époque du service militaire, nous établissons un traitement ioduré à 4 g par jour et hydrargyrique par injections quotidiennes de biiodure de Hg.

Déjà, après quelques jours, le malade se sent soulagé. L'œdème, au lieu de croître, va diminuant, et, en quinze à vingt jours, le volume du bras et de la paroi thoracique sont presque revenus à la normale, sauf un peu d'épaississement des téguments. L'état général, le facies sont bien meilleurs. Seule la paralysie de la corde vocale gauche reste stationnaire. Les ganglions sus-claviculaires sont très diminués de volume. Il s'agissait donc, le traitement en était la meilleure preuve d'une production médiastinale syphilitique déterminant des phénomènes de compression. Quelle était la nature de la lésion? médiastinite calleuse? gomme ganglionnaire? etc. Ne pouvant à cet égard que faire des hypothèses, nous laisserons cette question de côté, nous bornant simplement à tâcher d'établir topographiquement le siège de cette lésion.

A part la paralysie récurrentielle gauche, la symptomatologie consistait surtout en troubles par compression veineuse à siège médiastinal. Vu l'intégrité du côté droit, la veine cave était hors de cause, et seuls le tronc veineux brachio-céphalique gauche ou la sous-clavière étaient intéressés. De l'absence d'œdème ou de circulation veineuse collatérale du cou et de la face, devons-nous conclure à l'intégrité du tronc veineux brachio-céphalique et incriminer la sous-clavière? Non, à notre avis. Une ligature de la jugulaire interne chez un sujet relativement jeune, au cours par exemple, d'une thrombo-phlébite du sinus latéral, s'accompagne, en général, grâce aux suppléances, de peu de troubles circulatoires. Et cependant, en ce cas, il s'agit d'une lésion brusque et non progressive.

D'autre part, les paralysies récurrentielles sont rarement causées par compression de ganglions sus-claviculaires, même comprimant les régions voisines. C'est dans le médiastin que siège habituellement la compression. Enfin, pour obtenir pareille stase veineuse; il faut un obstacle sérieux, et des ganglions sous-claviers pouvant se développer librement vers le dehors sont d'importance bien relative. Pour toutes ces raisons, l'obstacle devait siéger dans le médiastin antérieur et supérieur, où, vu le manque de place, la moindre tumeur réalise des compressions au niveau du tronc veineux brachio-céphalique qui, comme on le sait, va derrière la fourchette sternale, de l'articulation sterno-claviculaire, gauche à la tête du premier cartilage costal droit.

Cette question si confuse encore des médiastinites et des affections syphilitiques ou tuberculeuses du médiastin est à l'ordre du jour, depuis surtout qu'en novembre 1910 Dieulafoy [1] a attiré l'attention sur les faits de ce genre. Ces cas étant en somme peu fréquents, il importe, pour permettre une étude d'ensemble, de publier tous ceux qui se présentent, avec ou sans autopsie. C'est dans le but d'apporter une pierre à l'édifice que nous avons tiré cette observation de nos cartons, car, comme le disait Gouget [2].: « c'est un Chapitre nouveau qui doit s'ouvrir dans les Traités de pathologie ».

MM. J. CHALIER et L. CHARLET.

ÉTAT DE LA RÉSISTANCE GLOBULAIRE
CHEZ L'ANIMAL NORMAL ET SPLÉNECTOMISÉ [3].

612.111.17

1er Août.

Nous avons entrepris, depuis plusieurs mois, toute une série d'expériences, dans le but d'apporter une contribution personnelle à l'étude de l'hémolyse normale et provoquée chez l'animal. Nous publions aujourd'hui nos premiers résultats; ils se rapportent à l'état de la résistance globulaire chez l'animal normal ou splénectomisé.

Si le mécanisme intime de l'hémolyse *in vitro*, et les modifications que peuvent apporter au phénomène les circonstances les plus variées, ont été minutieusement analysés, par contre il ne semble pas que les auteurs se soient beaucoup préoccupés du but que nous poursuivons. En règle

([1]) DIEULAFOY, in *Presse médicale*, 30 novembre 1910.

([2]) GOUGET, in *Presse médicale*, 22 avril 1911.

([3]) Travail des laboratoires des professeurs J. Courmont et Roque.

générale, ils se sont bornés à apprécier la résistance globulaire du sang obtenu par piqûre d'une patte ou d'une oreille, ou par ponction veineuse, et ils n'ont pas poussé plus loin leurs investigations.

Cependant Lesage ([1]), sous l'impulsion de Lapicque, a étudié comparativement le sang carotidien et le sang jugulaire du chien. Ses expériences ne sont pas toutes concordantes, mais il conclut, en définitive, à une résistance identique.

Nous avons pensé que la question méritait d'être reprise. Et à ce propos nous avons examiné, non seulement le sang artériel et veineux de la circulation générale, prélevé au niveau des vaisseaux cervicaux ou de la racine d'un membre, mais encore le sang d'arrivée et de retour de certains viscères qui, a priori, d'après nos connaissances actuelles, sont suceptibles d'exercer quelque influence sur l'état du sang, c'est-à-dire la rate et le foie.

Nous avons recherché si l'ablation de la rate modifiait ou non la résistance globulaire. Nous signalerons à ce propos que Bottazi, Viola, cités par Morat et Doyon ([2]), ont constaté une augmentation de la résistance après la splénectomie dans des cas de néoformation abondante de globules.

Il n'est pas indifférent de s'adresser, pour ces expériences, à tel ou tel animal. On rejettera le cobaye, qui ne peut fournir suffisamment de sang et ne se prête pas à des expériences répétées

Chez le lapin, on peut aisément ponctionner les vaisseaux au cou. Mais les vaisseaux spléniques sont trop grêles pour pratiquer pareille manœuvre. On peut cependant, assez facilement, extirper la rate et constater ultérieurement l'état de la résistance globulaire.

Nous donnons plus loin certains résultats que nous avons obtenus avec le sang d'une chèvre. C'est un animal auquel il convient de n'avoir pas recours; on a grand'peine à atteindre la rate et l'on s'expose à la sortie, par la plaie opératoire, de toute la masse gastro-intestinale que l'on ne peut plus rentrer. Dans ce cas particulier, les résultats ne sont peut-être pas très probants, car l'animal avait été soumis antérieurement à plusieurs interventions pour prélever dans la veine rénale du sang destiné à donner le sérum de veine rénale au Pr Teissier.

L'animal de choix est le chien. On l'endort facilement. Les vaisseaux du cou, ceux de la racine des membres, sont aisément accessibles, et l'on peut les ponctionner pour prélever le sang, puis les lier ensuite sans aucun inconvénient. L'ouverture de l'abdomen sur la ligne médiane permet d'attirer la rate au dehors; on ponctionne alors la veine splénique ou l'une de ses branches volumineuses, entre la ligature et la rate; on lie à nouveau tout contre l'organe pour éviter l'hémorragie. On ponctionne

([1]) Lesage, De l'influence de quelques conditions physiologiques sur la résistance globulaire (Société de Biologie, 1900, p. 713).

([2]) Morat et Doyon. Traité de physiologie, t. I, p. 605.

ensuite l'artère splénique qu'on lie secondairement. Et l'on termine
par la splénectomie. On suture la paroi. Tout ceci s'accomplit sans difficulté. L'animal guérit rapidement et 10 à 12 jours plus tard on le reprend
pour examiner à nouveau son sang veineux et artériel périphérique,
son sang porte et son sang sus-hépatique. La ponction d'une veine sus-
hépatique est malaisée, s'accompagne fréquemment d'hémorragie que
l'on a peine à arrêter et il est préférable de sacrifier l'animal en augmentant la dose de narcotique (éther).

Chacune des ponctions ainsi pratiquées permet de retirer une grande
quantité de sang. 5 cm³ suffisent dans les conditions habituelles. On le
recueille soit dans une solution anticoagulante à base d'oxalate, soit
plus simplement dans une solution à 9 % de NaCl pur, anhydre, soigneusement décrépité. On mélange, on centrifuge. On obtient ainsi un culot
d'hématies déplasmatisées. On en dépose une goutte dans chacun des
tubes (24) renfermant des solutions de NaCl anhydre de titre décroissant
de 2 en 2 cg depuis 0,68 g % jusqu'à 0,22 g % (technique dite des hématies déplasmatisées de Widal, Abrami et Brulé). Après mélange, on laisse
reposer 20 min. puis on centrifuge. On désigne par H¹ le titre de la solution
de NaCl dans laquelle apparait l'hémolyse minima; par H² le titre de la
solution dans laquelle l'hémolyse devient forte et par H³ le titre de la
solution dans laquelle l'hémolyse est totale.

Nous avons groupé nos résultats, obtenus avec la technique que nous
venons d'indiquer, dans deux tableaux, l'un s'adressant aux animaux
normaux, l'autre aux animaux splénectomisés.

I. — ANIMAUX NORMAUX.

ANIMAL.	LIEU de prélèvement du sang.	H¹ (hémolyse initiale).	H² (hémolyse forte).	H³ (hémolyse totale).
Chien n° 1....	Veine jugulaire...	0,46	0,42	0,34
(24ᵏᵍ.)	Artère carotide.......	0,44	0,38	0,32
Chien n° 2....	Jugulaire externe.....	0,52	0,46	0,36
	Carotide primitive....	0,52	0,42	0,36
	Veine splénique.......	0,50	0,42	0,34
	Artère splénique.....	0,52	0,44	0,36
Chien n° 3....	Veine crurale droite...	0,54	0,44	0,34
	Carotide externe......	0,52	0,42	0,34
	Veine splénique.......	0,50	0,40	0,34
	Artère splénique.....	0,52	0,42	0,34
Chien n° 4....	Veine jugulaire.......	0,50	0,44	0,36
(8ᵏᵍ.)	Artère carotide	0,50	0,42	0,36
	Veine splénique.......	0,48	0,40	0,34
	Artère splénique.....	0,50	0,44	0,36
Chien n° 5....	Veine crurale........	0,52	0,48	0,34
	Veine splénique.......	0,48	0,44	0,34
	Artère splénique......	0,50	0,46	0,34
Lapin n° 1....	Jugulaire...	0,56	0,50	0,38
	Carotide...........	0,56	0,46	0,38
	Ventricule droit	0,56	0,50	0,38
	Ventricule gauche....	0,56	0,46	0,38
Lapin n° 2....	Jugulaire......	0,58	0,52	0,36
	Carotide...........	0,58	0,50	0,38
Lapin n° 3....	Jugulaire...........	0,56	0,48	0,38
	Carotide...........	0,56	0,46	0,40
Lapin n° 4....	Jugulaire...........	0,58	0,54	0,40
	Carotide...........	0,58	0,50	0,40
Chèvre n° 1...	Jugulaire........	0,66	0,60	0,40
	Carotide...........	0,64	0,54	0,38
	Veine splénique......	0,66	0,50	0,38
	Artère splénique......	0,64	0,52	0,38

II. — Après splenectomie.

ANIMAL.	LIEU de prélèvement du sang.	H¹ (hémolyse initiale).	H² (hémolyse forte).	H³ (hémolyse totale).
Lapin n° 2....	Veine crurale.........	0,56	0,50	0,36
	Artère crurale........	0,54	0,46	0,36
Chien n° 3....	Veine crurale.........	0,52	0,44	0,32
	Artère crurale........	0,50	0,42	0,32
	Veine porte...........	0,52	0,44	0,32
	Veine sus-hépatique....	0,52	0,44	0,32
Chien n° 4....	Veine crurale.........	0,48	0,42	0,36
	Artère crurale........	0,48	0,38	0,36
	Veine porte...........	0,52	0,40	0,34
	Veine sus-hépatique....	0,48	0,40	0,34
Chien n° 5....	Veine crurale.........	0,52	0,44	0,34
	Artère crurale........	0,52	0,40	0,34
	Veine porte...........	0,52	0,42	0,34
	Veine sus-hépatique....	0,54	0,44	0,34

Il nous paraît possible de dégager de nos expériences les considérations suivantes.

I. *Examen comparé du sang veineux et du sang artériel.* — Le sang a été prélevé sur les veines jugulaires ou crurales, sur les artères carotides ou crurales.

Si l'on examine dans ces conditions les chiffres indiquant le titre de la solution chlorurée sodique où débute l'hémolyse (H¹), on s'aperçoit que 6 animaux sur 10 ont présenté une résistance égale de leurs sangs artériel et veineux (chiens n°s 2 et 4; lapins n°s 1, 2, 3 et 4) Pour les 4 autres l'hémolyse initiale du sang veineux était un peu plus hâtive que celle du sang artériel, puisqu'elle s'effectuait dans une solution de NaCl plus forte de 2 cg % (chiens n°s 1, 2 et 5; chèvre n° 1).

En somme, hémolyse initiale identique, ou plus précoce pour le sang veineux que pour le sang artériel. En aucun cas le phénomène inverse n'a été noté.

En ce qui concerne l'hémolyse forte (H²), les différences sont encore plus marquées entre le sang veineux et le sang artériel; elle apparaît, en règle générale, beaucoup plus vite avec le sang veineux. A ce propos, en effet, nous notons, dans le titre des solutions de NaCl, des différences de 2 cg % (chiens n°s 3, 4 et 5; lapins n°s 2 et 3), de 4 cg (chiens n°s 1 et 2; lapins n°s 1 et 4), de 6 cg (chèvre n° 1); les résultats sont donc ici des plus nets.

Quant à l'hémolyse totale, elle se produit au même degré pour le sang veineux et le sang artériel. Les variations sont rares : deux fois plus tardives pour le sang veineux (avec une différence de NaCl de 2 cg, lapins n°s 2 et 3); une fois plus précoce (avec une différence de NaCl de 2 cg, chèvre n° 1).

Nous n'avons qu'une seule fois examiné la résistance globulaire du *sang veineux total*. Nous l'avons recherchée (lapin n° 1) sur le sang obtenu par ponction du ventricule droit. Le sang ventriculaire gauche donnait une H^1 indentique; mais H^2 veineux avait lieu à 0,50 NaCl % tandis que H^2 artériel n'avait lieu qu'à 0,46.

En somme, *le sang veineux possède une résistance globulaire un peu plus faible que celle du sang artériel.* Il laisse diffuser une plus grande partie de son hémoglobine dans les solutions salées moins hypotoniques.

Cette hyporésistance du sang veineux par rapport au sang artériel tient probablement à sa plus grande richesse en CO^2. Ce n'est là, bien entendu, qu'une hypothèse, mais elle trouve quelque appui dans ce fait, antérieurement établi, que l'asphyxie provoque une diminution de la résistance globulaire.

L'anesthésie peut, dans certaines conditions, déterminer un certain degré d'asphyxie. Mais celle-ci n'est pas en cause dans nos expériences, au cours desquelles les ponctions veineuses ont toujours été effectuées avant les ponctions artérielles.

II. *Examen comparé du sang de la veine splénique, de l'artère splénique et du sang veineux général.* — Le sang de la veine splénique, au point de vue de la résistance globulaire, ne saurait être assimilé au sang veineux général.

L'hémolyse initiale (H^1) a toujours débuté dans une solution de NaCl moins concentrée pour le sang veineux splénique que pour le sang artériel; les différences de concentration ont atteint 2 cg % (chiens n°s 2, 3, 4 et 5) ou même 4 cg (chèvre n° 1).

On peut faire les mêmes constatations pour l'hémolyse forte (H^2). Différence de 2 cg (chiens n°s 2, 3 et 5, chèvre n° 1). Différence de 4 cg (chien n° 4). Parfois (chiens n°s 2 et 4), l'hémolyse totale H^3 s'est trouvée légèrement retardée pour le sang veineux splénique.

Si l'on compare le sang veineux général et splénique, on note dans l'hémolyse initiale (H^1) des écarts assez considérables : pour le sang splénique, la solution de NaCl se trouvant toujours moins concentrée, de 2 cg (chiens n°s 2 et 4); de 4 cg (chiens n°s 3 et 5); de 6 cg (chèvre n° 1). Pour H^2 la différence de concentration, s'effectuant toujours dans le même sens, atteint 4 cg (chiens n°s 2, 3, 4 et 5) et 10 cg (chèvre n° 1). On ne note pas de variations sensibles pour H^3.

En définitive, *la résistance du sang de la veine splénique est plus forte que celle du sang artériel; elle est très manifestement supérieure à celle du sang veineux général.*

Peut-on fournir de ces faits une explication plausible?

On pourrait soutenir que la rate agit sur les globules rouges qui la traversent, et les revivifie, en quelque sorte, au point d'accroître leur résistance; ainsi s'expliqueraient les modifications de l'hémolyse initiale sur le sang d'arrivée et le sang de sortie. C'est là une hypothèse que rien, pour l'instant, ne justifie.

Une autre hypothèse, plus vraisemblable, attribuerait à la rate un rôle inverse. Cet organe détruirait les globules rouges les moins résistants, lesquels sans doute sont des globules senescents, usés. Par la veine splénique ne s'échapperaient donc que des globules encore aptes à fonctionner, et doués d'une vitalité et d'une résistance un peu plus accusées.

Dans cette hypothèse entreraient donc en jeu les propriétés hémolytiques de la rate s'exerçant sur les globules les plus fragiles. A l'état normal, en effet, la rate semble surtout avoir, vis-à-vis des globules rouges, un rôle de destruction; sa fonction génétique, surtout nette chez les jeunes sujets, ne tarde pas à s'exercer simplement de façon transitoire à l'occasion de circonstances bien déterminées, saignée par exemple.

Par contre sa fonction hématolytique paraît constante, si l'on s'en rapporte du moins à la plupart des travaux des physiologistes qui ont étudié de près la question; et dans ce sens on a eu recours à des numérations globulaires pratiquées comparativement dans l'artère et la veine splénique ou bien avec du sang veineux avant et après splénectomie; on a invoqué aussi l'abondance des dépôts ferrugineux dans la rate au cours des états morbides accompagnés de destruction globulaire intense; on a fait remarquer enfin que les pigments biliaires dont l'origine hématique ne saurait être discutée existent en moins grande quantité dans la bile de l'animal splénectomisé que dans la bile de l'animal sain, comme si leur abondance était liée à des phénomènes hématolytiques ayant la rate pour siège. L'augmentation de la résistance globulaire, constatée par nous dans le sang de la veine splénique, serait un argument de plus à faire valoir en faveur de la fonction destructive de la rate, frappant les globules les plus fragiles.

III. *Examen de la résistance globulaire après la splénectomie.* — Nous avons retrouvé, comme chez l'animal normal, une différence certaine entre la résistance du sang artériel et celle du sang veineux. Nous ne reviendrons pas sur ce point.

Après splénectomie, l'hémolyse H[1] du sang veineux s'est effectuée dans une solution de NaCl égale (chien n° 5) ou moins forte de 2 cg (lapin n° 2, chiens n°s 3 et 4). H[2] a été identique (chien n° 3) ou d'apparition plus tardive, avec un écart de 2 cg (lapin n° 2, chien n° 4) ou de 4 cg (chien n° 5). Peu de modifications de H[3].

Pour le sang artériel, nous relevons aussi, après splénectomie, une hémolyse moins précoce, apparaissant dans des solutions de NaCl moins riches, pour H^1, de 2 cg (chiens n°s 3, 4) ou même 4 cg (lapin n° 2, chien n° 4) et de 6 cg (chien n° 5).

La résistance globulaire paraît donc augmentée après la splénectomie.

Il nous paraît difficile de proposer une interprétation très rationnelle des constatations qui précèdent.

La rate déverse-t-elle continuellement dans le sang une substance qui fragilise les globules?

Pour s'en assurer, il conviendrait d'étudier le pouvoir hémolytique du sérum de la veine splénique, mais contre cette hypothèse on peut faire valoir l'augmentation de la résistance du sang veineux splénique par rapport au sang artériel.

Mais ne peut-on concevoir que les propriétés hémolytiques de la rate se manifestent exclusivement à l'intérieur de cet organe? Dès lors deux ordres de phénomènes pourraient avoir lieu. D'une part, certains globules — parvenus, du fait de leur âge, de leur fonctionnement prolongé, à un état de résistance très minime, à peine accru par l'oxygénation au niveau du poumon, d'où la différence entre le sang artériel et le sang veineux — seraient complètement détruits dans la rate; et le sang veineux splénique, débarrassé des globules les plus fragiles, aurait une résistance légèrement plus forte que celle du sang artériel. Mais d'autre part ces propriétés hémolytiques, suffisantes pour détruire des globules usés, très hyporésistants, n'auraient qu'une action plus atténuée sur la masse des érythrocytes. Cette action serait telle que, sans les détruire, la rate diminuerait leur résistance, qui irait progressivement en s'affaiblissant au fur et à mesure des passages successifs dans la rate, jusqu'à ce que les globules parviennent à un état tel qu'ils soient enfin détruits.

Dans cette hypothèse, on comprendrait que la splénectomie ait pour conséquence l'augmentation légère de la résistance globulaire et il n'y aurait pas de contradiction entre les résultats mentionnés aux paragraphes II et III. La rate deviendrait essentiellement un organe non seulement actif, mais comme conscient, dans l'hématolyse physiologique. Elle agirait sur les globules déjà âgés, de valeur fonctionnelle amoindrie, hyporésistants peut-être de par leur senescence, pour les fragiliser de plus en plus et finalement les détruire, afin de débarrasser le milieu intérieur de corps « morts » pourrait-on dire, qu'elle utiliserait pour faire des réserves ferrugineuses et des pigments biliaires.

Nous avons étudié, après la splénectomie, la résistance du sang porte et du sang sus-hépatique. Dans un cas (chien n° 3) il fut impossible de constater une différence notable entre eux. Dans un cas (chien n° 4) l'hémolyse initiale a nécessité, pour apparaître, une solution de NaCl moins concentrée avec le sang sus-hépatique qu'avec le sang porte. C'est un phénomène exactement inverse qui s'est trouvé réalisé avec le chien n° 5. Nous ne pouvons donc rien conclure de précis sur le rôle du foie dans l'hémolyse après splénectomie.

CONCLUSIONS. — En définitive, nos recherches sur la résistance globulaire chez l'animal normal et splénectomisé nous ont conduits à
quelques résultats intéressants. Nous les résumons dans les conclusions
suivantes, faisant abstraction des hypothèses plus ou moins valables
que nous avons émises pour les expliquer, pour n'exposer que les faits
eux-mêmes :

1° *Le sang veineux possède une résistance globulaire un peu plus faible
que celle du sang artériel;*

2° *La résistance du sang de la veine splénique est plus forte que celle
du sang artériel; elle est très manifestement supérieure à celle du sang
veineux général;*

3° *La résistance globulaire paraît augmentée après la splénectomie;*

4° *Aucune conclusion précise, au point de vue de la résistance globulaire, ne peut être tirée de l'examen comparé du sang-porte et du sang sus-
hépatique.*

M. G. ÉTIENNE,

Professeur agrégé à la Faculté de Médecine (Nancy).

FORMULE LEUCOCYTAIRE DES PÉRIODES ANAPHYLACTIQUES DE LA CURE TUBERCULINIQUE.

612.112.6 : 616.995

1er Août.

En étudiant le mode d'action de la tuberculine chez les tuberculeux [1],
nous avons souvent observé des périodes d'anaphylaxie légère, tantôt
isolée chez un malade, tantôt répétée chez un autre, et toujours plus
fréquentes dans les phases avancées du traitement qu'à ses débuts.
Cette anaphylaxie se manifeste par une accentuation progressive de
la réaction clinique, thermique notamment, avec la répétition des
mêmes doses de tuberculine injectée, passant par exemple de 0°2 à
0°8 et 1° pour trois injections successives de deux dixièmes de milligramme de tuberculine. Il va sans dire que, grâce aux précautions
prises, les réactions, aussi bien anaphylactiques que normales, ont tou-

---

[1] G. ÉTIENNE, RÉMY et BOULANGIER, *Action de la tuberculine sur la leucocytose
absolue chez les tuberculeux âgés.* Réunion biologique de Nancy (*Comptes rendus
de la Société de Biologie* 1909, 18 janvier, p. 268); *Action de la tuberculine sur les
polynucléaires chez les tuberculeux âgés* (*Comptes rendus de la Société de Biologie*
1909, 18 janvier, p. 270); *Action de la tuberculine sur les mononucléaires chez les
tuberculeux âgés* (*Comptes rendus de la Société de Biologie*, 1909, 30 mars, p. 673).

jours été extrêmement atténuées, d'où même une certaine difficulté dans l'appréciation des faits, au début de nos recherches.

Pour ces recherches, nous avons employé constamment la tuberculine de Beraneck, mélange en parties égales de toxines extracellulaires et endocellulaires.

Nous avons cherché notamment quelles étaient les réactions leucocytaires lorsque nous avons pu pratiquer l'examen hématologique la veille et le lendemain de l'injection déterminant une réaction traduisant l'état anaphylactique.

I. LEUCOCYTOSE ABSOLUE. — Le chiffre de leucocytes est nettement diminué dans cinq numérations en *état d'anaphylaxie*, passant respectivement

de 23 200,   18 400,   20 800,   22 400,   19 200
à .... 17 600,   18 000,   16 000,   22 000,   18 800.

Dans six *réactions normales*, le nombre des globules blancs a été diminué quatre fois, et augmenté deux fois, passant

de 26 200,   11 200,   13 200,   13 600,   19 200,   18 400
à 19 600,   10 800,   12 000,   11 800,   20 000,   19 600

La réaction se produit donc dans le même sens dans la réaction anaphylactique et dans la réaction normale, la diminution du nombre des globules blancs paraissant cependant plus constante dans la réaction anaphylactique que dans la réaction normale.

II. MONONUCLÉAIRES. — En aucun cas nous n'avons trouvé d'augmentation du nombre des mononucléaires.

Sur cinq réactions anaphylactiques, le nombre des mononucléaires a diminué trois fois, est resté à égalité deux fois, a augmenté zéro fois.

Sur seize réactions normales, il a diminué sept fois, est resté à égalité une fois, a augmenté huit fois.

Quant à la proportion relative des trois types de mononucléaires, nous indiquons les chiffres ci-dessous, sans pouvoir en tirer une notion générale :

	Réaction anaphylactique.			Réaction normale.		
	—	+	=	—	+	—
Mononucléaires............	3	0	2	7	8	1
Lymphocytes..........	3	1	1	6	5	5
Grands............	2	3	0	8	7	1
Moyens............	4	1	0	9	7	0

III. POLYNUCLÉAIRES. — Dans la réaction immédiate anaphylactique, le nombre de polynucléaires n'a diminué dans aucun cas; il a augmenté trois fois, est resté à égalité deux fois.

Au contraire, sur seize cas de réactions immédiates normales, le nombre des polynucléaires a diminué dans la moitié des cas, soit huit fois, contre seulement sept augmentations et un cas à égalité.

La réaction leucocytaire immédiate dans les phases d'anaphylaxie à la tuberculine, nous paraît donc caractérisée par une tendance à l'augmentation des polynucléaires et par une diminution du nombre des mononucléaires, phénomène inverse de ce que nous avons constaté comme réaction leucocytaire immédiate au cours de l'action normale de la tuberculine.

IV. Formules sanguines d'Arneth. — L'étude d'un groupe de cinq réactions anaphylactiques, précédées et suivies (la veille et le lendemain) d'une numération, nous montre la concentration de la formule se faisant vers les types faiblement et moyennement lobulés, dans l'anaphylaxie

Le type 2 présente le maximum de fréquence :

Type 2. Maximum observé...... 3 fois, soit 60 %
» 3.   »   1   »   20
» 4.   »   1   »   20

Au contraire, les types très lobulés augmentent de nombre dans les réactions normales. Et l'examen comparatif d'un groupe assez nombreux de numérations, constitué par une série de numérations faites la veille d'une injection (15 cas) et par une série de numérations pratiquées le lendemain d'une injection, montre que, malgré quelques flottements des nombres réels, souvent diminués de quelques unités [1], le maximum de fréquence passe au type 3 après l'injection (47 % des cas) en cas de réaction normale, alors qu'il appartient au type 2 avant l'injection (60 % des cas avant l'injection, 30 % après) [2]. Et dans la réaction normale, la concentration vers la droite est d'autant plus nette que la réaction est plus modérée, mieux tolérée.

Il est intéressant de voir la fréquence proportionnelle du polynucléaire type 3 fléchir dans la réaction anaphylactique alors qu'elle augmente dans la réaction normale à la tuberculine, si l'on se rappelle l'importance assignée, par le professeur Teissier notamment, à son accroissement parmi les éléments traduisant le processus de défense organique. Au contraire, la réaction tuberculinique anaphylactique paraît provoquer une réaction selon le mode même de l'infection tuberculeuse, telle du moins que l'indiquent A. et H. Klebs.

[1] Étienne, Rémy et Boulangier, La leucocytose et l'équilibre leucocytaire dans les périodes d'anaphylaxie à la tuberculine (Comptes rendus de la Société de Biologie, 1909, 14 décembre, p. 847).

[2] G. Étienne, Variations des figures hématologiques d'Arneth sous l'action de la cure tuberculinique (Comptes rendus de la Société de Biologie, 1911, 4 mars, p. 493).

M. C. BERTHELON,

Médecin-chef du Sanatorium des Instituteurs, Sainte-Feyre (Creuse).

LA « FIGURE DU SANG » D'ARNETH
ET LA SÉRO-AGGLUTINATION DANS LA TUBERCULOSE PULMONAIRE.

616 995

1er Août.

Depuis bientôt deux ans nous recherchions chez nos malades atteints de tuberculose pulmonaire la formule d'Arneth, c'est-à-dire les variations des polynucléaires neutrophiles quant au nombre de leurs noyaux. Nous avons suivi dans ce but :

Au 1er degré de leur tuberculose............	34 malades
Au 2e » » »	44 »
Au 3e » » »	23 »

Soit au total....................... 101 malades.

La formule établie par Arneth et considérée par lui comme normale est, dégagée de toute complication, la suivante :

$$I = 5, \quad II = 35, \quad III = 41, \quad IV = 17, \quad V = 2.$$

Les chiffres romains représentant le nombre de noyaux des globules, les chiffres arabes la quantité de globules pour cent, de chaque catégorie. Nous avons trouvé chez nos malades comme formules moyennes les suivantes :

Au 1er degré :
$$I = 9, \quad II = 41,5, \quad III = 39,5, \quad IV = 8,5, \quad V = 1.5.$$

Au 2e degré :
$$I = 12, \quad II = 47, \quad III = 33,5, \quad IV = 6,5, \quad V = 1.$$

Au 3e degré :
$$I = 15,5, \quad II = 51,5, \quad III = 28,5, \quad IV = 4, \quad V = 0,5.$$

Dans l'ensemble, comme on le voit, la complexité du noyau des polynucléaires neutrophiles diminue à mesure que la maladie progresse, les chiffres se déplacent en augmentant vers la gauche, dans les groupes I et II et en diminuant à droite, dans les groupes V, IV et III.

C'est ce qu'indique Arneth et ce qu'ont vu en France F. Arloing et Gentil [1].

[1] F. ARLOING et GENTIL. *Journal de Physiologie et de Pathologie générale*, 15 mars 1910, p. 23

Sur nos 101 malades examinés, nous avons trouvé une formule normale dans 5 cas seulement, tous au premier degré et toujours dans des formes chroniques à marche tout à fait torpide, coïncidant avec une mononucléose marquée.

Dans tous les autres cas la formule était altérée, très voisine de la normale avec modifications des chiffres extrêmes dans les cas légers, plus profondément troublée dans les cas graves ou plus avancés en évolution.

Dans chaque groupe de nos malades (classés par degrés) les variations individuelles sont nombreuses, les membres les plus atteints, les formes les plus sévères donnant les formules les plus mauvaises, c'est-à-dire avec maximum de globules à noyaux moins complexes.

Ainsi parmi nos premiers degrés, dans une forme chronique, à marche très lente, on trouve :

$$I = 7, \quad II = 37, \quad III = 44,5 \quad IV = 10,5, \quad V = 1,$$

ou encore

$$I = 8, \quad II = 31, \quad III = 41, \quad IV = 16, \quad V = 4 ;$$

chiffres, on le voit, bien voisins de ceux qu'Arneth donne comme normaux, alors qu'au même degré dans les formes à évolution plus rapide, les différences sont bien plus accentuées.

Ainsi dans une forme septicémique nous avons la formule

$$I = 29, \quad II = 61, \quad III = 10, \quad IV = 0, \quad V = 0.$$

et dans un cas aigu, à marche moins rapide :

$$I = 16,5, \quad II = 58, \quad III = 23,5, \quad IV = 2, \quad V = 0.$$

Les mêmes variations se retrouvent dans les autres groupes, bien que dans l'ensemble, les formules soient moins bonnes ; à côté de chiffres voisins de la normale dans des cas moyens ou peu graves on en trouve de profondément bouleversés, comme les suivants chez un tuberculeux cavitaire cachectique :

$$I = 43, \quad II = 42, \quad III = 14, \quad IV = 1, \quad V = 0,$$

A la période terminale les globules à quatre et cinq noyaux et même à trois finissent par manquer d'une façon complète.

En général, il semble qu'au début les altérations portent sur les extrémités de la chaîne, les globules à cinq noyaux diminuent les premiers, puis ceux à quatre, alors que ceux du groupe I et II augmentent, les globules à trois noyaux diminuant plus tardivement.

L'importance des modifications tient moins à l'ancienneté et à l'étendue des lésions qu'à la gravité du processus. Ces modifications semblent suivre du reste les fluctuations de la marche de la maladie, évoluant tantôt dans un sens, tantôt dans l'autre suivant que la maladie s'aggrave ou subit un arrêt dans l'évolution ou une rémission.

Dans les formes évolutives, la formule est très rapidement mauvaise et le glissement des chiffres vers la gauche est constant et suit les progrès du mal.

Dans un cas de ce genre nous avons constaté successivement les chiffres suivants :

$$I = 8, \quad II = 48, \quad III = 39, \quad IV = 5, \quad V = 0 ;$$

un mois après :

$$I = 9, \quad II = 50, \quad III = 37, \quad IV = 4, \quad V = 0 ;$$

deux mois ensuite :

$$I = 22, \quad II = 58,5, \quad III = 17, \quad IV = 2,5, \quad V = 0$$

et enfin

$$I = 39, \quad II = 60, \quad III = 10, \quad IV = 1, \quad V = 0,$$

et cela progressivement avec l'aggravation des signes cliniques.

La progression des chiffres est loin d'être aussi constante, mais chaque poussée en avant semble bien, en même temps qu'elle aggrave l'état du malade, qu'elle affaiblit ou ruine ses moyens de défense, déterminer un changement de la formule avec augmentation de la proportion des globules à noyaux moins différenciés.

Ainsi que le veut son auteur, la *figure du sang* paraît donc avoir une réelle importance pronostique. En ce sens, du moins, qu'au moment où est fait l'examen, à une formule mauvaise, correspond un état mauvais.

Mais il ne s'ensuit pas qu'une formule de ce genre s'applique forcément à une forme de tuberculose à évolution fatale. Ce n'est que la progression régulière de celle-ci et son aggravation qui puisse faire porter un pronostic grave.

C'est qu'en effet nous avons vu chez des malades, dans le sang desquels les neutrophiles à un et deux noyaux dominaient et de beaucoup, l'état général se relever et les lésions locales diminuer d'importance en même temps du reste que le nombre des globules à trois, quatre et cinq noyaux redevenait plus grand.

Chez l'un d'eux, entre autres, où sous l'influence d'injections de *bactériolysine* du professeur Maragliano, les chiffres étaient passés :

$$\text{de } I = 7, \quad II = 42,5, \quad III = 35,5, \quad IV = 14, \quad V = 1,$$
$$\text{à } I = 5, \quad II = 39, \quad III = 40, \quad IV = 14, \quad V = 2,$$

nous avons vu quelques mois plus tard à l'apparition d'une péritonite tuberculeuse, la formule passer brusquement à :

$$I = 22,5, \quad II = 54, \quad III = 22, \quad IV = 1,5, \quad V = 0.$$

Petit à petit l'état du malade, qui était fort sérieux et nous inquiéta beaucoup, s'améliorait sans l'intervention d'un traitement spécifique, et les phénomènes morbides regressaient et finissaient par disparaître, en même temps, du reste, que diminuaient des lésions pulmonaires assez importantes. La formule était alors

$$I = 10, \quad II = 47, \quad III = 35, \quad IV = 2,5, \quad V = 0.$$

Ajoutons en passant que le pouvoir agglutinant du sérum avait suivi une marche inverse de celle de la formule d'Arneth, du moins au début, où il s'était élevé d'une façon considérable, pour s'abaisser un peu à la période d'état et se relever brusquement en même temps que la formule s'améliorait à la fin de la crise.

Les chiffres peuvent aussi se modifier dans un sens favorable sous l'influence du traitement.

Il n'en reste pas moins vrai, ainsi que nous le disons plus haut, qu'une formule où les chiffres de gauche vont en s'élevant traduit ordinairement une altération progressive de l'état général, une diminution de la résistance organique et une extension du processus tuberculeux local.

Nous avons observé dans deux cas une aggravation de la *figure du sang* accompagnant une légère poussée de foyer se produisant à froid, sans réaction thermique ou autre de l'état général.

Comparant le *pouvoir agglutinant* du sérum des tuberculeux vis-à-vis du bacille de Koch, en culture homogène, suivant le procédé de S. Arloing et P. Courmont, avec la formule d'Arneth et ses variations, il nous a bien semblé qu'en général, ainsi que le disent F. Arloing et Gentil, à une formule mauvaise correspond une séro-réaction faible ou nulle et qu'à mesure que la progression des chiffres se fait vers la gauche, le pouvoir agglutinant diminue.

Il y a cependant à ce point de vue de nombreuses variations individuelles. Dans quelques cas même les deux signes sont en complet désaccord.

Dans la majorité des cas, pour les formes évolutives, à marche régulièrement progressive, au fur et à mesure que l'état s'aggrave, le pouvoir agglutinant faiblit et le nombre des neutrophiles à noyau plus complexe diminue, témoignant de l'envahissement continu de l'organisme et de l'anéantissement progressif de ses moyens réactionnels.

Pendant les poussées survenant au cours d'une tuberculose à marche chronique, dans quelques cas du moins, et sans que nous puissions généraliser (nos observations n'étant pas assez nombreuses pour cela), au début du processus, la courbe de l'agglutination s'élève alors que celle de la formule d'Arneth descend. Puis la première reste stationnaire ou s'abaisse un peu, pour se relever, de concert avec la seconde, lorsque la poussée se termine favorablement.

Dans les cas graves, au contraire, les deux courbes marchent de concert et s'abaissent d'une façon continue.

Au cours du traitement de la tuberculose par les produits spécifiques : sérums, tuberculines, etc., l'étude de la *figure du sang* et de ses variations est fort intéressante.

Des 101 malades cités ci-dessus :

49 ont été traités par des injections de tuberculine C. L. (Calmette),
12 par des injections de tuberculine du professeur Arloing.
12 » » » de bactériolysine de Maragliano,
2 ». » » de sérum de Vallée.

Avec la *tuberculine C. L.*, dans la grande majorité des cas améliorés (32 sur 49), à côté d'une formule leucocytaire normale ou à peu près nous avons trouvé, à la fin du traitement, une formule d'Arneth voisine de la normale ou en tous cas très améliorée et un pouvoir agglutinant augmenté. Les variations sont parfois très marquées, comme dans le cas suivant où l'on a avant le traitement :

$$I = 18, \quad II = 49,5 \quad III = 28,5 \quad IV = 4, \quad V = 0,$$

et un sérum qui agglutine à 1 : 10.

A la fin du traitement, en concordance avec l'amélioration clinique, on trouve les chiffres :

$$I = 5,5, \quad II = 35,5 \quad III = 43,5 \quad IV = 13, \quad V = 2,5,$$

et le pouvoir agglutinant 1 : 80.

Avec la *tuberculine du Professeur Arloing*, chez 7 malades améliorés cliniquement, nous avons noté, avec l'apparition d'une mononucléose nette, les mêmes changements que ci-dessus quant au pouvoir agglutinant et aux polynucléaires neutrophiles.

Dans quelques cas même les chiffres ont dépassé la normale et nous avons vu dans un cas le pouvoir agglutinant s'élever à 1 : 50 et la formule d'Arneth passer à :

$$I = 3, \quad II = 22, \quad III = 60, \quad IV = 12, \quad V = 3,$$

quand au début du traitement le sérum agglutinait à 1 : 15 et les neutrophiles des groupes I et II étaient fort nombreux.

Chez tous les malades traités avec les tuberculines, lorsque le pouvoir agglutinant et la formule d'Arneth ne s'améliorent pas, ou surtout baissent, le résultat est nul et même mauvais.

Dans ces cas, le plus souvent, la polynucléose déterminée au début par les injections ou existant préalablement, persiste ou même s'accentue, cette persistance d'un mauvais pronostic même en dehors du traitement, ainsi que l'ont montré Bezançon, de Jong et Serbonnes, concorde ici avec une formule également mauvaise dont les chiffres augmentent malgré tout vers la gauche annonçant, ainsi que le dit Arneth, la *faillite du traitement*. Il est inutile d'insister, celui-ci ne donnera rien ou même pourra être nuisible.

Si les chiffres ne se relèvent pas, mais restent stationnaires, il est bon cependant, s'il n'y a pas d'autre contre-indication de persister, on assistera parfois à un relèvement tardif de ceux-ci en même temps que de l'état pulmonaire.

Bien qu'agissant avec prudence dans l'application de tout traitement spécifique, il nous est arrivé d'observer chez quelques malades, à la suite d'injections de tuberculine, des réactions parfois assez vives.

Lorsque la réaction est légère, et se borne à un peu d'inflammation des tissus au lieu de l'injection, à des troubles généraux peu importants, on note une polynucléose légère, des modifications à peine sensibles de la formule d'Arneth et le pouvoir agglutinant s'élève.

Si la réaction est intense, la polynucléose est parfois considérable (90 % et plus) et en même temps le nombre des neutrophiles à un et deux noyaux augmentent d'une façon extrêmement sensible.

Dans le premier cas, il n'y a qu'un arrêt de courte durée ou même aucune interruption dans l'évolution favorable des chiffres de la formule; dans le second ceux-ci peuvent reprendre une disposition favorable, mais cela d'une manière beaucoup plus lente. Dans ce cas-là, au moment de la réaction, le pouvoir agglutinant du sérum s'est élevé en même temps que les chiffres de la formule se sont déplacés vers la gauche; les indications données par l'agglutination complètent là comme plus haut, celles des variations des noyaux des neutrophiles et permettent de prévoir le relèvement de ceux-ci.

Dans le cas contraire, du moins il en a été ainsi dans le seul accident de ce genre que nous ayons observé, le pouvoir agglutinant s'abaisse, en même temps que la formule devient mauvaise.

Parfois, sans qu'il y ait de réaction générale ou thermique, on observe un abaissement brusque des chiffres de la formule et celui-ci traduit une réaction du côté des lésions pulmonaires.

Comme nous l'avons vu au cours du traitement tuberculinique, et en dehors des moments où les injections peuvent déterminer une réaction, les variations du pouvoir agglutinant du sérum suivent en général celle de la formule d'Arneth, le pouvoir agglutinant s'élevant à mesure que les chiffres de la formule se déplacent vers la droite et que l'état du malade s'améliore.

Quatre fois cependant, sur 61 de nos malades traités par les tuberculines, il y avait désaccord entre les deux signes, le taux de l'agglutination s'élevant en même temps que le nombre des globules à trois, quatre et cinq noyaux diminuait. Il existait en même temps une mononucléose accentuée.

Les malades supportaient bien le traitement qui leur semblait favorable. Nous les suivons du reste encore actuellement et verrons quel sera leur sort ultérieur.

Avec le traitement séro-thérapique il nous est plus difficile de tirer des conclusions nettes, nos observations étant moins nombreuses.

Il nous a semblé que les variations de la formule sont moins accentuées qu'avec les tuberculines. Cependant dans les cas améliorés par le traitement, les chiffres se déplacent toujours vers la droite.

Les modifications du pouvoir agglutinant sont plus appréciables, mais suivent celles de la formule d'Arneth.

Presque toujours, sous l'influence des injections de sérum, il y a une augmentation notable des polynucléaires, ce qui peut-être modifie un peu les conditions de l'observation où retarde l'évolution de la formule dans le bon sens.

Nous n'avons parlé qu'incidemment au cours de ce travail des variations de la formule leucocytaire en correspondance avec celle de la formule d'Arneth et l'agglutination, nous nous proposons d'y revenir d'autre part, lorsque nos documents à ce sujet seront plus complets.

Pour conclure, nous dirons que :

1° Dans la tuberculose pulmonaire, la formule d'Arneth est, dans la très grande majorité des cas, altérée et diffère de la normale ;

2° Plus la forme de tuberculose est grave ou avancée en évolution, plus la formule est mauvaise, c'est-à-dire plus les chiffres augmentent vers la gauche et diminuent vers la droite ;

3° L'abaissement progressif du nombre des globules à cinq, quatre et trois noyaux traduit en général une évolution progressive du processus morbide et leur relèvement, dans une formule où ils ont été préalablement diminués, indique une amélioration de l'état. Ces variations ont donc une réelle valeur pronostique;

4° Les fluctuations du pouvoir agglutinant du sérum suivent en général celles de la formule d'Arneth;

5° Dans les poussées évolutives et aussi au cours du traitement sérothérapique ou tuberculinique, l'observation des variations de la *figure du sang* sera un critérium précieux de leur opportunité et de leur efficacité;

6° Enfin, durant les poussées évolutives et aussi dans les réactions au cours du traitement par les tuberculines, sa comparaison avec la courbe de l'agglutination complétera et au besoin redressera ses indications relatives au pronostic et, dans le second cas, indiquera si le traitement doit être poursuivi ou suspendu.

MM. Léon BERNARD,

Professeur agrégé à la Faculté de Médecine, Médecin de l'Hôpital Laënnec;

Robert DEBRÉ,

Ancien interne des Hôpitaux,

ET

René PORAK,

Interne des Hôpitaux

RECHERCHES CLINIQUES ET EXPÉRIMENTALES
SUR LES CONDITIONS GÉNÉRALES
DE LA SÉROTHÉRAPIE ANTITUBERCULEUSE.

616.0837 : 616.995

La sérothérapie antituberculeuse est armée actuellement d'un certain nombre de produits, dont les principaux sont, on le sait, les sérums de Maragliano, de Marmorek, de Lannelongue, d'Arloing, de Vallée, de Jousset. Nous n'avons pas l'intention de discuter ici les résultats thérapeutiques donnés par ces divers sérums, en particulier, par le sérum de Vallée, le seul que nous ayons utilisé parce que sa préparation semble logiquement offrir les plus sérieuses garanties d'efficacité. Mais l'emploi de ces agents est gêné par la production d'accidents, dont l'étude revêt le plus grand intérêt et a fait l'objet de nos recherches.

La plupart des auteurs qui ont pratiqué la sérothérapie antituberculeuse ont été frappés de la fréquence des accidents occasionnés par cette méthode. Nous ne rappellerons que pour mémoire les faits intéressants rapportés par Guinard, par F. Arloing et Dumarest [1], par Rénon [2].

A l'étranger, notamment en Allemagne, où l'on a beaucoup employé les injections de sérum de Marmorek, les accidents sériques ont également attiré l'attention des auteurs et les ont forcés, dans certains cas, à abandonner la méthode [Gruner [3], Ganghofner [4], Thorspencker [5], Glœssner [6], Senator [7]].

---

[1] Soc. d'études scient. de la tuberculose, mars 1909.
[2] Journal des Praticiens, n° 14, 13 avril 1909.
[3] GRUNER, Wien. klin. Wochenschr., n° 38, 1905.
[4] GANGHOFNER, Ibid., n° 3, 1909.
[5] THORSPENCKER, Deutsche med. Wochenschr., n° 18, 1909.
[6] GLŒSSNER, Ibid., n° 29, 1908.
[7] SENATOR, Ibid., n° 20, 1909.

· Nous-même avons appelé l'attention sur la fréquence de ces accidents, lorsqu'on emploie le sérum par la méthode habituelle des injections hypodermique, et, les ayant observés dans une première série quatre fois sur 4 cas, nous les avons divisés en deux catégories.

Les uns ressortissent aux phénomènes habituels de la *maladie du sérum*, mais ils affectent ici une intensité exceptionnelle; les autres offrent une physionomie tout à fait particulière, tant par leurs symptômes que par leur précocité d'apparition.

En effet, les premiers sont tardifs, apparaissant onze à douze jours après l'injection. Cependant, pour Rist, ces accidents sont moins tardifs que dans la sérothérapie antidiphtérique; ils surviennent du troisième au sixième jour après l'injection. Ils consistent en éruptions variées, avec arthralgies et atteinte de l'état général, accidents qui ont été groupés sous le nom de *maladie du sérum*. En outre nous devons insister sur certaines particularités propres à nos cas.

Chez tous nos malades nous avons observé des réactions d'ordre général : élévation de la température, nausées, vomissements, malaise général.

Les arthralgies, très pénibles, s'accompagnaient d'un gonflement articulaire et même d'hydarthrose, et duraient plusieurs jours.

Nous avons constaté dans un cas des adénopathies.

Quant aux éruptions, il s'est agi d'urticaire généralisée, à gros éléments, prurigineux et cuisants, à poussées successives. En outre, chez deux de nos malades, nous avons observé une éruption purpurique, assez discrète chez l'un, mais qui prenait une extension et une intensité exceptionnelles chez l'autre, donnant aux membres un aspect remarquable. Ces éruptions eurent une durée de 8 jours au moins.

Les accidents du second groupe sont très différents des précédents. Ils surviennent immédiatement, dès les premières heures qui suivent l'injection, et, tant par la nature des symptômes que par ce caractère de précocité, se rapprochent parfaitement du phénomène d'Arthus. En effet, rougeur phlegmoneuse, chaleur, douleur, hyperesthésie, précocité de l'apparition et rapidité de la disparition du phénomène, tels en sont les traits caractéristiques; ce sont aussi ceux qui définissent le phénomène d'Arthus local.

Parfois, à ces phénomènes, s'ajoute le phénomène de Ch. Richet : dyspnée, cyanose avec angoisse, hypotension artérielle avec tachycardie et lipothymie; c'est le tableau si impressionnant de l'intoxication anaphylactique générale, déchaînée dans le cas particulier par l'injection de sérum.

En résumé, les sérums antituberculeux provoquent des accidents dont la fréquence, l'intensité et la précocité d'apparition constituent les caractères particuliers.

Il convient, semble-t-il, d'étudier la cause de cette fâcheuse aptitude, spéciale de la sérothérapie antituberculeuse, afin d'essayer de la combattre. A cet égard, trois interprétations ont été formulées.

Louis Martin, qui, avec la sérumthérapie antidiphtérique, a observé plus d'accidents chez les tuberculeux que chez les autres sujets, a avancé l'hypothèse que les humeurs des tuberculeux ont des propriétés qui favorisent le développement de ces accidents, et nous avons mentionné quelques faits qui paraissent accréditer cette opinion :

Faure (¹) et Derouet (²), en traitant des pleurésies séro-fibrineuses par le sérum antidiphtérique, ont observé des éruptions et autres accidents sériques également nombreux et intenses.

Cerrada (³) a provoqué fréquemment les mêmes phénomènes en combattant la fièvre des tuberculeux par le sérum antistreptococcique de Marmorek.

C'est dans deux cas de méningite mixte à méningocoques et à bacilles de Koch, que la mort par choc anaphylactique est survenue au cours d'une première injection de sérum antiméningococcique (Nobécourt et Tixier) (⁴).

Besredka a constaté expérimentalement que des cobayes sensibilisés au sérum de cheval et ensuite tuberculisés succombent ultérieurement à des doses déchaînantes de sérum deux fois plus faibles de sérum que les cobayes témoins non tuberculeux. Nous poursuivons sur le lapin des expériences analogues, dont nous ne pouvons encore apporter les conclusions.

Cependant la plupart des auteurs, en raison de la spécificité des allergies repoussent l'hypothèse de la prédisposition des tuberculeux aux accidents sériques.

La seconde hypothèse est que la fréquence de ceux-ci est liée aux conditions mêmes de la sérothérapie antituberculeuse. En effet, ici, il s'agit d'une maladie chronique, entraînant la nécessité d'injections répétées un temps prolongé. Cette répétition des injections ne provoque-t-elle pas une prédisposition à l'éclosion des accidents ? Nous ne le pensons pas : en effet, lorsque chez des enfants on traite les paralysies diphtériques par de petites doses quotidiennes de sérum on n'observe pas d'accidents avec la précocité et la fréquence de ceux de la sérothérapie antituberculeuse.

En second lieu, chez les malades que nous avons observés, nous nous étions efforcés de ne pas réaliser les conditions de l'anaphylaxie : emploi de *grosses* doses (20 cm³); répétition quotidienne des injections. D'ailleurs les accidents sont survenus parfois à la première injection.

La raison est sans doute ailleurs : on sait qu'avec la sérothérapie

---

(¹) Faure, *Soc. méd. milit.*, 4 mars 1909.
(²) Derouet, *Th. Paris*, 1909.
(³) Cerrada, *Rev. méd. prat.*, mars 1908.
(⁴) Nobécourt et Tixier, *Gaz. Hôp.*, novembre 1909.

antidiphtérique les accidents sont plus fréquents chez l'adulte que chez l'enfant. Ce fait doit être confronté avec les effets de la sérothérapie anti-tuberculeuse, qui a été surtout pratiquée chez l'adulte.

Peut-être la troisième hypothèse intervient-elle pour expliquer ces constatations : c'est celle qui a été formulée par Rist, suivant lequel l'état anaphylactique serait créé antérieurement aux injections de sérum par l'ingestion de viande de cheval crue. La question de l'ana-phylaxie par voie digestive est encore controversée actuellement. Arthus, Besredka, Mlle Bouteil n'ont obtenu que des résultats négatifs. Par contre, Rosenau et Anderson ont pu anaphylactiser des cobayes au sérum de cheval par l'ingestion de viande du même animal. Clintock et Ring ont confirmé ces résultats. Richet a pu sensibiliser des chiens à la crépitine en empruntant la voie gastro-intestinale. Enfin, Börnstein a réussi également à créer par voie digestive l'anaphylaxie au cristallin de bœuf.

Nous avons entrepris une série d'expériences pour tâcher d'élucider cette question. A sept sujets nous avons fait ingérer 200 g de viande de cheval crue. A trois sujets nous avons fait ingérer 200 g de viande de cheval bien cuite. Enfin, à trois sujets, servant de témoins, nous avons donné un repas comprenant de la viande de bœuf cuite. Chez tous les sujets nous avons étudié la réaction du sang mis en présence du sérum sanguin d'un lapin anti-cheval préparé à cet effet, et dont l'activité se montra de 1 °/oo. Les résultats furent les suivants :

Chez les sujets ayant ingéré de la viande de cheval crue, il s'est produit un précipité dans six cas sur sept. Le précipité apparaît très rapide-ment après l'ingestion carnée, de 15 à 45 minutes. Fait très particulier : dans le sang recueilli une heure après le repas, le précipité diminue ou disparaît.

Chez les sujets ayant ingéré de la viande cuite de cheval, il se forme un précipité, mais qui n'a pas la physionomie commune aux réactions de précipitation : au lieu d'un louche zonal, on observe la production de pe-tits flocons qui tombent au fond du tube. Cette réaction se produit de 15 minutes à 45 minutes après le repas, et disparaît une heure après.

Quant aux trois témoins, la réaction fut chaque fois négative.

On peut donc conclure que ce précipité obtenu en présence de sérum anticheval n'est pas un phénomène banal, lié à un état du sang en rap-port avec le travail de la digestion.

La réaction prouve le passage, dans la circulation, des albumines du cheval après l'ingestion de viande de cheval, les albumines gardant leur caractère spécifique, grâce auquel nous pouvons les déceler.

Ce passage permet donc l'établissement de l'anaphylaxie par voie digestive; celle-ci se montre apte à l'inoculation préparante. Nos expé-riences prouvent que des sujets ayant ingéré de la viande de cheval crue ont en circulation dans le sang, à un moment donné, des albumines spé-cifiques de cheval, qui laissent présumer la possibilité d'un choc anaphylactique ultérieur, si des albumines de cheval sont à nouveau injectées à ces sujets. Or le rôle de cette anaphylaxie peut être très important chez nos tuberculeux, où l'hippophagie est de règle.

En effet la plupart des tuberculeux des hôpitaux parisiens ont absorbé à un moment donné de la viande de cheval crue dans un but thérapeutique. Chose bien suggestive : depuis que notre attention a été éveillée sur ce point, nous n'avons pu découvrir qu'*un* seul sujet indemne d'hippophagie antérieure. C'était une femme de 35 ans, qui vint mourir de phtisie dans notre service; nous pûmes lui administrer six injections hypodermiques, à 2 ou 3 jours d'intervalle, chacune de 20 cm³ de sérum Vallée. L'observation fut poursuivie 18 jours; aucun accident ne se produisit.

Sans généraliser en des conclusions fermes, il est cependant digne de remarque que le seul sujet chez lequel nous n'observâmes pas d'accidents fut également le seul qui n'avait jamais mangé de viande de cheval crue.

Chez un autre malade, qui avait absorbé de la viande de cheval cuite, mais jamais crue, nous fîmes quatre injections hypodermiques de sérum de Vallée, à 2 ou 3 jours d'intervalle; dès la seconde, une rougeur douloureuse apparaît au siège de l'injection presque immédiatement après celle-ci; et, aux injections suivantes, le phénomène d'Arthus se développa progressivement avec une intensité telle que nous dûmes interrompre la médication.

*
* *

Quelle que soit l'explication encore incertaine des particularités de l'anaphylaxie sérique observée chez les tuberculeux, on s'est efforcé de différents côtés de se garer de cet inconvénient qui rend vaine toute entreprise sérothérapique.

Marmorek a proposé, en se fondant sur les expériences de Besredka, qui réalisent la vaccination antianaphylactique par voie intestinale, d'administrer son sérum en lavements. De fait, la plupart des auteurs ont, depuis, employé cette voie et n'ont pas observé d'accidents.

Mais, à cet égard, différentes questions se posent : 1º la vaccination antianaphylactique par voie intestinale est-elle un fait démontré? 2º le sérum est-il absorbé, injecté dans le rectum? 3º il y a plus : il convient de dissocier, dans l'étude de l'absorption rectale du sérum, la recherche des albumines du cheval et la recherche des antitoxines spécifiques, la première dans le but d'étudier les conditions de l'anaphylaxie, la seconde pour déterminer la possibilité d'efficacité thérapeutique.

Nous laisserons de côté ce dernier point de vue dans ce travail, où nous n'étudions que les accidents sériques, et nous n'envisagerons que les deux premiers. Nous dirons seulement que, suivant les expériences très bien conduites de Escherich, de Hamburger et Monti, il semble que, après lavements de sérums, les antitoxines diphtériques et tétaniques ne peuvent être retrouvées dans le sang. Mais cela ne prouve pas que les albumines du cheval ne passent pas. Aussi peu de recherches directes ont été faites dans ce sens que nombreuses ont été celles qu'on a poursuivies sur le passage des albumines de l'œuf, du lait, en général des albumines alimentaires.

Sternberg a vu, chez un homme, qu'un lavement de 10 cm³ de sérum de cheval est suivi du passage d'albumines de cheval, décelable le lendemain dans le sang. Mais il n'a pu constater le même phénomène chez le lapin.

Pfeiffer, dans deux expériences, après plusieurs lavements consécutifs de grandes quantités de sérum de veau, n'a pas pu déceler la présence de celui-ci dans le sang du sujet, exploré pendant 8 à 10 jours à partir de la deuxième heure qui a suivi le dernier lavement.

Nous-mêmes avons fait un certain nombre d'expériences, en utilisant deux méthodes différentes : nous avons recherché la présence d'anticorps précipitants dans le sang des sujets après lavement de sérum de Vallée; et nous avons cherché directement les albumines de cheval en les décelant à l'aide de notre sérum de lapin anticheval, 18 malades reçurent un lavement quotidien de 20 cm³ de sérum de Vallée pendant 12 jours. Chez chacun d'eux nous avons recherché les précipitines dans le sang, à partir du dixième jour pendant un mois. Nous n'avons décelé de précipitines qu'une seule fois. Les 17 autres cas furent négatifs. Encore ce cas positif est-il discutable, car il s'agissait d'un sujet atteint d'hémorroïdes. Ce pourcentage extrêmement faible doit être opposé à la fréquence avec laquelle nous avons antérieurement reconnu la présence de précipitines dans le sang après injections hypodermiques.

Mais ces résultats négatifs ne prouvent, à la rigueur, que la non-formation d'anticorps précipitants, non pas la non-absorption des albumines de cheval. Nous avons cherché directement celles-ci avec le sérum de lapin anticheval chez sept sujets, soumis à des lavements de sérum de cheval.

Dans trois cas, la réaction fut recherchée de 15 minutes à 1 heure après le lavement; elle fut négative chaque fois; sur cinq cas, où elle fut recherchée entre 18 et 24 heures après le lavement, elle fut faiblement positive une seule fois; c'est dans un cas où elle avait été négative dans la première heure.

Il convient d'opposer ces résultats à ceux que donnent les mêmes recherches, avec un lapin anticheval de même activité, à l'égard de la voie sous-cutanée ou rachidienne : on voit alors un passage massif et rapide des albumines de cheval.

Donc il semble que par la voie rectale le passage du sérum soit possible, mais extrêmement diminué et retardé, du moins quant à ses albumines toxiques, incapables de provoquer la formation d'anticorps précipitants.

Peut-être peut-on s'expliquer ainsi que la sensibilisation de l'organisme soit alors insuffisante à provoquer l'anaphylaxie.

De fait, chez les 18 malades qui ont reçu des lavements de sérum Vallée à la dose totale de 240 cm³, nous n'avons pas une fois observé le moindre accident.

Laissant encore de côté la question de l'efficacité thérapeutique de cette voie, nous pouvons déclarer qu'elle met à l'abri des accidents sériques.

Cette protection peut-elle être assimilée à une vaccination anti-anaphylactique? L'absence d'accidents ne pouvant être attribuée au non-passage du sérum, l'innocuité de la voie intestinale témoigne seulement que l'injection déchaînante ne peut être obtenue par voie intestinale. Mais elle n'empêche pas l'anaphylaxie de se produire si l'on fait suivre les lavements d'injections sous-cutanées de sérum; toutefois les phénomènes anaphylactiques sont alors quelque peu modifiés.

En effet, chez 7 malades, nous avons pratiqué des séries de lavements alternés avec des séries d'injections hypodermiques; les malades se trouvaient dans les mêmes conditions que ceux qui n'avaient reçu que des injections sous-cutanées; c'étaient tous d'anciens hippophages. Pourtant ils ne réagirent pas de la même manière au sérum. Dans la proportion de 4 sur 7, ils présentèrent des accidents; mais ceux-ci se réduisirent aux symptômes de l'anaphylaxie locale, phénomène d'Arthus plus ou moins intense. Pas une fois, nous n'observâmes d'éruptions, ni de fièvre, ni d'arthralgies, ni les symptômes dramatiques de l'anaphylaxie générale.

Il semble donc que l'administration intra-rectale de sérum détermine une certaine modification dans les conditions de l'anaphylaxie.

Ces faits cliniques et expérimentaux ne sont pas encore assez nombreux pour comporter de conclusions générales. Nous continuons nos différentes séries d'expériences; mais les premiers résultats obtenus nous ont paru d'un intérêt suffisant pour pouvoir être rapportés, leur connaissance pouvant faciliter la pratique de la sérothérapie antituberculeuse.

M. J. CHALIER,

Chef de clinique médicale à la Faculté de Médecine (Lyon).

DE LA RÉSISTANCE GLOBULAIRE DANS LE DIABÈTE (¹).

31 *Juillet.*

612.111.17 : 616.631

Étudiant d'une manière systématique l'état de la résistance globulaire dans diverses maladies, j'ai pu faire, au sujet du diabète, quelques constatations intéressantes. Il serait sans doute prématuré d'affirmer que les résultats obtenus seront définitifs; mes recherches, ne portant encore que sur quatre cas, devront être multipliées; mais dès à présent il m'a paru qu'elles méritaient d'être signalées.

Les dosages qui figurent dans ce travail ont été effectués obligeamment par M. Boulud.

La résistance globulaire a été éprouvée avec des hématies déplasmatisées d'après la technique de MM. Widal, Abrami et Brulé. H_1 indique la solution de NaCl dans laquelle apparaît l'hémolyse initiale; H_2 l'hémolyse forte; H_3 l'hémolyse totale.

I. Un malade, obèse de longue date, entre à la clinique du Pr Roque au début du mois de juillet 1911, pour un léger œdème des membres inférieurs, dû à des varices très développées, et pour son obésité. On ne trouve pas d'albumine dans ses urines. Le taux de l'urée est un peu diminué (21 g en 24 heures), le coefficient azoturique abaissé à 70; L'ammoniaque est en excès (1,87 g); P_2O_5 légèrement augmenté (4,51 g); le chiffre des chlorures est à peu près normal; le résidu fixe est accru (107,80). $\frac{\Delta}{\varepsilon} = 1.29$ pour une diurèse moléculaire totale de 3100. La recherche du sucre est positive; un dosage en révèle 31 g par litre, 68,20 g dans les 24 heures. Cette glycosurie persiste; le diabète n'est pas douteux, malgré que les signes habituels soient des plus frustes. Dans le sang, 2,12 g % de sucre. Chez cet homme, la résistance globulaire est légèrement diminuée. $H^1 = 0.48$ $H^2 = 0.42$ $H^3 = 0.32$. Il est possible — le fait est à vérifier — que cette légère hyporésistance soit le fait de l'hyperglycémie.

II. Un sujet d'une quarantaine d'années, voyageur de commerce, manifestement alcoolique, est atteint d'un volumineux anthrax de la région cervicodorsale. On découvre chez lui un diabète dont il ne se doutait pas; les urines renferment 58 g de sucre par litre, 278 g en 24 heures. Par ailleurs, pas de modifications très considérables de son chimisme urinaire : urée 26,88 g; azote total 15,18 g; coefficient azoturique : 77; $P_2O_5 = 3.36$.

(¹) Travail de la clinique et du laboratoire du Pr Roque.

Dans le sang, 1,81 g % de sucre.

Résistance globulaire normale :

$$H_1 = 0,44 \text{ Na Cl } °/_{0}, \qquad H_2 = 0,40, \qquad H_3 = 0,30;$$

Ces résultats paraissent en contradiction avec ceux obtenus chez le malade précédent. On peut faire remarquer que l'hyperglycémie dans ce cas est moindre. Enfin, et surtout, ce sujet présentait un subictère conjonctival, reliquat d'un ictère catarrhal survenu deux mois plus tôt. On sait qu'au cours de ces ictères la résistance globulaire est généralement augmentée [1]. Ainsi s'expliquerait que la résistance globulaire soit restée normale chez ce malade incomplètement guéri de son ictère.

III. Un vieillard présente des troubles respiratoires rappelant le type de Kussmaul. Il est obnubilé, répond à peine ou pas du tout aux questions posées ; un examen complet fait songer au coma diabétique et, de fait, les urines renferment quelques grammes de sucre et les réactions de l'acétone et de l'acide diacétique sont des plus nettes. Le diagnostic est confirmé par l'urologie. On pratique une ponction veineuse. Le sang contient 3,40 g % de sucre.

La résistance globulaire est nettement diminuée.

En effet

$$H_1 = 0,54 \text{ Na Cl } °/_{0}, \qquad H_2 = 0,48, \qquad H_3 = 0,30.$$

On admet généralement qu'une intoxication acide — sur la nature de laquelle les discussions restent ouvertes —, est à la base du coma diabétique. C'est elle qui probablement est en cause dans l'hyporésistance globulaire que nous avons constatée. On sait en effet que, *in vitro*, l'addition à des solutions salées d'une petite quantité d'un acide faible hâte considérablement l'hémolyse (Hambürger). L'acétone est également une substance à action hémolysante ainsi que certains auteurs et moi-même l'ont remarqué.

Chez ce comateux il existait 2,56 % d'hématies granuleuses.

IV. Chez un autre diabétique, le taux du sucre avait considérablement diminué en même temps que se développait une ascite reconnue chyleuse lors de la ponction. A son entrée, il offrait le tableau clinique d'une cirrhose pigmentaire avec cachexie bronzée et on trouva 3,60 g % de sucre dans le sang. Il ne tarda pas à mourir et le dosage révéla des quantités élevées de fer dans le foie, la rate, le pancréas et aussi le rein.

La surcharge en fer des viscères précités tient évidemment à une destruction exagérée des globules rouges, le lieu même de cette destruction paraissant difficile à préciser.

Quelle est la cause de cette destruction qui a libéré de si grandes quantités de fer et permis son accumulation dans les organes ?

Le sérum du malade ne jouissait d'aucun pouvoir hémolytique spécial ni sur les globules du sujet, ni sur les globules d'autres malades. On ne peut donc invoquer ni hémolysines, ni substances toxiques d'ordre varié hémolysantes du sérum.

---

[1] J. CHALIER, *Contribution à l'étude de la résistance globulaire au cours de l'ictère* (*Presse médicale*, 18 juin 1910).

La résistance globulaire était très diminuée puisque

$$H_1 = 0,58 \ NaCl \ ^o/_o, \qquad H_2 = 0,52, \qquad H_3 = 0,32.$$

Il y avait 2 % d'hématies granuleuses. A noter une ébauche de subictère.

Ces résultats de l'hémolyse sont à rapprocher de ceux que l'on obtient dans l'ictère hémolytique.

Les relations à établir entre les cirrhoses pigmentaires et les ictères hémolytiques méritent d'autant plus de retenir l'attention que Castangie, J. Chalier, Robin et Fiessinger, ont démontré l'existence d'ictères hémolytiques au cours des cirrhoses du foie.

Sous réserve de recherches plus nombreuses et de contrôle, nous poserons donc les conclusions suivantes :

Conclusions. — 1° *Au cours du diabète non compliqué, il existe une diminution très légère de la résistance globulaire.*

2° *Le coma diabétique comporte une fragilité globulaire très nette, due probablement à l'acidose.*

3° *Dans la cachexie pigmentaire diabétique, la fragilité globulaire manifeste conditionne sans doute les dépôts ferrugineux dans les viscères. Il y a lieu d'établir un rapprochement entre les cirrhoses pigmentaires et les ictères hémolytiques.*

MM. Paul COURMONT,

Professeur de Pathologie générale à la Faculté de Médecine.
(Lyon).

ET

André DUFOURT,

Interne des Hôpitaux (Lyon).

**RAPPORT SUR L'ANAPHYLAXIE
DANS L'ÉVOLUTION DES MALADIES INFECTIEUSES.**

616.0221.242 : 616.9

1er *Août.*

A l'heure actuelle la notion d'anaphylaxie peut aider à expliquer l'évolution des maladies infectieuses, de même que la notion d'immunité et la connaissance des réactions de défense de l'organisme ont contribué à élucider la genèse de leur guérison.

On peut concevoir la guérison d'un grand nombre de maladies infectieuses et surtout des maladies cycliques, comme étant obtenue en partie par la production successive ou simultanée des anticorps dirigés soit contre les bacilles (bactériolysines, agglutinines, précipitines, etc.), soit contre les toxines (antitoxines). La résultante est souvent l'état d'immunité.

Réciproquement, la question se pose de savoir pourquoi, avant le stade de terminaison et de guérison, les infections sont, au contraire, pendant un certain temps, en état de progression (période d'ascension et période d'état des maladies cycliques). On pensait jusqu'à ces derniers temps que cette période de progression était due simplement au fait de la multiplication des bacilles et de leurs toxines et aux réactions cellulaires consécutives, tous phénomènes qui ne s'atténuaient qu'à partir du moment où l'ensemble des défenses organiques (cellulaires et humorales) s'était suffisamment développé. Il y aurait au début des infections cycliques une *phase neutre* pendant laquelle l'organisme subirait pour ainsi dire l'assaut des agents infectieux sans pouvoir se défendre victorieusement.

En fait, cette *phase neutre ou négative* existe, et l'on peut le prouver par des faits précis : par exemple, abaissement de l'indice opsonique (Wright) au début de certaines infections (fièvre typhoïde, Milhit); abaissement du pouvoir leuco-activant normal (Achard); abaissement ou disparition du pouvoir agglutinant normal, etc.

Mais la notion de l'anaphylaxie permet d'affirmer que non seulement les défenses naturelles humorales ou autres sont défaillantes au début de l'infection, mais que le sérum de ces infectés possède, au moins pendant quelque temps, une *propriété spéciale favorisant le développement de cette infection.* Il y aurait donc, non seulement diminution ou perte des propriétés défensives ou humorales naturelles, mais propriétés inverses, en faveur de l'infection, et contre l'organisme.

Le fait acquis est le suivant : *le sérum d'un sujet infecté peut être favorisant vis-à-vis de cette infection.*

Le sérum d'un malade ou d'un animal infecté est inoculé à un animal neutre; celui-ci devient alors sensibilisé vis-à-vis d'une inoculation ultérieure de l'agent infectieux qui est en cause. C'est là une expérience d'*anaphylaxie passive* (transmission d'un sujet à un autre par le sérum), prouvant l'existence de cette propriété anaphylactique dans le sérum, et par conséquent dans l'organisme infecté.

C'est en 1897 que, pour la première fois, ce fait a été observé par l'un de nous avec le sérum des typhiques, dont nous avons établi le *pouvoir favorisant* vis-à-vis de l'infection éberthienne expérimentale chez le cobaye.

A ce moment on ne connaissait que certaines des propriétés des sérums qui semblent jouer un rôle utile dans la défense contre l'infection : pouvoir bactéricide, agglutinant, antitoxique, vaccinant. On ignorait qu'un sérum pût jouer un rôle inverse et favorable, au contraire, à l'infection ou l'intoxication.

Cette nouvelle propriété du sérum des malades, semblant antagoniste en quelque sorte des premières, correspond à ce que nous appelons aujourd'hui l'*état anaphylactique des infectés;* nous pouvons dire actuellement *pouvoir anaphylactisant,* au lieu de *pouvoir favorisant.* Nos expériences (longuement exposées dans notre thèse inaugurale (¹), dans un article des *Archives de*

(¹) Paul Courmont, Signification de la réaction agglutinante chez les typhiques. *Thèse,* Lyon, 1897. Baillère, éditeur, Paris.

Pharmacodynamie (¹) et résumées dans une Note à la Société de Biologie) sont donc les premières qui démontrent à la fois : 1º l'état anaphylactique du sérum des infectés précédant l'état d'immunité; 2º la transmission possible au cobaye de cet état d'anaphylaxie par le sérum infecté, c'est-à-dire, *l'anaphylaxie passive.*

Nous écrivions à ce moment : « ...des modifications du sérum dans son action *favorisante*, vaccinante ou atténuante, on tirera des conséquences cliniques pour la durée et l'*évolution* probable d'une maladie, pour la possibilité d'une rechute... »

Il est intéressant de rappeler aujourd'hui cette phrase et notre travail de 1897. Nos expériences ont été confirmées par d'autres expérimentateurs, et à l'aide des données analogues acquises depuis quelques années nous voyons mieux l'intérêt qu'il y a de rapprocher cette propriété favorisante du sérum de l'évolution de la maladie infectieuse.

Les notions acquises sur ce point peuvent être appliquées à l'étude des infections soit *aiguës*, soit *chroniques.*

I. *Maladies infectieuses aiguës.* — Les plus typiques, au point de vue qui nous occupe, sont les maladies infectieuses cycliques, car pour elles, les phases de progression et de guérison se succèdent rapidement, et à chacune de ces phases correspondent des propriétés différentes du sérum.

La fièvre typhoïde est un des meilleurs sujets d'étude.

Depuis les travaux de Chantemesse et Widal, on connaissait le pouvoir *vaccinant* du sérum des typhiques *convalescents.* Depuis 1897 on sait qu'il existe aussi à certaines périodes de la maladie un pouvoir *favorisant* dont les effets semblent l'inverse du précédent.

Voici sur ce point le résumé de nos expériences de cette époque. Elles ont porté sur 78 cobayes, et 8 sérums de typhiques.

Trois lots de cobayes (A, B, D) étaient inoculés dans le péritoine avec la même dose mortelle de culture en bouillon de bacilles d'Eberth. Ceux du lot D (témoin) étaient inoculés avec cette seule dose mortelle; ceux du lot B recevaient en plus sous la peau de la cuisse une faible quantité de sérum de typhique (le dixième de la dose de culture); ceux du lot A recevaient un mélange de sérum et de culture (agglutinée) dans les mêmes proportions.

Les résultats furent les suivants : Les cobayes A (culture et sérum mélangés) résistèrent beaucoup plus longtemps que les témoins D (culture seule) à cause de l'atténuation du bacille par le sérum agglutinant et bactéricide. Quant aux cobayes B, qui nous intéressent le plus (culture dans le péritoine et sérum sous la peau), ils se comportèrent très différemment par rapport aux témoins D.

Avec quatre sérums de typhiques les cobayes B moururent en quelques heures (pouvoir favorisant), alors que les témoins D survivaient beaucoup plus longtemps (12 jours et 7 jours).

Avec quatre sérums au contraire, les cobayes B résistèrent beaucoup plus que les témoins (pouvoir vaccinant).

(¹) PAUL COURMONT, Des rapports du pouvoir agglutinant du sérum des typhiques avec les autres propriétés acquises par ce sérum au cours de la maladie (*Archives de Pharmacodynamie*, vol. IV, fasc. I et II, 1897). — Propriétés acquises par le sérum des typhiques. (*Soc. de Biologie*, 24 juillet 1897).

Le Tableau ci-dessous précise ces chiffres et montre que les sérums favorisants provenaient presque tous de fièvres typhoïdes au début ou à une date éloignée de la guérison définitive, tandis que les sérums vaccinants provenaient d'une période de la maladie proche de là guérison ou même de la convalescence.

Par conséquent, *le sérum des typhiques est favorisant pendant une première partie de la maladie, et devient vaccinant à la convalescence ou un peu avant.*

	Durée de survie des cobayes.		
Époque de la fièvre typhoïde où est pris le sérum.	Lot A. (Sérum et culture mélangés).	Lot B. (Sérum et culture séparés).	Lot D. (Culture seule.
I. — Sérums favorisants :			
Sérum 1 4ᵉ jour......................	46 jours	1 jour	12 jours
» 2 5ᵉ jour......................	43 »	1 »	12 · »
» 3 17ᵉ jour (d'une dothiénentérie suivie de rechute)........	10 »	$\frac{1}{2}$ »	7 »
» 4 26ᵉ jour......................	14 »	$\frac{1}{2}$ »	7 »
II. — Sérums vaccinants :			
Sérum 5 8 jours avant la défervescence	39 »	22 »	12 »
» 6 24ᵉ jour	10 »	9 »	7 »
» 7 Rechute après 23 j. d'apyrexie.	18 »	16 »	1 »
» 8 10ᵉ jour de la convalescence ..	6 »	9 »	1 »

Le pouvoir favorisant a été retrouvé, en 1903 par MM. *Rodet* et *Lagriffoul* dans le sérum des chevaux préparés pour la production d'un sérum antityphique; il coexistait dans ces cas avec un degré plus ou moins marqué de pouvoir préventif (allergie).

En 1909, M. *Delanoé* a étudié la propriété anaphylactisante du sérum de cobayes inoculés avec du bacille d'Eberth. Ce sérum inoculé à d'autres cobayes a toujours favorisé leur infection ultérieure par le bacille d'Eberth. Tantôt ces cobayes inoculés avec le sérum et la culture meurent presque immédiatement, tantôt ils meurent au bout d'une certaine phase latente comme dans nos expériences. M. Delanoé voudrait qu'on réserve aux premiers faits le terme d'anaphylaxie passive, et au second celui d'action favorisante du sérum. Nous croyons qu'il n'y a là qu'une question de degré dans les phénomènes et qu'il faut homologuer les deux termes : pouvoir favorisant et pouvoir anaphylactisant d'un sérum.

L'anaphylaxie passive a été étudiée dans des conditions analogues avec des sérums d'animaux infectés par différents microbes (b. d'Eberth, b. coli, b. de Flexner, vibrion cholérique, paratyphiques A et B, etc.) par *Krauss* et *Dœr*, *Krauss* et *Amiradzibi, Livierato, Studzinski*; ils confirmèrent tous la réalité de cette anaphylaxie passive transmise avec le sérum des infectés.

Ascoli, cependant n'a eu que des résultats inconstants avec des sérums de typhiques; il est vrai qu'il inoculait ses animaux avec de la toxine et non avec des cultures totales.

On peut en somme concevoir dans les infections cycliques telles que la fièvre typhoïde un stade d'anaphylaxie pendant lequel le sérum du malade non seulement n'est pas doué de l'ensemble des propriétés favorables à la guérison et à l'immunité, mais est favorisant pour cette infection elle-même. *Stade d'anaphylaxie* et *stade d'immunité* se succèdent à une période de la maladie qu'il n'est pas facile de déterminer. Nous avons schématisé ces états dans les courbes ci-jointes empruntées à nos premiers travaux.

Le point délicat est de savoir à quel moment le stade d'immunité succède au stade d'anaphylaxie; il est probable que pendant une période il y a coexistence de propriétés inverses du sérum, comme chez les chevaux fournissant le sérum antityphique.

Au point de vue pratique, rappelons que dans les vaccinations bactériennes et notamment dans la vaccination antityphique chez l'homme, il y a le plus souvent une période de quelques jours pendant lesquels le sujet est, non pas vacciné, mais au contraire plus sensible à l'infection spécifique en question (phase négative). Cette phase négative correspond à notre phase d'anaphylaxie et de pouvoir favorisant du sérum.

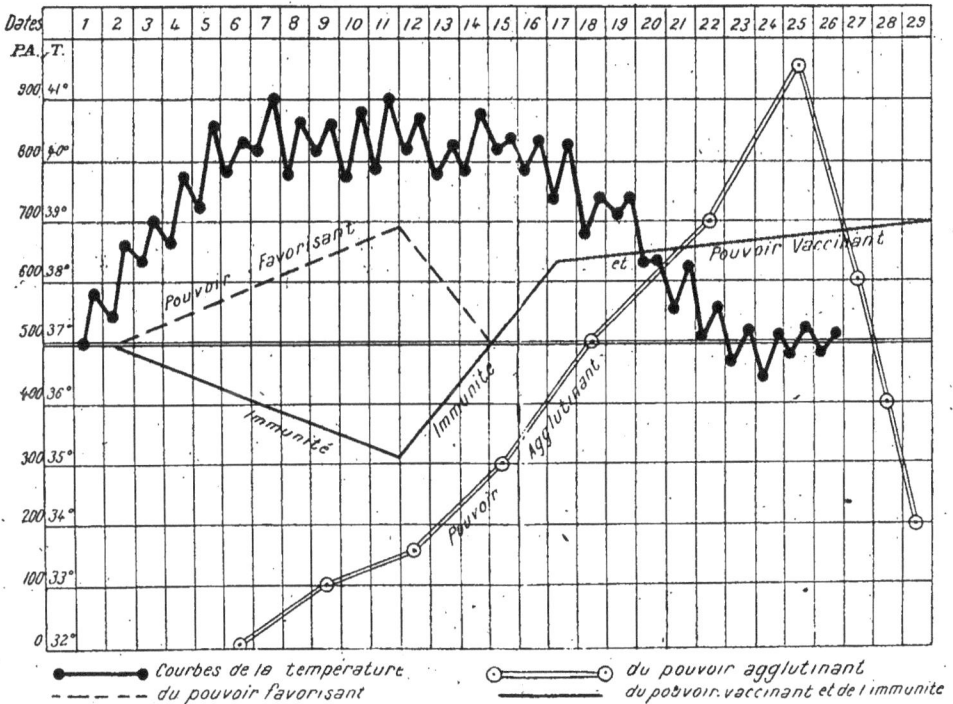

Courbes de la température
du pouvoir favorisant
du pouvoir agglutinant
du pouvoir vaccinant et de l'immunité

II. *Maladies infectieuses chroniques.* — D'après les données précédentes il semble que le pouvoir favorisant du sérum ne doive pas évoluer dans les infections chroniques comme dans les infections aiguës. Il semble *a priori* que le sérum des infectés chroniques doit rester favorisant beaucoup plus longtemps, et peut-être indéfiniment, lorsque la guérison et l'immunité ne s'établissent pas. Les maladies infectieuses chroniques seraient celles qui demeurent indéfiniment au stade d'anaphylaxie, celles pour lesquelles ne se fait pas le passage de l'anaphylaxie à l'immunité.

Voyons ce qui se passe par exemple dans la tuberculose, maladie où l'im-munité est si difficile et où la chronicité est la règle. Les notions acquises jusqu'ici sur l'anaphylaxie dans la tuberculose plaident en faveur de notre théorie; elles peuvent s'appliquer à d'autres maladies chroniques ou peu curables et progressives telles que la morve.

Il est facile avec le bacille de Koch d'obtenir les phénomènes d'anaphylaxie.

En 1903 mon maître *Arloing* étudia le premier systématiquement ce fait qu'une deuxième inoculation de bacilles de Koch chez un animal infecté de tuberculose détermine des accidents graves et rapides. M. *F. Arloing* a fait ultérieurement une étude graphique détaillée fort intéressante de ce phénomène.

C'est ce même fait que *Detre-Deutsch* a de nouveau observé en 1904 et qu'on a appelé le phénomène de *superinfection*. *Delanoé* a repris cette étude en 1909 avec des cultures de virulence variée. Tout ceci correspond également aux faits sur lesquels on a tenté d'établir la théorie des *agressines* (*Bail*).

L'hypersensibilité des tuberculeux à la tuberculine de Koch est connue depuis l'emploi de cette dernière (1890); toutes les réactions à la tuberculine employées dans un but diagnostique (sous-cuti, cuti, intradermo, oculo-réactions) ne sont vraisemblablement que des phénomènes d'anaphylaxie.

L'hypersensibilité à la tuberculine a fait l'objet au dernier Congrès de l'Association, à Toulouse, en 1910, d'un rapport de MM. *Bezançon* et *Philibert;* nous y renvoyons le lecteur.

Les réactions à la tuberculine chez les tuberculeux et les résultats expé-rimentaux précédents, montrent donc avec grand luxe d'arguments la con-stance de l'anaphylaxie dans la tuberculose. Mais il ne semble pas que la tuberculine proprement dite soit sûrement la substance sensibilisante, car beaucoup d'auteurs (*Richet*, *Simon*, *Bruyant*) n'ont pas réussi à anaphy-laxier des cobayes avec la tuberculine. D'autres auteurs y sont arrivés (*A. Marie* et *Tiffeneau*, *Slatineanu* et *Danielopolu*) en faisant dans le cerveau la deuxième injection destinée à déchaîner le choc anaphylactique (*Calmette* et *Breton* par voie digestive).

Quant à l'anaphylaxie passive conférée à des animaux avec le sérum d'hommes ou de cobayes tuberculeux elle a été mise en évidence par *Yamanouchi* en 1909. Des cobayes inoculés avec du sang de tuberculeux, ou des lapins avec du sang de cobayes tuberculisés depuis 4 semaines, sont hypersensibles à une injection de culture de tuberculose ou de tuberculine. *Delanoé*, *Lesné* et *Dreyfus*, *Helmoltz* la même année, *Bail F. Bay* en 1910 notent cette anaphylaxie pas-sive dans certains cas surtout avec les organes tuberculeux.

Par contre, *Morelli*, *Joseph*, *Simon*, *Onaka*, *Karl Joseph*, *E. Froenkel Val-lardi* n'ont pu obtenir d'une façon constante cette anaphylaxie passive avec le sang de sujets tuberculeux ou d'animaux tuberculisés ou tuberculinisés ou bien contestent la valeur des signes observés. Ces faits négatifs ne prou-vent rien contre les positifs, si ce n'est que les conditions de l'expérience méritent d'autres recherches. Il faudrait faire pour la tuberculose ce que nous avons fait il y a 14 ans pour la fièvre typhoïde et distinguer entre les cas cliniques; il est certain que le sérum de certains tuberculeux doit être plus anaphylactisant que d'autres. On a employé cette réaction d'ana-phylaxie passive avec les sérums humains surtout dans un but diagnostique; il sera encore plus intéressant de rechercher cette réaction dans ses rapports avec l'évolution même de la tuberculose dans les différents cas cliniques. On a déjà commencé à le faire pour ce qui concerne les réactions à la tuberculine. Cela conduira certainement à des conclusions intéressant non seulement la pathologie générale mais la thérapeutique de la tuberculose.

Conclusions. — 1° Nous avons démontré en 1897 l'existence dans le sérum des typhiques d'une *propriété favorisante,* existant surtout au début de la maladie ou dans certaines formes à rechute. C'est une propriété inverse de la *propriété vaccinante* établie par Chantemesse et Widal laquelle n'apparaît ordinairement qu'à un moment rapproché de la guérison ou après celle-ci. Cette dernière propriété témoigne de l'immunité du sujet; la première, au contraire, témoigne de l'état *anaphylactique* ou *allergique* et nos expériences sont les premières en date d'anaphylaxie passive.

2° Il semble donc y avoir dans les maladies infectieuses cycliques aiguës telles que la fièvre typhoïde, une *phase d'anaphylaxie* précédant la phase de guérison et d'immunité. Le passage rapide de l'un à l'autre de ces états semble précisément la caractéristique des maladies infectieuses aiguës.

3° Dans les maladies infectieuses chroniques, telles que la tuberculose, il y a, au contraire, prolongation pour ainsi dire indéfinie de l'état d'anaphylaxie ou d'allergie, comme le prouvent les expériences d'anaphylaxie passive ou les réactions à la tuberculine chez l'homme ou l'animal tuberculeux.

4° L'étude plus approfondie du déterminisme du passage de l'anaphylaxie à l'immunité dans les maladies conduira à des résultats importants pour la pathologie et la thérapeutique générales.

Discussion. — M. SEGALE. — Dans la détermination de l'état anaphylactique, on se base surtout, jusqu'ici, sur la phénoménologie clinique. Je tiens à rappeler que, soit pour la séroanaphylaxie, soit pour l'intoxication qu'on dit peptonique, on a toujours des modifications très nettes et considérables dans les constantes physycochimiques du sérum (abaissement du point de congélation, valeur réfractométrique, concentration en quatre jours, mesure par les piles de concentration gazeuse. Dans la plupart des cas et dans les premiers moments, on n'a aucune modification de la valeur de la conductivité électrique. Toutes ces recherches confirment qu'on à affaire, dans l'anaphylaxie et dans l'intoxication peptonique à une scission explosive des matériaux protétiques de l'organisme. Les dosages chimiques confirment cet ordre d'idées.

Pour cela je crois qu'avant de définir comme anaphylactique un état quelconque avec une symptomatologie analogue, il est prudent de s'assurer si l'on a les mêmes modifications que dans l'anaphylaxie vraie et l'intoxication peptonique.

Les recherches que jusqu'ici j'ai faites sur la septicémie charbonneuse dans le cobaye et sur le cobra sont favorables à cet ordre d'idées, ainsi que les très intéressantes expériences commencées par M. le Professeur Courmont. Je crois pourtant qu'il soit convenable, avant de définir le phénomène par anaphylaxie, de s'assurer si toutes les recherches ont une unité de vues suffisante, étant donné que cette définition peut avoir des conséquences notables pour les applications successives et la production des états antianaphylactiques et antipeptoniques. (Les travaux sont ou seront publiés *in extenso* dans la *Pathologie*.)

M. Fernand BESANÇON rappelle qu'au cours des poussées évolutives de la tuberculose, avec de Serbonnes, il a trouvé seulement à la fin des poussées bénignes l'augmentation du pouvoir agglutinant et des cutiréactions plus intenses ; mais il n'a pu étudier le pouvoir préventif ou favorisant du sérum vis-à-vis de l'infection tuberculeuse, en raison même des difficultés de cette étude.

M. COURMONT fait d'autre part allusion à une expérience d'Arloing montrant que si l'on réinocule à un cobaye tuberculeux une certaine dose de bacilles tuberculeux, l'animal meurt ; ce qui serait en raison de l'état d'anaphylaxie présenté par le cobaye.

Au cours de recherches, que Bezançon a reprises avec de Serbonnes, sur les conditions dans lesquelles se produit le phénomène de Koch, l'auteur a saigné des cobayes tuberculeux au moment même où ils sont suceptibles de présenter le phénomène de Koch, c'est-à-dire la plaque nécrotique au point de réinoculation au lieu du chancre d'inoculation ; il a inoculé à des cobayes sains ce sérum de cobayes tuberculeux et a cherché si ces cobayes, ayant reçu passivement le sérum présentaient, à la suite d'une injection de bacilles de Koch, un ulcère tuberculeux ou une plaque nécrotique ; ils ont présenté un ulcère tuberculeux. Ces expériences sont encore trop peu nombreuses pour en tirer des déductions ; si elles se confirmaient, il faudrait en conclure qu'il n'y aurait pas, à proprement parler, de phénomènes d'hypersensibilité de nature indéterminée encore.

MM. ROBERT DEBRÉ ET JEAN PARAF.

UNE NOUVELLE APPLICATION DE LA MÉTHODE DE BORDET ET GENGOU AU DIAGNOSTIC DE LA TUBERCULOSE. LA RÉACTION DE L'ANTIGÈNE.

616.995.07

1er Août.

Nous nous sommes proposé d'appliquer au diagnostic de la tuberculose la réaction de fixation (méthode de Bordet-Gengou) en cherchant la présence de l'antigène tuberculeux dans les exsudats, les épanchements séreux et purulents, les urines et d'une façon plus générale les humeurs ou les tissus prélevés sur le vivant ou sur le cadavre, et susceptibles de contenir l'antigène tuberculeux (germe pathogène ou substance émanant du bacille).

On sait que la recherche des anticorps tuberculeux dans le sang des sujets soupçonnés de tuberculose ou des tuberculeux avérés, ne fournit guère, ni au point de vue diagnostic, ni au point de vue pronostic, d'indications utilisables en clinique. La recherche de l'antigène tuberculeux, au contraire, nous a fourni des renseignements intéressants et nous croyons utile de faire part au Congrès de ces recherches qui ont déjà fait l'objet de Notes séparées présentées à la Société de Biologie (¹). Pour éviter toute confusion et employer une expression commode, nous proposons de nommer la réaction ainsi conçue : *réaction de l'antigène*.

La réaction est dite positive, si le matériel examiné mis en présence : 1º d'un sérum inactivé contenant de l'anticorps tuberculeux; 2º d'une alexine; 3º d'un système hémolytique, empêche la production de l'hémolyse, en déviant le complément.

Nos premières recherches ont porté sur le matériel suivant : 90 liquides ou organes ont été examinés à savoir : 24 urines claires, troubles ou franchement purulentes, 44 liquides pleuraux et ascitiques, pour la plupart séreux, 4 liquides céphalo-rachidiens, 12 extraits d'organes prélevés à l'autopsie et un fragment de peau prélevé sur le vivant par biopsie, 6 liquides enfin de provenances diverses. Nous nous occuperons dans cette Note que des liquides pleuraux et des urines.

I. *Notions de technique.* — Pour obtenir avec la *réaction de l'antigène* des résultats favorables, il faut employer une quantité assez considérable du liquide examiné. Le liquide pleural ou les urines diluées ou employées à petite dose n'ont pas une action suffisante, ce qui ne saurait surprendre, étant donné leur faible teneur en germes. On emploiera donc 0,4, 0,6, 0,8ᶜᵐ³ du liquide examiné. Il est utile d'employer ces liquides fraîchement extraits de l'organisme, quoique cependant nous ayons obtenu de bons résultats avec des liquides qui avaient été conservés plusieurs jours à la glacière. Nous avons constaté qu'il est indispensable de défibriner avec grand soin les liquides pleuraux. Ceci n'est pas fait pour surprendre. On sait en effet que dans les pleurésies tuberculeuses, si l'exsudat pleural n'est pas défibriné, le coagulum emprisonne les bacilles et que par conséquent, le liquide exsudé n'est pas virulent.

S'il s'agit d'un liquide légèrement ou moyennement trouble, il est inutile de l'étendre d'eau, la réaction peut avoir lieu et être nette, malgré l'état du liquide. S'il s'agit d'un liquide franchement purulent, on l'étendra d'eau, de façon à obtenir un liquide simplement trouble.

Il nous a paru préférable, pour avoir des réactions nettes, d'employer le liquide tel qu'il est extrait de l'organisme, plutôt que de préparer une émulsion aqueuse ou alcoolique du culot du centrifugation. Il est bon de chauffer les liquides pleuraux et ascitiques à 55º pendant une demi-heure pour faire disparaître l'alexine naturelle qu'ils peuvent contenir.

Comme anticorps nous avons employé ou bien le sérum d'un malade tuberculeux ou le mélange du sérum de plusieurs tuberculeux. Il faut toujours vérifier la teneur en sensibilisatrice de ces sérums par un essai de déviation du complément fait avec une émulsion bacillaire connue, prise comme antigène. Il est clair que ce sérum devra être débarrassé de son

(¹) *Soc. de Biologie*, séance des 8, 22 et 29 juillet.

alexine par chauffage à 55°-56° pendant une demi-heure. Il est préférable, comme l'indiquent MM. Bezançon et de Serbonnes, de recueillir ce sérum chez des malades à jeun, pour éviter l'action antagoniste vis-à-vis du phénomène de l'hémolyse qu'on observe dans le sérum humain au cours de la digestion. Comme anticorps on peut, dans certaines conditions que nous préciserons ultérieurement, employer également le sérum antituberculeux de M. Vallée : le sérum destiné aux injections hypodermiques a subi plusieurs chauffages à 65° et peut être employé directement; le sérum livré pour être employé par la voie intestinale, devra être chauffé avant l'expérience.

Comme alexine nous avons employé le sérum de cobaye, tantôt le sérum frais, dilué au quart, tantôt un sérum vieilli comme le recommande M. Nicolle, et moins dilué.

Comme système hémolityque nous avons employé des globules rouges de mouton et un sérum antimouton.

On préparera enfin les tubes en mettant la quantité d'eau salée nécessaire pour que chaque tube |contienne en tout 3$^{cm'}$ de liquide. Il faut titrer le sérum hémolytique une fois pour toutes et l'alexine au début de chaque expérience. Le titrage de l'anticorps est plus délicat, il convient d'employer une dose d'anticorps un peu plus forte que celle qui a été suffisante à produire la déviation du complément au cours des expériences préalables de contrôle. Cette dose oscille autour de 0,3$^{cm'}$.

La *réaction de l'antigène*, comme toute épreuve de fixation du complément, comporte un grand nombre de témoins. Il faut toujours faire la série habituelle des tubes témoins concernant l'alexine, le sérum hémolytique, les globules, l'anticorps, de façon à vérifier de toutes façons l'exactitude de la réaction. Il est bon de préparer une série de tubes témoins en employant, pour la réaction, à la place d'un sérum contenant les anticorps tuberculeux, le sérum d'un homme qui n'en contienne point.

Il faudra s'assurer que le liquide étudié n'a pas d'action hémolytique aux doses intéressantes. Cette alternative, qui rendrait la réaction impraticable, est tout à fait exceptionnelle.

Reste à résoudre la véritable difficulté que comporte la réaction de l'antigène. Comment s'assurer que le liquide employé aux doses élevées que nous avons recommandées ne dévie pas directement le complément sans anticorps? Si l'on met simplement en présence le liquide examiné et le système hémolytique, le plus souvent on observera que l'hémolyse ne se produira pas. Cela s'explique aisément si l'on songe que les liquides pleuraux, péritonneaux, les urines de pyurie tuberculeuse, contiennent assez souvent, mais pas constamment sans doute, des anticorps tuberculeux (Wassermann et Brücke, Morgenroth et Roubinowitch, Citron. Ces liquides réalisent ainsi un mélange préalable d'antigène et d'anticorps non fixé, suffisant à provoquer une déviation du complément. Si l'on chauffe ces liquides inflammatoires à 72°, de manière à détruire leur sensibilisatrice, bien souvent on les coagule et on les rend inutilisables. Il suffira, dans le plus grand nombre des cas, de chauffer à 60° pour éviter ce double inconvénient.

Dans un grand nombre de cas également, la teneur en anticorps des liquides examinés est trop faible; on peut s'assurer d'ailleurs par l'habituelle déviation du complément de cette richesse en anticorps libres.

La recherche de l'antigène tuberculeux, là où il peut être décelé, a été peu pratiquée. Brücke a, en 1906 (¹), cherché, au cours de l'évolution d'un cas de tuberculose miliaire aiguë, à mettre en évidence par la déviation du complément la présence de substances bacillaires dans le sang et a obtenu un résultat positif intermittent. Cet auteur ajoute que la même réaction lui a, dans plusieurs cas de pleurésie, donné des résultats positifs. Il n'y a aucun détail sur ces réactions dans l'article de Brücke. Kurt-Meyer (²) a cherché, en 1908, à réaliser une réaction analogue avec cinq exsudats pleuraux deux liquides ascitiques et un liquide péricardique et n'a obtenu que de mauvais résultats. Cet auteur n'employait qu'une quantité insuffisante d'exsudat (0.1 et 0.2) et ne tenait pas compte dans ses tubes témoins de la présence d'anticorps libres dans les liquides qu'il examinait.

II. La réaction de l'antigène appliquée à l'étude des liquides pleuraux et ascitiques.

Pour n'étudier que des cas comparables entre eux, nous ne tiendrons compte que des liquides séreux, séro-fibrineux, ou latescents. Dans 38 de ces cas, nous avons eu des résultats valables.

Dans 24 cas, la réaction a été positive (déviation du complément). Dans 11 cas, elle a été négative (hémolyse dans tous les tubes). Dans 3 cas, nous avons obtenu des résultats douteux. Sur les 24 cas, où la réaction a été nettement positive, 10 concernent des pleurésies tuberculeuses secondaires, survenues chez des tuberculeux souvent avancés, hospitalisés dans les quartiers spéciaux de l'hôpital Laënnec ; dans tous ces cas la réaction fut positive.

Nous avons pratiqué dans 6 cas la réaction de l'antigène avec des liquides pleuraux de sujets atteints de pleurésie primitive. La réaction fut positive dans tous ces cas et le diagnostic de pleuro-tuberculose primitive fut confirmé par l'étude clinique du malade, l'examen cytologique du liquide, l'inoculation positive au cobaye.

Dans 8 cas enfin, le diagnostic clinique était douteux au moment où nous avons pratiqué notre réaction. Dans l'un d'eux, il s'agissait d'un malade tuberculeux d'un sommet [induration] qui entra à l'hôpital avec des signes de congestion pleuro-pulmonaire, la réaction de l'anti-

---

(¹) Brück, *Le diagnostic biologique des maladies infectieuses (Deutsche med. Woch,* 14 juin 1906, p. 945).

(²) Kurt-Meyer, *Application de la méthode de fixation du complément au diagnostic des exsudats tuberculeux.*

gène fut positive. L'évolution ultérieure montra qu'il s'agissait bien de tuberculose.

Un autre cas concerne un malade atteint de pleurésie séro-fibrineuse traumatique : la *réaction de l'antigène* fut positive. L'inoculation positive confirma ce diagnostic. Cette pleurésie traumatique était en réalité d'origine tuberculeuse. Une autre observation se rapporte à un malade âgé de 72 ans, hospitalisé pour une hypertrophie prostatique et atteint d'un catarrhe bronchique. Ce malade présenta pendant son séjour à l'hôpital des signes de pleurésie. L'épanchement assez abondant contenait des placards endothéliaux et des lymphocytes. La réaction fut positive. On examina alors le malade de plus près ; on put déceler des bacilles dans ses crachats, l'inoculation au cobaye, et l'autopsie confirmèrent la nature tuberculeuse de l'épanchement.

Par contre, dans un certain nombre de cas douteux, cliniquement, la réaction fut négative.

Signalons parmi ces cas un malade obèse, hospitalité pour une pleurésie survenue rapidement et qui évolua en 15 jours vers la guérison ; le liquide pleural peu abondant, contenait des lymphocytes des grands mononucléaires et des cellules endothéliales ; le diagnostic était hésitant. La réaction de l'antigène fut négative. L'inoculation fut faite à deux cobayes qui, sacrifiés 6 semaines après, étaient parfaitement sains. Nous pensons que cet épanchement pleural était consécutif à un infarctus pulmonaire. Dans un autre cas de pleurésie aiguë, à évolution rapide considérée comme probablement tuberculeuse, la réaction de l'antigène fut négative. Ultérieurement nous apprîmes par l'interrogatoire et l'examen de cette malade que cette pleurésie était très probablement pneumococcique (début par des accidents morbides violents, par un frisson et une élévation de la température à 40°, éruption herpétique sur les lèvres, évolution rapide de la pleurésie). La résorption rapide de l'épanchement empêcha tout examen cytologique et toute inoculation ultérieure.

La réaction fut également négative chez une malade tuberculeuse et cardiaque présentant de l'ascite et de l'hydrothorax. Il s'agissait d'une ascite mécanique, comme le montra l'inoculation au cobaye. Enfin dans 11 cas concernant soit des épanchements pneumococciques, soit des épanchements mécaniques (hydrothorax) ou des épanchements néoplasiques, la réaction fut négative. On voit que dans tous ces cas la réaction de l'antigène s'est montrée conforme aux résultats de la clinique et a orienté le diagnostic dans la bonne voie.

Par contre, dans 3 cas il y eut désaccord entre les constatations cliniques et même anatomiques et la réaction de l'antigène.

Une de ces observations concerne un jeune garçon qui, à la suite d'une pleurésie aiguë, fut atteint de granulie mortelle. Un autre cas a trait à un malade atteint de pleuro-péritonite tuberculeuse. La réaction fut négative.

S'agit-il dans ces cas d'erreur de technique (liquide mal défibriné) ou la réaction a-t-elle été réellement en défaut ?

On voit combien rares sont les erreurs de la réaction de l'antigèen. Ces erreurs sont inévitables dans toute réaction de cet ordre, mais on peut constater que ce sont des erreurs en « moins » (réaction négative alors qu'elle devrait être positive) et que les renseignements fournis par une réaction positive n'en sont en rien affaiblis.

· III. *Les réactions de l'antigène appliquée à l'étude des urines chez les sujets soupçonnés de tuberculose rénale.*

Par contre, dans les 24 cas concernant les examens d'urine, nous n'avons pas constaté la moindre défaillance de la réaction. Dans 17 cas la réaction fut positive (déviation du complément). Dans 7 cas elle fut négative (hémolyse dans tous les tubes). 11 de nos examens concernant les urines de sujets atteints de tuberculose rénale certaine. Dans ces 11 cas, la réaction fut toujours positive. Dans 7 cas la réaction fut négative. 4 de ces cas concernent des malades qui n'étaient nullement suspects de tuberculose rénale (abcès de la prostate, cystite blennorragique, sujets normaux). Dans 9 cas le diagnostic clinique était douteux au moment où nous avons pratiqué la réaction. Dans 2 cas on pouvait hésiter entre tuberculose rénale ou lithiase : la réaction fut négative, l'exploration radiologique montra des calculs au niveau du bassinet. Dans 3 cas la tuberculose rénale était fortement soupçonnée ; mais on ne pouvait mettre directement en évidence le bacille dans les urines : la *réaction de l'antigène fut positive*, les malades furent opérés immédiatement, sans qu'on attendit les résultats de l'inoculation au cobaye : le diagnostic de tuberculose rénale, que la réaction de l'antigène avait permis d'affirmer, fut confirmé par l'opération.

Dans un cas même, l'étude de la malade et les différents examens pratiqués sur les urines, ne permettaient pas de poser un diagnostic précis ; la réaction fut positive, la malade opérée. Au niveau du bassinet se trouvait un tubercule ramolli et le parenchyme contenait plusieurs tubercules.

Chez un ancien néphrectomisé pour tuberculose rénale droite qui présentait à nouveau de la pyurie et des douleurs lombaires, la réaction de l'antigène permit d'affirmer la formation d'un nouveau foyer de tuberculose au niveau du rein gauche. Une malade présentait de la pyurie consécutive à une fistule vésico-salpingienne de nature mal déterminée ; la réaction de l'antigène pratiquée avec les urines fut positive : l'incubation au cobaye et l'intervention chirurgicale démontrèrent par la suite la nature tuberculeuse de cette affection pelvienne.

Dans plusieurs cas nous avons examiné avec profit les urines des deux reins recueillies par cathétérisme urétral et nous avons pu constater que la réaction de l'antigène était positive avec les urines du rein tuberculeux et négative avec les urines sécrétées par le rein du côté opposé. Ces quelques exemples nous paraissent montrer la valeur de la réaction de l'antigène pour le diagnostic de la tuberculose rénale et pour la détermination du côté atteint : une réaction de l'antigène, positive venant confirmer des présomptions cliniques sérieuses, a permis d'opérer immédiatement des sujets atteints de tuberculose rénale, qui, en d'autres circonstances, auraient dû attendre plusieurs semaines les résultats de l'inoculation au cobaye. Si dans les liquides pleuraux nous avons trouvé quelques cas où la réaction de l'antigène était en désaccord avec les faits, par contre, dans les 24 examens d'urines que nous avons pratiqués, nous n'avons pas constaté la moindre défaillance de la réaction.

Nous avons également pratiqué la réaction avec les liquides céphalo-rachidiens de sujets atteints de méningite tuberculeuse ou cérébro-spinale aiguë, avec un liquide d'hydrocèle, avec des extraits alcooliques d'organes retirés à l'autopsie ou par biopsie. Quoique nous ayons déjà obtenu certains résultats très intéressants, nous ne croyons pas devoir en entretenir le Congrès : leur nombre est trop restreint, la technique n'en est encore pas complètement établie (¹).

MM. Joseph NICOLAS,

Professeur de clinique syphiligraphique à l'Université de Lyon,
Médecin de l'Antiquaille,

Maurice FAVRE,

Chef de laboratoire de Clinique syphiligraphique à l'Université de Lyon,
Médecin des Hôpitaux

ET

Henry MOUTOT,

Chef de clinique syphiligraphique à l'Université de Lyon.

DIAGNOSTIC DE LA SYPHILIS PAR LES MÉTHODES DE LABORATOIRE.

616.951.07

31 juillet.

Jusqu'à ces dernières années, le clinicien embarrassé pour porter le diagnostic de syphilis en était réduit, pour se faire une opinion précise, à attendre que le temps, l'évolution des lésions ou l'action curative du traitement d'épreuve hydrargyro-iodique vînt lui apporter des arguments décisifs. S'il lui arrivait quelquefois de demander des renseignements à l'histo-pathologie, ces renseignements, mal interprétés du fait de notre connaissance insuffisante de l'histologie des lésions syphilitiques, loin de l'éclairer utilement devenaient au contraire pour lui une source nouvelle d'erreur. Aussi depuis que la syphilis grâce à la découverte de son inoculabilité aux singes par MM. Metchnikoff et Roux, grâce à celle de son agent pathogène le *Treponema pallidum* par Schaudinn et Hoffmann, a pris place parmi les maladies du domaine expérimental, a-t-on

---

(¹) Travail de la clinique médicale Laënnec, professeur Landouzy, et du service du Dʳ Léon Bernard.

demandé aux procédés de laboratoire de fournir les précisions que la clinique était impuissante à donner.

Les premiers procédés de laboratoire mis en œuvre furent tout naturellement à la suite des découvertes précédentes, la recherche du treponème dans les lésions suspectes, puis l'inoculation de ces lésions aux animaux susceptibles de contracter la syphilis expérimentale. Mais bientôt de nouvelles méthodes furent, proposées, notamment, le séro-diagnostic trouvé par Wassermann, plus récemment l'intradermo-réaction à la syphiline que nous avons nous-mêmes proposée par analogie avec l'intradermo-réaction des tuberculeux à la tuberculine.

C'est l'étude de ces méthodes et de leur valeur que nous aurons surtout en vue dans ce travail ; mais nous ne pourrons passer sous silence les procédés de laboratoire également qui demandent à la cytologie et à l'histologie pathologique la clef du problème à résoudre.

Nous passerons donc successivement en revue au point de vue de leur technique comme au point de vue de leur valeur pratique et clinique en tant que moyens de diagnostic de la syphilis : 1º la recherche de *Treponema pallidum* ; 2º l'inoculation aux animaux ; 3º les séro-diagnostics et principalement le séro-diagnostic de Wassermann ; 4º l'intradermo-réaction à la syphiline ; 5º les méthodes histologiques, cytologiques et histo-pathologiques.

I. RECHERCHE DU TREPONEMA PALLIDUM. — L'agent pathogène de la syphilis décrit par Schaudinn et Hoffmann d'abord sous le nom de *Spirochœte pallida*, par Vuillemin sous celui de *Spironema pallidum* est un parasite de la classe des *Protozoaires*, famille des *Flagellés*, rangé dans le groupe des *Trypanosomidés* (Döfflein), entre le genre *Spirochœta* (Ehrenberg) et le genre *Trypanosoma* (Grüby) pour représenter à lui seul sous le nom de *Treponema pallidum* (Schaudinn, Blanchard) le genre *Treponema* (Schaudinn).

Le tréponème se présente comme un petit élément filiforme, de 6 à 14 μ de longueur sur $\frac{1}{4}$ μ de largeur, contourné sur lui-même en spirale, offrant de 6 à 12 tours de spire ou même davantage, serrés et très fins. Le corps est cylindrique à section arrondie avec un cil à chaque extrémité (Schaudinn). On ne constate pas de membrane ondulante. Quelquefois, le tréponème est rectiligne dans une de ses parties (Nicolas, Favre et André), parfois dans sa totalité (Fouquet). Il est des formes plus courtes indiscutables. Parfois on trouve des tréponèmes qui présentent soit à une extrémité, soit accolé à un point de leur étendue, un corpuscule arrondi, brillant, réfringent, qu'on peut interpréter soit comme une spore, soit comme un simple tour de spire fermé (Nicolas, Favre et André). Souvent les tréponèmes sont accolés sur une certaine longueur, se bifurquant ensuite en Y. D'autres fois ils sont groupés en plus grand nombre et entremêlés irrégulièrement.

Les méthodes de diagnostic de la syphilis par la recherche du tréponème se proposent de mettre en évidence cet agent pathogène, soit par l'examen direct à l'état vivant par l'ultra-microscope, soit immobilisé et coloré sur des frottis de sérosité, de sang, ou sur des coupes, par des procédés divers.

a. Coloration sur les frottis. — Les frottis sont faits en étalement mince, soit avec l'exsudat spontané des lésions exulcéreuses et ulcéreuses primitives ou secondaires, soit surtout avec le suintement séreux, la *rosée séreuse* (Nicolas, Favre et André) que provoque le grattage léger de la surface du chancre syphilitique ou des syphilides érosives. La sérosité doit être aussi pure que possible et privée de tout élément figuré. Les frottis sont ensuite colorés au bleu de Giemsa, au bleu de Marino. On peut en rapprocher le procédé à l'encre de Chine de Hecht, où l'on additionne une goutte de la sérosité à examiner d'un peu d'encre de Chine à particules extrêmement ténues et les tréponèmes comme les autres éléments figurés sont réservés en blanc à l'examen sur le fond brun de la préparation. Avec de l'encre de Chine convenable, ce procédé est facile et excellent.

Cette méthode est d'une grande valeur diagnostique. La constation de tréponèmes typiques dans des lésions de nature indéterminée encore cliniquement (accident primitif et accidents secondaires cutanés ou muqueux de tous types), permet d'affirmer avec certitude ou au moins avec quasi-certitude la syphilis.

Toutefois, la nécessité fréquente d'examens longs, minutieux et répétés, les tréponèmes étant parfois fort rares, l'absence de caractères différentiels suffisamment précis pour distinguer le tréponème des autres spirochètes, enlèvent un peu de sa valeur pratique et de sa précision à la méthode. C'est ainsi que sur les frottis recueillis au niveau de la bouche et des organes génitaux le diagnostic est souvent impossible entre le tréponème vrai et les *Spirochœte refringens*, *buccalis* ou *balanitidis*. Aussi faut-il dans ces cas se montrer très prudent dans l'affirmation de la syphilis sur cette simple constatation. De même, il y a impossibilité absolue à distinguer le *Spirochœte pertenuis seu pallidula* du pian (Castellani).

b. Coloration dans le sang. — Les colorations du sang ne sont des méthodes ni cliniques, ni pratiques de recherche de tréponème. Les cas de recherche positive sont jusqu'ici restés exceptionnels, même en pleine période secondaire d'infection générale. Les techniques par hydro-hémolyse de Nattan-Larrier et Bergeron, avec imprégnation argentique suivant les procédés de Van Ermenghen ou de Ravaut et Ponselle, ou imprégnation à l'alun de fer de Heidenhain, sont très délicates.

c. Coloration dans les coupes. — La meilleure méthode de recherche du tréponème dans les coupes histologiques est celle de l'imprégnation à l'argent suivant le procédé de Bertarelli, Volpino et Bovero, modifié par Levaditi, mais avec suppression de la double coloration par le Giemsa qui complique inutilement les opérations (Nicolas et Favre). Les spirochètes apparaissent alors sous la forme de traits ondulés, noir encre de Chine, plus épais qu'avec le bleu de Giemsa, et tranchant sur la teinte jaune d'or des tissus. Parfois examinés sur des coupes d'organes en voie de dégénérescence (foies d'hérédo-syphilitiques notamment dans les points dégénérés et granuleux), les tréponèmes sont réduits à l'apparence de fragments plus ou moins courts ou de simples grains noirs par le fait d'une véritable *tréponémolyse* (Nicolas et Favre).

C'est là une excellente méthode de mise en évidence du tréponème dans les tissus, lorsqu'on arrive par l'examen d'un nombre de coupes suffisant à retrouver dans des lésions le tréponème avec des caractères assez précis pour que toute confusion avec des fibrilles conjonctives, élastiques, nerveuses ou les fibres d'Herxheimer, soit écartée. Mais malheureusement elle n'a pas une grande valeur clinique pratique. En effet, elle n'est possible que dans peu de cas sur le vivant et seulement après biopsie assez profonde, elle est d'une technique délicate et demande une compétence spéciale de ceux qui la mettent en œuvre, elle est fatalement lente. Aussi, est-elle plus utile en anatomie pathologique et en expérimentation qu'en clinique.

d. Examen à l'ultra-microscope. — L'examen à l'ultra-microscope qu'il serait plus exact d'appeler *examen à l'éclairage latéral sur fond obscur* est un procédé récent et simple. Il permet de déceler la présence à l'état vivant lorsque ils s'y trouvent des tréponèmes contenus dans les exsudats séreux des lésions syphilitiques cutanées et muqueuses, dans les liquides de l'organisme ou les sucs obtenus par expression des tissus.

Les tréponèmes apparaissent alors sur le fond noir ou brun foncé du champ parsemé de taches brillantes dues aux cellules, aux globules rouges, aux débris cellulaires, aux bactéries et à des granulations diverses, sous la forme de filaments minces, blancs, très brillants, régulièrement ondulés, sous l'aspect d'une ligne blanche en zig-zag, ou encore d'un chapelet de grains blancs, brillants. Ces filaments sont animés de mouvements assez vifs, de progression ou de rétrocession suivant le sens de leur axe longitudinal, d'ondulation, et de rotation autour de l'axe, mouvement en vrille ou en tire-bouchon, qui semblent déterminer la motilité en avant et en arrière.

La valeur clinique et pratique de ce procédé d'examen est certainement plus grande que celle de l'examen sur frottis colorés. Il arrive souvent, en effet, qu'une sérosité riche en tréponèmes à l'ultra-microscope ne semble pas en contenir lorsqu'on l'examine en frottis fixés et colorés au Giemsa ou à un autre procédé. C'est là un procédé simple, facile, rapide et relativement sûr. Le tréponème très mobile et brillant ne pouvant pas passer inaperçu, « il saute aux yeux » (Milian).

La distinction est en général assez aisée avec les autres variétés de spirilles ou de spirochètes; toutefois lorsque le liquide à examiner provient de lésions muqueuses buccales ou génitales, le diagnostic précis de tréponème reste souvent impossible.

e. Valeur clinique de la recherche du tréponème. — La valeur clinique de la recherche du *Treponema pallidum* est très grande. Elle paraît absolue dans le cas d'examen positif certain, car le rôle du tréponème dans la pathogénie de la syphilis est à juste titre, semble-t-il, universellement admis. Ce parasite a pu être décelé à peu près dans toutes les lésions syphilitiques de la syphilis acquise, héréditaire ou expérimentale. On ne le constate jamais dans des lésions d'autre nature. Mais la valeur pratique de sa recherche est très variable suivant les cas.

Dans la *syphilis acquise récente,* elle a une très grande importance. Dans le *chancre non traité et non en voie de guérison,* la recherche du tréponème surtout à l'ultra-microscope est à peu près toujours positive, dans 90 à 95 pour 100 des cas. De plus cette méthode a l'avantage de pouvoir donner un diagnostic rapide et précoce. Si le chancre est déjà en voie de cicatrisation, on ne constate plus de tréponèmes à son niveau, mais on peut en retrouver par examen du suc des ganglions satellites ponctionnés. Les *accidents secondaires* cutanés et muqueux, ceux à type acnéique ou impétigineux exceptés, montrent aussi des tréponèmes dans 90 à 95 pour 100 des cas. Dans le diagnostic des *accidents tertiaires*, la recherche du tréponème devient sans importance clinique, car on n'a pu l'y mettre en évidence que dans un nombre extrêmement réduit d'observations. De même les examens sont restés négatifs dans la syphilis quaternaire.

Dans la *syphilis héréditaire* la recherche du tréponème est de même valeur. Presque constamment positive pour les lésions précoces cutanées et muqueuses à caractère secondaire, ou pour le liquide obtenu par ponction capillaire de certains organes, foie, rate, poumon, elle ne donne aucun résultat lorsqu'il s'agit de manifestations tardives à types tertiaire et quaternaire.

En somme, la recherche et la constatation du *Treponema pallidum* par l'examen à l'ultra-microscope en particulier, peuvent être considérées comme une excellente méthode et un excellent signe de diagnostic clinique de la syphilis, dans les manifestations à types primaire et secondaire de cette affection. Toutefois si la présence du tréponème permet d'affirmer la syphilis, son absence ne permet nullement en revanche d'éliminer cette infection.

II. INOCULATION AUX ANIMAUX. — Depuis que MM. Metchnikoff et Roux (1903) ont établi l'inoculabilité de la syphilis aux singes supérieurs, depuis que de nombreux travaux consécutifs ont montré la possibilité de l'inoculation de la syphilis aux singes inférieurs et même à d'autres animaux, lapin, chien, etc., on s'est demandé si l'on ne pourrait pas appliquer cette transmission expérimentale au diagnostic de la syphilis.

En réalité, les résultats auxquels on est arrivé dans cette direction montrent que ce ne peut être là qu'une méthode de diagnostic d'une application exceptionnelle.

Tout d'abord, si chez les singes supérieurs, les grands anthropoïdes, les chimpanzés, l'inoculation du virus syphilitique donne presque constamment naissance à un chancre suivi souvent d'accidents secondaires, chez les singes inférieurs, le plus souvent, on obtient seulement un chancre et exceptionnellement des accidents secondaires, ce qui rend les résultats de l'inoculation d'épreuve moins franchement caractéristiques. Si, délaissant les singes supérieurs comme trop coûteux et les singes inférieurs comme donnant des renseignements trop peu précis, on recourt à l'inoculation du chien, du lapin, du chat, les difficultés sont encore plus grandes. En effet, si chez les premiers l'inoculation par scarifications épidermiques, principalement au niveau de la muqueuse génitale, de la région sourcilière, du bord libre des paupières, provoque le développement de l'accident syphilitique primaire, du chancre syphilitique, chez le lapin, le chien, l'inoculation doit être pratiquée seulement au niveau de l'œil, par une technique spéciale, plus délicate, scarifications de la cornée, injection de pulpe des tissus syphilitiques dans la chambre antérieure. De plus, cette inoculation détermine des lésions qui sauf leur durée d'incubation (20 à 30 jours), n'ont rien de caractéristique, et nécessitent pour qu'on en puisse tirer des conclusions précises, la recherche du tréponème sur des coupes histologiques imprégnées à l'argent. L'inoculation dans le testicule du lapin n'est pas plus avantageuse.

Cette méthode présente donc, on le voit, de réelles difficultés pratiques d'application. Comme d'autre part, l'inoculation ne se montre guère positive que dans les périodes initiales de la syphilis, surtout pour le chancre récent, humide, suintant (Neisser, Thibierge et Ravaut, etc.), pour les syphilides papuleuses et papulo-érosives suintantes (Metchnikoff et Roux, Finger, Lassar, etc.), pour le suc des ganglions d'adénopathie satellite primitive du chancre, ou d'adénopathie secondaire généralisée, moins souvent pour le sang, plus rarement pour le sperme, exceptionnellement pour le liquide céphalo-rachidien, on voit que l'inoculation de la syphilis aux animaux ne peut guère être considérée comme une méthode pratique de diagnostic de la syphilis, mais seulement comme une méthode d'exception.

En effet, il est difficile et onéreux de recourir à l'inoculation sur les singes. Les inoculations aux lapins, chiens, chats, sont délicates et réclament des connaissances de technique histopathologiques spéciales. Il faut attendre trop longtemps les résultats.

Enfin, les accidents tertiaires, les plus difficiles souvent à diagnostiquer, ne sont que trop rarement inoculables.

III. LES SÉRO-DIAGNOSTICS. MÉTHODE DE WASSERMANN. — La découverte et l'application au diagnostic de diverses maladies infectieuses des phénomènes de l'agglutination, de la bactériolyse, de la déviation du complément de Bordet et Gengou devaient naturellement entraîner les syphiligraphes et les expérimentateurs à tenter d'appliquer au diagnostic de la syphilis ces méthodes si heureusement utilisées pour le diagnostic de la fièvre typhoïde, de la tuberculose, etc.,

Il ne peut être question de *séro-agglutination* pour le moment, lorsqu'il s'agit de syphilis, puisque nous ne savons pas obtenir, de façon certaine, de cultures de *Treponema pallidum*. Le procédé de Zabolotny, agglutination d'une sérosité riche en tréponèmes par un sérum syphilitique, est sans valeur, puisque l'agglutination peut se produire spontanément (Levaditi, Landsteiner, etc.) [1]. Aussi toutes les recherches de ce genre en ce qui concerne la syphilis se sont-elles orientées vers la méthode de déviation du complément de Bordet et Gengou, dont on connaît la fortune avec la méthode de Wassermann.

Nous ne pouvons nous étendre dans ce Rapport sur le principe de la méthode, principe de la déviation du complément de Bordet et Gengou que nous supposerons bien connu et nous nous contenterons d'exposer succinctement la technique de la réaction de Wassermann.

On met en présence, pour étudier la déviation du complément, trois systèmes : un système syphilitique, du complément, et un système hémolytique qui a la signification et le rôle d'un véritable réactif indicateur.

a. Le SYSTÈME SYPHILITIQUE comprend :

1° L'*antigène*, représenté, comme on ne peut avoir de cultures de tréponème, par des extraits aqueux, ou mieux alcooliques de foie de fœtus hérédo-syphilitique frais ou desséché, riche en tréponèmes. (On sait que le foie humain non syphilitique, le cœur de cobaye, les tumeurs malignes, peuvent donner les mêmes résultats.)

2° Le *sérum à examiner*. Le sang est recueilli sur le malade par ponction aseptique d'une veine. Le sérum est recueilli dans des ampoules de verre et chauffé au bain-marie pendant 30 minutes à 56° pour l'inactiver (destruction du complément, avec conservation de l'anticorps, ambocepteur, ou sensibilisatrice).

b. Le COMPLÉMENT, alexine ou cytase, est fourni par du sérum de cobaye, recueilli depuis moins de 36 à 48 heures au maximum.

c. Le SYSTÈME HÉMOLYTIQUE ou réactif indicateur comprend :

1° Des *hématies de sang de mouton* défibriné, lavées à l'eau salée à 9 pour 1000.

2° Du *sérum de lapin hémolytique anti-mouton* (ambocepteur hémolytique) obtenu en injectant au lapin des hématies de mouton lavées, sérum inactivé par chauffage à 56° pendant 30 minutes.

En possession de ces divers éléments, il faut en connaître la valeur; aussi est-il nécessaire de titrer préalablement l'antigène et l'ambocepteur hémolytique. Le titrage de l'antigène permet de vérifier que l'antigène n'est pas spontanément hémolytique, et de dire à quel titre il faut l'employer pour qu'il

---

(1) Récemment MM. Jeanselme et Touraine ont obtenu des séro-agglutinations du tréponème par un procédé intéressant (*Journal médical français*, 15 octobre 1911).

ne le soit pas et ne dévie pas le complément par sa seule présence. Il détermine la proportion exacte d'antigène qui doit intervenir dans la réaction. Le titrage du sérum hémolytique anti-mouton est aussi indispensable. Il peut être fait une seule fois pour toute la provision provenant d'une même saignée. ·

On dispose la réaction de la façon suivante : dans des tubes à réaction on met en présence le système syphilitique (antigène et sérum à examiner pouvant contenir l'anticorps syphilitique) et le complément. On porte à l'étuve à 37°, pendant un temps qui varie de 30 minutes à 3 heures suivant les auteurs, pour donner le temps à la fixation du complément de s'effectuer sur l'antigène, s'il y a de l'anticorps syphilitique dans le sérum à examiner. On ajoute ensuite au mélange précédent le système hémolytique, c'est-à-dire les hématies de mouton et le sérum hémolytique inactivé. On reporte ensuite à l'étuve à 37°. Si après 1, 2 où 3 heures, il n'y a pas d'hémolyse des globules rouges de mouton par le sérum hémolytique de lapin anti-mouton, c'est que le complément a été dévié dans la première partie de l'opération, c'est qu'il a été fixé sur l'antigène, c'est donc qu'il y avait de l'anticorps, de l'ambocepteur, de la sensibilisatrice syphilitique dans le sérum à examiner, c'est que le sérum provenait bien d'un sujet syphilitique. Au cas où, au contraire, l'hémolyse se produit, c'est que le complément était resté libre, n'avait pas été fixé sur l'antigène, c'est qu'il n'y avait pas d'anticorps dans le sérum à examiner, c'est que ce sérum n'appartenait pas à un syphilitique. Dans le premier cas la réaction de Wassermann est dite *positive;* dans le second, elle est dite *négative.*

On voit que le système hémolytique joue le rôle d'un véritable réactif indicateur, qui décèle la fixation ou la non-fixation du complément par le système syphilitique. _

La réaction est fort délicate. Aussi dans la pratique chaque opération, comporte neuf tubes, trois où la réaction est faite avec des doses variables d'antigène et six tubes témoins dans lesquels les réactifs doivent se comporter de façon déterminée pour indiquer la valeur de la réaction. Pour plus de certitude encore on peut faire parallèlement la réaction avec un sérum normal et avec un sérum sûrement syphilitique.

Telle est dans ses grandes lignes la séro-réaction de Wassermann.

On a essayé le séro-diagnostic de la syphilis avec d'autres humeurs que le sérum. Le liquide céphalo-rachidien s'est montré presque toujours actif chez les paralytiques généraux et les tabétiques (Wassermann et Plaut), souvent dans les cas de syphilis cérébro-spinale, sans qu'il y ait toujours parallélisme avec l'activité du sérum sanguin (Levaditi, Ravaut et Yamanouchi). Le lait a donné des résultats encourageants (Bab et Plaut); par contre, ceux obtenus avec l'urine semblent peu réguliers (Blumenthal et Wile).

La méthode du séro-diagnostic de Wassermann proprement dite semble, en réunissant la plupart des statistiques publiées, susceptible de donner des renseignements vraiment intéressants, car les résultats se sont montrés positifs dans les cas de syphilis avérée dans une proportion de 70 à 80 pour 100, 46 fois sur 100 dans la période primaire, 83 fois sur 100 dans la période secondaire (Levaditi Laroche et Yamanouchi), 80 à 90 fois sur 100 dans le tertiarisme.

La syphilis latente a donné 52 pour 100 de séro-diagnostics positifs à Hoffmann et Blumenthal; Laubry et Parvu ont obtenu des résultats positifs, presque dans tous les cas d'anévrisme de l'aorte et assez souvent dans les affections aortiques en général, les artérites et l'artério-sclérose.

Wassermann et Plaut ont obtenu 88 fois sur 100, Marie, Levaditi et Yamanouchi 93 fois sur 100 la réaction de fixation du complément avec le liquide
céphalo-rachidien des paralytiques généraux.Ces résultats sont sensiblement
les mêmes chez les tabétiques (Marie et Levaditi, Schutze, Morgenroth et Stertz).
Le sérum de ces mêmes malades se montre moins souvent capable de dévier le
complément, dans 59 pour 100 seulement des cas au lieu de 93 pour 100 chez les
paralytiques généraux (Marie, Levaditi, et Yamanouchi).

Mauriac réunissant dans sa thèse les diverses statistiques publiées, obtient
les pourcentages suivants de résultats positifs :

Syphilis avérées................	67 pour 100 des cas.	
Syphilis latentes................	50	»
Syphilis traitées................	45,7	»
Syphilis non traités (ensemble)..	82,5	»
Syphilis non traitées primaires...	48,7	»
Syphilis non traitées secondaires.	84,4	»
Syphilis non traitées tertiaires ...	81	»
Paralysie générale...............	87,4	»
Tabès...........................	70	»

Dans une statistique personnelle il arrive sensiblement aux mêmes résultats
sur 306 cas examinés.

MM. Laurent et Garin, pensent que la réaction de Wassermann permet d'affirmer la syphilis dans 80 à 90 pour 100 des cas.

MM. Bar et Daunay ont montré toute l'importance du séro-diagnostic chez
la femme enceinte et son peu de valeur chez le nouveau-né. Cette dernière conclusion est entièrement confirmée par un travail récent de Dillon.

Une grave critique adressée à la méthode de Wassermann et qui pourrait lui
enlever toute valeur clinique est celle de sa non-spécificité. Mais si le fait est
exact en lui-même, au point de vue absolu, en pratique, les résultats positifs
sont très rares en dehors de la syphilis, dans la frambœsia, le pian, la maladie
du sommeil, la fièvre récurrente, quelques cas de paludisme, la nagana, le mal
de Calderas, la dourine, ce qui pourrait faire supposer qu'elle est spéciale et
commune aux maladies à protozoaires, rappelant quelque chose d'analogue à la
co-agglutination des maladies à champignons, sporotrichose, actinomycose, etc.,
mise en évidence par M. le professeur Widal et Abrami. Mais sa fréquence
dans la scarlatine (Much et Eichelberg) parfois très grande (84 pour 100,
Pierre Teissier et René Besnard), son existence dans la lèpre (Gaucher et Abrami,
Bauert), dans quelques cas de fièvre typhoïde ambulatoire, montrent que cette
conception ne doit pas en tout cas être exclusive.

Mais sont-ce là des arguments absolument irréductibles qui doivent faire
rejeter absolument la spécificité et surtout la valeur clinique de la réaction de
Wassermann? Il est rare d'avoir à discuter dans nos pays le diagnostic de frambœsia, de pian, de trypanosomose avec celui de syphilis. Celui de fièvre récurrente, de scarlatine n'aura guère à s'opposer à celui de syphylis. Si bien que, en
pratique, une réaction de Wassermann positive garde une grande valeur diagnostique.

Toutefois des individus absolument sains en apparence peuvent présenter
une réaction positive. Sans aller aussi loin que ceux qui prétendent qu'une telle
réaction positive est suffisante, même en l'absence de tout autre signe et de

tout anamnestique, pour faire affirmer la syphilis chez celui qui l'a présentée et pour le faire soumettre *ipso facto* à un traitement antisyphilitique, nous n'irons pas jusqu'à dire que ces faits en réalité exceptionnels enlèvent toute valeur à la méthode. Qui peut affirmer que tel individu est bien véritablement et sûrement indemne de syphilis acquise ou héréditaire?

Aussi est-il légitime de conclure avec Neisser que « dans la pratique la réaction de Wassermann suffit. Donc, lorsque dans un organisme sain par ailleurs, nous rencontrons ces anticorps (syphilitiques), il s'agit *selon la plus grande vraisemblance* d'un sujet atteint de syphilis, et qui probablement même est encore porteur de virus syphilitique. »

Mais en revanche il est bon dans la pratique de se rappeler toujours qu'*une réaction de Wassermann négative n'est pas un indice certain d'absence de syphilis*, qu'on voit quelquefois des syphilitiques en pleine évolution d'accidents secondaires ou tertiaires, chez lesquels la réaction est absolument négative.

Comme conséquence, la positivité ou la négativité de la réaction ne peuvent pas servir de criterium absolu pour la thérapeutique à instituer ou à poursuivre. Elles ne peuvent pas servir à établir de façon absolue qu'un sujet a ou non besoin d'un traitement. N'est-ce pas aller beaucoup trop loin dans les déductions de la valeur de la réaction de Wassermann que de tabler sur sa seule disparition à la suite d'un traitement par l'arseno-benzol, pour affirmer que la syphilis est jugulée et l'infection guérie?

L'expérience ne tarde pas malheureusement à montrer, si l'on se leurre d'un tel espoir, qu'il y a loin de là à la réalité, qui nous réserve souvent en pareil cas des retours offensifs du mal, faisant s'écrouler nos espérances.

La question de l'action du traitement mercuriel, ioduré, ou mixte sur la réaction doit être réservée. La plupart des auteurs, Neisser et son élève Purkhauer en particulier, estiment que ce traitement a une action manifeste diminuant ou supprimant la réaction. Au contraire, Minassian et O. Wianna pensent que qu'elle qu'en soit l'intensité, il est sans effet. En revanche, on considère en général actuellement que l'action de l'arseno-benzol sur la réaction de Wassermann indique que ce médicament a eu raison de l'infection. Toutefois nous demandons, pour notre compte, devant les récidives fréquentes des manifestations syphilitiques que nous venons déjà d'indiquer plus haut, à éclairer notre religion, et à savoir avant de considérer comme certaine cette affirmation, que ce résultat est dû à la réaction de l'arseno-benzol sur l'infection, s'il ne serait peut-être pas dû non à une action de l'arseno-benzol introduit dans l'organisme sur l'infection syphilitique, mais à une action purement chimique sur la réaction de Wassermann en elle-même dont on connaît toute la délicatesse et la fragilité.

MM. Bayet et Renaux ont examiné la valeur prophylactique de la réaction de Wassermann au point de vue mariage, descendance, allaitement, prostitution, assurances. Il est permis de se montrer encore réservé sur tous ces points délicats et d'attendre de savoir ce qu'on peut exactement demander à cette méthode.

En résumé la séro-réaction de Wassermann tout en conservant une grande valeur clinique doit être interprétée avec un esprit critique avisé et ne pas être considérée, qu'elle soit négative surtout et même qu'elle soit positive, comme une méthode de certitude absolue.

Mais ce séro-diagnostic de Wassermann ne pourra jamais semble-t-il être effectué en dehors des laboratoires bien outillés, avec centrifugeuses, étuves réglées, etc. «Bien plus, pour obtenir des résultats vraiment comparables et scientifiques, l'opérateur devra avoir une longue habitude de la réaction et surtout avoir appris à ses dépens les multiples causes d'erreur qui surgissent à tous les instants de la manœuvre. » (Mauriac). Aussi dans le but de simplifier la technique assez complexe, difficile, longue et délicate de la méthode de Wassermann. a-t-on proposé divers autres procédés dont nous nous contenterons de passer en revue les principaux seulement, car aucun n'a la valeur du procédé de Wassermann, beaucoup n'en ont aucune.

Le *procédé de Noguchi* remplace le système hémolytique-globules rouges de mouton et sérum de lapin anti-mouton, par des globules rouges humains qu'on peut aisément se procurer partout, et du sérum de lapin anti-homme. En outre, il remplace l'antigène et l'ambocepteur hémolytique préparé extemporairement par des papiers à l'antigène et à l'ambocepteur hémolytique (sérum anti-homme), préparés d'avance dans des laboratoires spéciaux et expédiés et vendus ensuite à distance pour l'usage. On s'en sert pour préparer au moment voulu la solution d'antigène et d'ambocepteur comme des papiers pharmaceutiques au sublimé par exemple pour préparer une solution antiseptique.

D'après Noguchi, Joltrain, Gastou, les résultats seraient superposables et même peut-être supérieurs à ceux du procédé de Wassermann. Mais ces conclusions ne sont pas acceptées par tous. En effet, les papiers sont d'activité très différente et il n'y a pas toujours concordance des résultats avec ceux obtenus par le Wassermann.

Le *procédé de Bauer-Foix*, supprime l'intervention du sérum de lapin anti-mouton et utilise l'ambocepteur hémolytique anti-mouton que contient le sérum humain inactivé.

Le *procédé de Tschernogubow* emprunte le complément non au sérum de cobaye, mais au sérum humain à examiner lui-même non inactivé par chauffage, ce qui implique l'utilisation rapide de ce sérum après la saignée, car, on le sait, le complément perd toute activité après 36 à 48 heures.

Le *procédé de Hecht*, combinaison des deux précédents, emprunte à la fois le complément et l'ambocepteur hémolytique anti-mouton au sérum même à examiner. De plus, il emploie comme antigène de l'extrait alcoolique du cœur de cobaye ou de cœur humain.

Le *procédé de Levaditi-Latapie* est une combinaison des trois précédents. Il utilise le complément et l'ambocepteur hémolytique anti-mouton au sérum à examiner non inactivé, les hématies de mouton, et comme antigène l'extrait alcoolique de foie de fœtus hérédo-syphilitique.

La méthode ainsi simplifiée arriverait à être d'une exécution assez facile, mais jusqu'ici les résultats obtenus ne sont guère en faveur de sa valeur. Des réactions faites parallèlement avec le Wassermann vrai, ont donné des résultats discordants. Souvent elle est inapplicable, le sérum à examiner ne contenant pas d'hémolysine anti-mouton. C'est donc une méthode inconstante, nettement inférieure à celle de Wassermann, mais avec laquelle pourtant les résultats positifs conservent toute leur valeur (Laurent et Garin, Bonjean).

Levaditi et Yamanouchi ont cherché à remplacer l'antigène syphilitique par une solution de glycocholate ou de taurocholate de soude, Hans Sachs et Pietro Rondoni par une solution d'oléate de soude et de lécithine, mais cette substitution enlève une grande partie de sa valeur à la réaction.

Les méthodes précédentes sont basées sur la fixation du complément révélée par l'hémolyse, d'autres ont été basées sur l'existence de *précipitines* dans le sérum des malades. Le procédé de Fernet et Chereschewsky est basé sur ce fait, que le sérum de syphilitiques en évolution, non traités, donne un précipité, avec d'autres sérums syphilitiques, ceux des paralytiques généraux en particulier. La précipitation se montre sous la forme d'un anneau blanchâtre à la limite de séparation des deux sérums.

Le *procédé de Jacobsthal* est basé sur la précipitation d'une solution d'antigène, extrait alcoolique titré de foie hérédo-syphilitique par le sérum à examiner inactivé. C'est à l'ultra-microscope qu'on suit les phases de l'agglutination des granulations colloïdales. Nous avons pu vérifier le fait dans un certain nombre de cas inédits, mais notre expérience est trop faible pour nous permettre d'apprécier valablement la méthode.

Le *procédé de Porgès et Meier*, basé sur la précipitation d'une solution de glycocholate de soude à 1 pour 100 par le sérum suspect inactivé, n'a en réalité aucune valeur même approximative. Il ne donne de résultats positifs que dans moins de la moitié des cas où le Wassermann s'est montré lui-même positif (42,8 pour 100 d'après Laurent et Garin, Guilmain) et il est souvent positif en dehors de toute syphilis.

Le *procédé chimique de Noguchi*, précipitation d'une solution d'acide butyrique par le liquide céphalo-rachidien des syphilitiques ou parasyphilitiques, ne paraît pas avoir grande valeur (Jambon).

Toute aussi insignifiante est la réaction de Schurmann : coloration brun foncé obtenue par l'addition à un sérum syphilitique d'eau oxygénée, puis d'une solution de perchlorure de fer phéniquée.

Seuls donc le procédé de Wassermann, celui de Levaditi-Latapie, dans une beaucoup plus faible mesure, mais avec moins de difficultés techniques, restent vraiment susceptibles de donner des indications valables avec toutes leurs imperfections, pour le diagnostic de la syphilis.

IV. INTRADERMO-RÉACTION A LA SYPHILINE. — Deux d'entre nous ont essayé, avec la collaboration de MM. Charlet et Gautier, de préparer par analogie avec la tuberculine une *syphiline*. Ils y sont parvenus en l'absence de culture possible du *Treponema pallidum* en réalisant un extrait glycériné concentré de foie de fœtus hérédo-syphilitique riche en tréponèmes, stérilisé par chauffage à 115°.

Nous servant de cette syphiline, comme on se sert de la tuberculine pour réaliser un tuberculino-diagnostic, nous avons vu qu'on ne peut obtenir ni cuti-réaction par scarifications, ni réactions générales, fébrile ou autre, par injection sous-cutanée avec cette syphiline chez les syphilitiques. Mais en revanche, nous avons vu que deux gouttes d'une dilution au tiers, inoculées dans le derme, suivant la méthode de Mantoux pour la tuberculine, donnent lieu chez les syphilitiques secondaires et surtout tertiaires, quaternaires et héréditaires au bout de 24 à 36 heures, à un erythème local accompagné d'infiltration papuleuse et même nodulaire, véritable *intradermo-réaction à la syphiline* chez les syphilitiques.

Nous ne pouvons encore à l'heure actuelle donner d'appréciation exacte sur la valeur réelle de notre procédé, notre expérience étant trop peu étendue. Ce que nous pouvons dire c'est qu'avec certaines de nos préparations nous avons obtenu des résultats vraiment remarquables, en concordance absolue avec ceux de Wassermann. Malheureusement, la préparation d'une syphiline d'une activité déterminée permettant la réalisation de cette intradermo-réaction nous paraît encore fort malaisée, hérisée de difficultés, et sans que nous ayons pu encore en établir le déterminisme précis.

Plus récemment, MM. Lœper, Desbouis et Durœux se basant sur nos observations ont cherché à réaliser une intradermo-réaction avec une solution de glycocholate de soude sans résultats bien nets.

V. Méthodes histologiques. — Ces méthodes comprennent l'étude cytologique du liquide céphalo-rachidien et l'examen histologique des lésions biopsées ou enlevées chirurgicalement.

1° *Examen cytologique du liquide céphalo-rachidien.* — A la suite de nombreux examens cytologiques du liquide céphalo-rachidien chez les syphilitiques avec ou sans accidents nerveux, on a proposé avec Ravaut la ponction lombaire comme méthode de diagnostic, susceptible d'affirmer la nature syphilitique d'accidents nerveux en évolution, de les dépister à l'état latent, de contrôler l'action du traitement en période secondaire. La ponction lombaire, les recherches cytologiques sont à l'heure actuelle couramment usitées en clinique, aussi ne peut-on objecter des difficultés de technique. Mais la méthode a-t-elle une réelle valeur clinique dans ses résultats ?

Dans la période *secondaire* il existe une *réaction méningée* normale, *lymphocytaire* en général. Pour Ravaut, Boidin et Weill, c'est un véritable signe objectif qui peut exister en dehors de toute manifestation cutanée ou muqueuse. Cette réaction peut être très précoce (Widal), durer toute la période secondaire et s'observer 18 mois, 2 ans et plus après le chancre. La lymphocytose est heureusement influencée par le traitement mercuriel; aussi quelques auteurs ont-ils voulu tirer de la ponction lombaire les indications rationnelles du traitement mercuriel, la disparition de la réaction méningée affirmant la guérison, (Duhot, Jeanselme et Barbé). En réalité, cette réaction méningée ne peut permettre à elle seule le diagnostic de syphilis, elle est souvent absente. Elle n'est nullement spécifique ni en son existence ni en sa formule. Elle peut se retrouver au cours d'infections, ou d'intoxications chroniques en dehors de tout accident nerveux. Elle a été particulièrement signalée chez les enfants au cours d'érythèmes de nature variée.

Dans la *période tertiaire*, la réaction méningée n'est plus constante, mais elle existe presque toujours au cours de syphilis nerveuses, qu'il s'agisse de formes artérielles, méningées ou gommeuses ou des affections parasyphilitiques. Bien plus, toute réaction cytologique du liquide céphalo-rachidien isolée, chez un syphilitique ancien, en dehors de tout symptôme, serait l'indice d'une *syphilis nerveuse latente* (Ravaut, Jeanselme, Mantoux, Beletre, Roux, Ninot). Mais la méthode est plus encore passible ici des mêmes critiques que ci-dessus. Cette réaction n'a rien de spécifique qui puisse faire affirmer la nature syphilitique.

Les mêmes conclusions sont applicables à la syphilis héréditaire. Aussi, si la ponction lombaire peut permettre dans certains cas de suspecter la nature syphilitique d'accidents nerveux en évolution ou latents, elle ne peut jamais permettre de l'affirmer. Elle ne peut donc avoir une grande valeur clinique pratique.

2° *Histopathologie.* — L'examen histologique ne constitue pas en réalité une méthode positive de diagnostic de la syphilis.

Mais comme dans ces toutes dernières années, des faits nouveaux, des plus

importants dans leurs conséquences, ont été apportés dans l'étude histopatho-
logique de la syphilis, il est nécessaire de les faire connaître. Ils permettront de
discuter la valeur diagnostique des examens histologiques.'

En présence de lésions cutanées, sous-cutanées, ou muqueuses de nature
douteuse, pour déterminer un diagnostic ou parfois le confirmer, il est classique de faire une biopsie. Les hésitations sont le plus souvent entre syphilis et
tuberculose. Aussi est-ce par la constation ou l'absence de formations tuberculoïdes, follicules de Köster, cellules géantes, cellules épithéloïdes, admises comme
spécifiques de la tuberculose, que l'on élimine ou que l'on affirme la syphilis.
C'est là, en effet, le seul critérium retrouvé dans un grand nombre de cas de
lésions d'origine douteuse étiquetées tuberculides ou tuberculoses cutanées et
muqueuses. Non seulement toute autre méthode d'investigation certaine de la
nature tuberculeuse manque (recherche du bacille de Koch et inoculation positive), mais encore, on signale avec étonnement la guérison de telles lésions par le
traitement mercuriel ou ioduré. Dès lors, il est permis de se demander quelle
peut être la valeur de la spécificité des lésions histologiques dites *tuberculeuses*
et si, sur leur constation, il y a lieu d'éliminer la syphilis ?

La constation histologique de productions tuberculoïdes, cellules épithélioïdes
cellules géantes, follicules de Köster a été depuis longtemps et par nombre
d'auteurs signalée dans des lésions de nature syphilitique indiscutable. Mais
c'était à titre d'exception. Ce sont les travaux de MM. Nicolas et Favre, qui
ont montré l'importance capitale que méritent ces faits non plus rares pour eux
mais constants ou presque constants. De leurs recherches, ils ont pu conclure
que « les syphilides tertiaires nodulaires, cutanées, ou muqueuses, ulcérées ou
non, de même que les syphilides gommeuses de la peau et des muqueuses, présentent d'une façon à peu près constante (24 fois sur 25 examens), des cellules·
géantes typiques, des cellules épithélioïdes unies ou multinuclées et même
des follicules en tout semblables aux follicules de Köster, aux nodules de
Friedlander de la tuberculose, et composés par une ou plusieurs cellules géantes,
entourées de la double couronne de cellules épithélioïdes et des cellules
lymphoïdes ». Aucune différenciation ne peut être établie entre les productions
d'origine tuberculeuse ou syphilitique.

Des formations tuberculoïdes, quoique peut-être moins nettes, moins typiques, moins fréquentes, peuvent se rencontrer dans les syphilides secondaires à
type nodulaires. On a même décrit parfois des cellules géantes dans le chancre.

« Ces formations tuberculoïdes ne sont d'ailleurs pas plus spécifiques de la
syphilis que de la tuberculose, que d'aucune des autres maladies dans lesquelles
on peut en constater la présence. Ce sont des formations histologiques, que peut
déterminer simplement tout processus inflammatoire à tendance dégénératrice
et à marche lente ». (Nicolas).

En conséquence, en l'absence du critérium histologique détrôné, seule
l'inoculation positive avec tuberculisation du cobaye, ou bien la guérison
complète par le traitement spécifique hydrargyro-iodique pourront apporter des ·
arguments décisifs en faveur de la tuberculose ou de la syphilis.

Il n'y aura même pas lieu de faire toujours état des résultats positifs de diverses méthodes de diagnostic de la nature bacillaire. En particulier, les réactions
locales à la tuberculine ne peuvent ici être invoquées d'une façon certaine.
Différents auteurs, en particulier MM. Bonnet, Arloing, ont signalé des
ophtalmo-réactions positives chez des syphilitiques secondaires et même

tertiaires. L'un de nous, avec MM. Favre, Charlet et Augagneur, vient d'obtenir des résultats positifs à la cuti-réaction, à l'intradermo-réaction et même à la sous-cuti-réaction à la tuberculine aussi nets et aussi nombreux chez les syphilitiques primaires, secondaires, tertiaires, quaternaires et héréditaires que chez les tuberculeux.

Peut-être, à la lumière de ces faits, verra-t-on que la question des tuberculides serait à réviser et que nombre d'observations ne sont peut-être que des cas de syphilis méconnue ?

L'examen histologique ne peut donc donner aucune certitude de la nature syphilitique d'une lésion.

V. Conclusions, — La critique des différentes méthodes de diagnostic de la syphilis nous a montré que leur valeur clinique et pratique était bien différente suivant chacune d'elles. La méthode la plus simple, la plus certaine, infaillible peut-on dire dans ses résultats positifs, est la recherche du tréponème. Malheureusement, elle n'est guère applicable que dans des cas de syphilis récente avec lésions objectives. La séro-réaction de Wassermann a contre elle toute la complexité de sa technique. Ses résultats ont, par eux-mêmes, une part d'incertitude qui devient plus grande du fait de l'opérateur. Elle ne pourra entrer dans la pratique courante qu'appliquée avec toutes les garanties d'exactitude par un homme de laboratoire spécialement attaché à cette étude et rompu à toutes les difficultés de sa technique compliquée (Fernet-Mauriac).

Quoi qu'il en soit, il faut reconnaître qu'en pratique les différentes méthodes peuvent être d'un grand secours pour le diagnostic de lésions douteuses; il faut faire appel aux unes et aux autres, suivant les cas cliniques :

1º Pour les lésions cutanées ou muqueuses, primaires ou secondaires, la recherche du tréponème, à l'ultra-microscope en particulier, est le procédé de choix. En cas de résultat négatif, pratiquer l'inoculation et faire le séro-diagnostic de Wassermann, mais savoir que pour un chancre celui-ci ne donnera rien.

2º Pour les périodes de latence, pour les lésions d'allure tertiaire, faire le Wassermann. Si, par l'examen histologique, on constate des formations tuberculoïdes, même les plus typiques, l'on n'est pas en droit de rejeter la syphilis même si des intradermo-réactions à la tuberculine se sont montrées positives.

3º Dans les cas de syphilis conceptionnelle, héréditaire, sans manifestation, dans les manifestations parasyphilitiques, surtout nerveuses, le Wassermann est la méthode de choix.

4º On ne peut, à l'heure actuelle, demander à la séro-réaction de Wassermann une certitude absolue pour les questions de prophylaxie, mariage, guérison de la syphilis.

5º Peut-être plus tard pourra-t-on, par le procédé de l'intradermo-réaction à la syphiline, très simple, à la portée de tous, obtenir les mêmes résultats qu'avec la séro-réaction de Wassermann.

6º Enfin, quel que soit le procédé employé, un résultat négatif n'a aucune signification de non syphilis.

M. Ch. LESIEUR,

Agrégé à la Faculté de Médecine, Médecin des Hôpitaux (Lyon).

UN NOUVEAU SIGNE DE LA FIÈVRE TYPHOÏDE :
LA MATITÉ RÉTRO-HÉPATIQUE (OU INFRA-THORACIQUE DROITE).

616.927.07

31 Juillet.

Les modifications du foie et des voies biliaires au cours de la fièvre typhoïde ne paraissent avoir été bien étudiées, dans les Traités classiques, qu'au chapitre des complications. Tandis que la percussion de la rate, la palpation de la fosse iliaque droite occupent la première place dans la description des symptômes typhiques habituels, l'examen des régions hépatique et cystique est à peu près complètement passé sous silence. Si quelques auteurs parlent des manifestations hépatiques ou biliaires de la dothiénentérie, c'est pour en signaler le caractère exceptionnel ou pour les déclarer propres à quelques très rares épidémies. Il y a là de quoi surprendre, étant donné la constance de l'infection éberthienne des voies biliaires chez les typhiques, bien établie dernièrement par les bactériologistes.

Depuis quatre ans que nous observons systématiquement la fièvre typhoïde à l'hôpital d'isolement de la Croix-Rousse, il nous a paru que les modifications du foie et des voies biliaires, par leur grande fréquence, par leur importance et leur netteté, par leur précocité, par leurs rapports avec le diagnostic et le pronostic de la fièvre typhoïde, méritaient d'être recherchées plus et mieux qu'on n'a l'habitude de le faire habituellement en clinique.

Ailleurs nous publierons, avec notre statistique d'environ 300 cas, et avec les observations les plus probantes à l'appui, un travail d'ensemble sur la participation du foie et des voies biliaires au processus typhique normal, non compliqué (*Lyon médical*, 1912).

Aujourd'hui, nous nous contenterons d'attirer l'attention des cliniciens sur un des signes que notre étude nous a permis de rencontrer souvent et d'utiliser utilement, et que nous appelons la *matité ou submatité infra-thoracique droite, ou rétro-hépatique*.

Voyons donc en quoi consiste ce signe, quelle est sa fréquence aux différentes périodes, quelle peut être sa valeur.

Si, à la période d'état d'une fièvre typhoïde ordinaire authentique, on percute le thorax en arrière, on constate généralement une diminution nette de la sonorité habituelle, à la base droite, entre la colonne vertébrale et la ligne axillaire. Il s'agit tantôt de submatité, tantôt même de matité, s'élevant, suivant les cas, sur une hauteur de 3 ou 4 travers de doigt, d'un travers de main, et parfois davantage. Pour bien le constater, il importe de percuter comparativement les deux côtés, de haut en bas, puis de bas en haut, en se plaçant alternativement à droite et à gauche du malade, et en employant successivement la percussion unimanuelle d'Avenbrügger et la percussion médiate de Laënnec, tantôt fort, tantôt doucement.

Il convient, bien entendu, de s'assurer que la matité constatée n'est pas due à une complication pleuro-pulmonaire (hépatisation, épanchement); la palpation, l'auscultation, le signe du sou, la ponction exploratrice au besoin, permettent d'éliminer cette cause d'erreur. Nous ne parlons, en effet, ici que de la submatité ou de la matité que nous avons observée, à la base droite en arrière, au cours de fièvre typhoïde *simple, non compliquée*, sans localisation thoracique particulière.

A cause de sa localisation, nous avons donné à ce signe le nom de *matité infra-thoracique droite*. Mais, plus brièvement et plus simplement, nous croyons aussi pouvoir l'appeler *matité rétro-hépatique*, car il nous semble bien que l'état du foie joue le rôle principal dans le mécanisme de sa production.

Normalement, d'après Murchison, la limite supérieure de la matité hépatique commence en arrière vers la dixième ou douzième vertèbre dorsale, monte légèrement jusqu'au deuxième espace intercostal ou à la septième côte qu'elle atteint sur la ligne axillaire, pour redescendre au cinquième espace sur la ligne mamelonnaire, à la base de l'appendice typhoïde sur la ligne médiane. Chez nos typhiques, la limite supérieure de matité infra-thoracique droite est nettement plus élevée, du moins en général : elle est donc anormale. Néanmoins, elle nous parait surtout bien dépendre de la situation ou du volume du foie.

Tantôt, en effet, s'accompagnant d'un météorisme assez marqué, elle paraît liée au refoulement de l'organe hépatique vers le thorax par les gaz intestinaux; tantôt, en l'absence de météorisme, elle ne trouve guère son explication que dans l'augmentation de volume du foie, analogue et parallèle à l'hypertrophie bien connue de la rate. La preuve de l'origine hépatique de la matité infra-vertébrale droite nous est fournie par plusieurs constatations : notamment par la ponction exploratrice en pleine matité, qui ramène le plus souvent un sang pur, non mêlé d'air comme le serait le sang du poumon; et par la douleur spéciale qu'il est souvent facile de provoquer, chez nos malades, par la palpation sous les fausses côtes droites, notamment dans la région de la vésicule biliaire. Aussi avons-nous cru pouvoir parler indifféremment de matité *rétro-hépatique* ou de matité *infra-thoracique droite*.

Le symptôme que nous avons ainsi observé nous a paru d'ordinaire d'une très grande netteté. Si l'on met à part quelques cas où il n'était qu'ébauché, voire même douteux, on peut dire qu'il est presque constant même dans les fièvres typhoïdes les plus simples.

Habituellement très précoce, il nous a paru, assez souvent, plus hâtif, plus, net et plus important que l'hypertrophie splénique dont tous les classiques vantent depuis longtemps la valeur.

Si parfois il s'est montré tardif ou même complètement absent, c'est surtout, nous semble-t-il, au cours de fièvres typhoïdes anormales, soit par leur bénignité, soit par leur gravité. Peut-être les modifications de l'organe hépatique sont-elles un nouvel indice des réactions de défense de l'organisme, qui peuvent manquer à la fois dans les formes bénignes où elles sont inutiles, et dans les formes graves où leur absence est peut-être un facteur de gravité.

La précocité habituelle de notre signe, sa fréquence dans les formes moyennes en font aussi un symptôme important au point de vue du diagnostic et du pronostic de la maladie.

Au point de vue *diagnostic* différentiel, nous avons en effet cherché vainement la matité infra-thoracique droite ou rétro-hépatique au cours de plusieurs autres septicémies, de l'érysipèle, de la grippe, de la variole, d'angines, de méningites ou d'états infectieux divers qui auraient pu être confondus avec la dothiénentérie. Le signe nous a semblé être assez propre à la septicémie ébertienne.

Au point de vue *pronostic*, en dehors des considérations un peu hypo-thétiques que nous avons indiquées tout à l'heure, nous avons été frappés surtout des rapports existant entre la matité rétro-hépatique et l'évo-lution de la maladie.

La matité ou submatité disparaît d'ordinaire vers la fin de la période fébrile, quelquefois annonçant, quelquefois suivant de près la déferves-cence. Si, elle persiste, très nette, après l'apyrexie, elle peut fort bien annoncer une réversion ou une rechute.

Dans la pratique, pour la reprise de l'alimentation, nous nous trou-vons bien d'une très grande prudence toutes les fois que la matité rétro-hépatique persiste nettement, surtout si elle s'accompagne de douleurs à la palpation de la vésicule, d'hypertrophie splénique, d'état saburral, de tachycardie, d'albuminurie et si n'apparaissent pas les autres signes de la convalescence (éonisophilie, disparition de la mononucléose sanguine, trépidation plantaire).

La recherche de la matité rétro-hépatique peut ainsi aider au diag-nostic, au pronostic, au traitement de la fièvre typhoïde. Même pendant la convalescence, même après guérison, on peut avoir la preuve que le système hépato-biliaire a été sensiblement modifié chez la plupart des typhiques. Mais nous ne saurions aborder aujourd'hui l'étude de ces séquelles, sans nous écarter du sujet très limité que nous avons voulu traiter aujourd'hui, et qui nous a paru digne, à lui seul, d'être signalé aux cliniciens.

Conclusions. — Dans la fièvre typhoïde régulière, moyenne, il est très fréquent, presque constant, d'observer une zone de matité ou de submatité à la base du thorax, à droite et en arrière (*matité infra-thoracique droite*).

Cette matité paraît due soit au refoulement, soit à l'augmentation de volume du foie, et mérite le nom de *matité rétro-hépatique*.

La précocité de ce signe chez les typhiques, son absence dans les fièvres continues non éberthiennes, permettent de lui attacher une grande valeur diagnostique.

Au point de vue du pronostic et de la thérapeutique diététique, la recherche de ce signe peut être un très bon guide, car la persistance de la matité rétro-hépatique, malgré l'apyrexie, peut annoncer une rechute.

L'étude des manifestations hépatiques et biliaires, au cours des fièvres typhoïdes les plus simples, présente un intérêt théorique et pratique de tout premier ordre.

Discussion. — M. Besançon rappelle la fréquence des lésions du foie dans la fièvre typhoïde dont Legry, dans sa Thèse, a montré toute l'importance. Il est donc certain qu'il y a souvent une augmentation du foie dans la fièvre typhoïde, malheureusement, en clinique, il est quelquefois difficile de distinguer les hypertrophies hépatiques des congestions hypostatiques et des splénisations de la base du poumon droit qui modifient la limite supérieure de la matité hépatique.

M. LONGIN.

Chef du Service de Dermatologie à l'Hôpital (Dijon).

CONTRIBUTION A L'ÉTUDE DU TRAITEMENT DE LA SYPHILIS
PAR LE 606 D'EHRLICH.

616.951.08

31 *Juillet.*

La question doit faire l'objet de la thèse de mon interne M. Carlot; on y pourra trouver les observations détaillées dont je ne fais ici que donner les principales conclusions. En les publiant aujourd'hui, je crois m'acquitter d'une dette contractée envers le professeur [Ehrlich qui a mis avec infiniment de bonne grâce à ma disposition une ample provision de son 606. Mon expérience ne repose pas tout à fait sur une centaine d'injections; ma statistique pourra donc paraître un peu maigre, à côté de certaines qui ont été déjà publiées; mais il me semble qu'il importe que chacun publie ses résultats, afin que la réunion des différentes statistiques arrive à constituer un dossier où l'on puisse puiser une opinion exacte sur les services que l'on peut demander au nouveau médicament.

C'est presque toujours à l'injection intra-veineuse que j'ai eu recours et cela pour deux motifs; le premier est que partisan convaincu de la voie intra-veineuse pour l'administration du mercure, je devais me rallier plus facilement à un mode d'introduction qui me paraît théoriquement et pratiquement bien supérieur à tous les autres, le second que dans les deux seuls cas où j'ai pratiqué l'injection dans les fesses en suspension neutre, j'ai trouvé qu'elle était si douloureuse pour le malade que je me suis promis d'épargner à l'avenir cette douleur atroce à ceux que j'aurais à traiter. La technique que j'ai suivie est celle qui a été donnée par Ravaut, de même que j'ai toujours employé l'instrumentation indiquée par lui, laquelle a l'avantage d'être très peu dispendieuse, de pouvoir se trouver partout. C'est dire que sans vouloir critiquer en aucune manière les appareils très ingénieux inventés depuis, je ne leur ferai qu'un reproche, c'est de ne pas s'imposer. Il m'a paru que le principal avantage des différents modèles était de permettre de commencer l'injection par du sérum physiologique, ce qui met à l'abri des fausses routes que l'on peut faire, la boule d'œdème qui se produit alors n'étant nullement douloureuse; mais il y a un moyen bien simple d'obtenir même résultat avec l'instrumentation usuelle, c'est de laisser s'écouler le sérum dans le tube avant d'ajouter la préparation alcaline; on a ainsi à sa disposition 3o à 4oᶜᵐ de sérum physiologique, ne contenant point de Salvarsan, et dont l'introduction en dehors de la veine n'a aucun inconvénient. Il m'a semblé que pour, l'aiguille, on avait toute sécurité en employant une aiguille de Tuffier à biseau aussi court que possible, on se met ainsi à l'abri du risque de perforer la veine de dedans en dehors.

En ce qui concerne la préparation de la solution, on sait que Darier a attiré l'attention sur les inconvénients qu'il y a à employer une solution trop alcaline; il conseille d'injecter ce qu'il appelle la *solution juste-alcaline;* le laboratoire de Creil a pourtant fait passer une circulaire déclarant au contraire qu'il peut y avoir de grands inconvénients à ne pas alcaliniser franchement. J'avoue que je suis tout porté à me rallier à la manière de voir de M. Darier, d'autant plus que dès le début de l'application du traitement, mon maître et ami le docteur Lenglet avait attiré mon attention à ce sujet en me déclarant que la fièvre devait être mise sur le compte de l'alcalinité trop élevée de la solution employée; je ne sais pas si tel est toujours l'avis du savant dermatologiste de l'hôpital Saint-Joseph, mais depuis que je me suis conformé à sa recommandation, il m'a paru que la réaction fébrile était toujours beaucoup moins marquée et très souvent nulle.

Phénomènes immédiats. — La fièvre est donc un des phénomènes les plus marquées qui caractérisent la réaction au Salvarsan; elle m'a toujours paru affecter le type suivant : une ascension thermique brusque très peu de temps après l'injection, commençant 2 à 3 heures après, pour s'éteindre 4 à 5 heures après son début : pour une injection faite à 11ʰ, la fièvre commencera vers 2ʰ, par exemple, pour cesser entre 7ʰ et 39ʰ. Les plus hautes températures que j'aie relevées sont les suivantes : 39°,7 et 39°,3 ; elles sont pourtant l'exception ; d'une manière générale elle est intermédiaire a 38°,5 et 39° ; mais souvent elle fait défaut.

Quant aux causes capables de déterminer cette réaction fébrile, il me semble qu'on peut les ramener aux chefs suivants :

1° Alcalinité exagérée de la solution ;

2° Influence du sexe ; celle-ci me paraît absolument capitale, au point que l'on pourrait presque dire que la réaction fébrile chez la femme est la règle, chez l'homme l'exception, dans les cas bien entendu où l'alcalinité n'a pas été exagérée ;

3° Influence des lésions ; il m'a toujours paru que la fièvre était d'autant plus marquée que le sujet présentait des lésions plus étendues, plus confluences, plus ulcéreuses. Le fait peut s'expliquer, comme on l'a avancé, par une destruction microbienne plus intense, mettant en circulation des produits de bactériolyse plus nombreux ;

4° Influence d'un traitement antérieur ; le fait est je crois hors de doute ; c'est la règle qu'une seconde injection n'éveille aucune réaction fébrile, même dans les cas où la première a donné lieu à une forte élévation thermique. On a parlé à ce propos d'accoutumance au 606 ; j'avoue que cette explication ne me satisfait pas pleinement pour ce symptôme si elle peut expliquer l'atténuation de certaines autres manifestations consécutives à l'injection à la seconde fois où on la pratique. Pour ma part je n'y verrais qu'une conséquence de l'observation précédente : si la fièvre est modérée ou si elle fait défaut, c'est que l'infection est déjà très atténuée du fait de la première injection.

La vasodilatation est une conséquence presque constante de l'introduction du 606 dans la circulation, souvent peu accentuée, se traduisant par une légère rougeur du visage, elle peut chez certains sujets avoir une intensité réellement impressionnante ; je me rappelle d'un de mes malades qui est devenu littéralement écarlate, avec une injection extrême des conjonctives. Deux ou trois fois sans plus j'ai observé une sensation de fourmillement et de chaleur à la plante des pieds et à la paume des mains. La céphalée me paraît être de règle, mais à de degrés très variables ; en général elle est toujours modérée. Dans un tiers des cas environ, j'ai relevé un état nauséeux, mais souvent peu marqué, n'allant pour ainsi dire jamais jusqu'aux vomissements. Une manifestation assez fréquente, c'est une sorte d'état de torpeur, de somnolence ou de sommeil profond qui ne me paraît guère faire défaut sous l'une quelconque de ces modalités ; il va sans dire que, comme les autres réactions, c'est un état passager qui ne dure pas plus que les 12 ou 24 premières heures. Deux ou trois fois, j'ai noté une sorte d'éruption ortiée extrêmement fugace. Une seule fois j'ai vu se produire un véritable état de malaise aussitôt après l'injection, avec bourdonnements d'oreilles fort pénibles ; il s'agissait d'ailleurs d'une femme chez qui j'avais déjà fait une injection

sans aucun malaise; il m'a semblé que ces symptômes étaient en corréla-
tion avec une solution trop alcaline.

Dose injectée. — La conduite que j'ai suivie est la suivante; dans les cas
où il s'agissait d'une infection récente, de malades tout au début de leur
syphilis et vierges de tout traitement, je préférais injecter d'emblée la
dose maxima qui me parut pouvoir tolérer le malade, c'est-à-dire 5o cg
à 6o cg. Mais dans les cas où il s'agissait de lésions anciennes ou de syphilis
antérieurement traitées par le mercure, je préférais, pour moins secouer
les sujets, commencer par tâter leur susceptibilité individuelle par une
dose modérée n'excédant pas 4o cg pour les hommes et 3o cg pour les
femmes. Si, dans les conditions contraires, j'agissais d'une manière
différente, c'est qu'il me paraît important dans les cas où l'on peut espérer
dans une certaine mesure faire de la *therapia sterilisans magna*, de
frapper fort pour commencer. A cette raison où l'on peut ne voir qu'une
question d'impression, s'en ajoute une autre, c'est que dans la grande,
majorité des cas, ceux qui présentent des lésions de syphilis ancienne
ont déjà atteint un âge où l'artério-sclérose a déterminé des lésions capables de créer des contre-indications à l'administration *intensive* du
traitement.

Résultats éloignés. — D'une manière générale, il me semble indispensable de mettre en avant deux constatations :
   1o L'inocuité de la méthode;
   2o Ses bons résultats au point de vue de l'état général.
   Je n'ai pas à insister sur la première considération, laquelle pourtant a
bien son importance en raison des allégations qui ont accueilli ce traitement à ses débuts et qui tous peut-être n'étaient pas mal fondés en raison
des tâtonnements d'une thérapeutique encore mal réglée. Le second résultat me semble tout particulièrement intéressant; je ne suis certes pas de
ceux qui attribuent au mercure une influence nocive sur l'organisme, et
j'ai vu trop de véritables résurrections chez des syphilitiques non traités
lorsqu'on leur faisait subir le traitement mercuriel, pour vouloir établir
une opposition forcée entre les deux médicaments; mais réellement il me
semble qu'il y a quelque chose de très différent entre ces deux actions, de
telle sorte qu'on peut dire, me semble-t-il, que dans les cas où le mercure remonte l'état général, c'est parce qu'il a annihilé un poison micro-
bien qui en entraînait la déchéance, tandis que, dans l'autre cas, il
semble indubitable qu'il y ait une action trophique indépendamment
de cette action antimicrobienne qui existe aussi bien, sinon mieux, que
dans le mercure. Cette action sur l'état général se traduit par un relèvement des forces, par une apparence beaucoup plus florissante, par une
augmentation de l'embonpoint ou tout au moins par une récupération du
poids perdu et, chez la femme, ce résultat se traduit par un symptôme
déjà signalé par Julien, je veux dire par un développement marqué
de la poitrine.

Indépendemment de ces résultats faciles à constater dans tous les cas, je désirerais attirer l'attention sur les résultats favorables que j'ai pu constater. Sans vouloir m'efforcer de mettre dans cette classification un ordre dont elle ne me paraît guère susceptible, je distinguerai entre les manifestations cutanées ou muqueuses et les manifestations viscérales.

Ce qui frappe au premier abord, c'est l'action de cicatrisation; sans parler de l'accident primitif, des syphilides érosives, des banales plaques muqueuses où elle est manifeste, je citerai en tout premier lieu un cas de syphilides papulo-hypertrophiques confluentes formant une véritable nappe, recouvrant toute la vulve et l'anus où j'ai vu les accidents disparaître en une semaine, sans aucun autre traitement local que des soins de propreté; sans doute, le même résultat eût pu être obtenu par un traitement mercuriel intensif, mais non pas sans traitement local; on ne l'eût obtenu qu'à grand renfort de nitrate acide de mercure, c'est-à-dire au prix d'un traitement extrêmement douloureux.

J'ai obtenu deux succès extrêmement frappants dans deux cas de syphilides malignes précoces réfractaires à tous les traitements mercuriels employés. Dans l'un, chez un homme de 42 ans (il s'agissait d'une syphilis tardivement contractée), les accidents ont disparu en trois semaines, ce qui n'est évidemment pas une rapidité foudroyante, mais c'est néanmoins un très beau résultat si l'on songe que les accidents remontaient à six mois. Dans un autre cas où la guérison ne demanda qu'une quinzaine de jours avec une seule injection avec une dose très minime (30 cg en raison du grave état général), il y eut en plus un résultat saisissant au point de vue de la reprise des forces, puisque cette femme qui était alitée depuis un semestre commençait à se lever trois jours après la seule injection qu'elle eût reçue.

J'ai actuellement en cours de traitement un cas du même ordre qui n'est pas encore guéri, mais où d'énormes lésions ulcéreuses précoces de la vulve et des téguments accompagnées d'induration scléreuse extrême des grandes lèvres ont rapidement rétrocédé et promettent de disparaître très prochainement.

Au point de vue des lésions tertiaires, j'ai noté de très bons résultats, mais ils ne m'ont pas paru supérieurs à ceux que peuvent donner les injections intra-veineuses de cyanure d'hydrargyre ou les injections de calomel. Au point de vue des lésions viscérales, j'ai pu noter des résultats fort remarquables, dans les manifestations précoces. Je ne veux en retenir que deux.

Le premier est un cas intense de céphalée secondaire : la douleur était si vive celle qui en était atteinte donnait l'impression de tant souffrir que chargé ce matin-là de la consultation à l'hôpital, sans même l'examiner davantage, je signai son billet d'admission, pensant à une névralgie faciale; admise dans le service de M. le Dr Petitjean, elle fut trouvée par lui atteinte d'une éruption de roséole et de papules absolument caractéristiques; sous l'influence de la douleur de la perte de sommeil et sans doute aussi de l'infection, elle était arrivée à un degré d'affaiblissement et de cachexie extrême; notre première idée, à M. Petitjean et à moi, fut que nous allions trouver une réaction méningée extrêmement marquée; mais il n'en fut rien.: une ponction lombaire permit à mon collègue de constater l'état absolument normal du liquide céphalo-rachidien. Le lendemain de la première injection, nous pûmes noter une sédation presque complète de la céphalée; actuellement, cette femme, qui est encore dans le service de la clinique, ne souffre absolument plus et a repris une apparence qui contraste avec l'état d'émaciation et de décoloration que nous constations à son entrée à l'hôpital.

Dans un autre cas, il s'agissait de méningite syphilitique vraie avec une formule leucocytaire absolument caractéristique, polynucléaires et lymphocytes en nombre à peu près égal, albumine, hypertension, tous les signes enfin d'une réaction méningée intense; il y avait de la céphalée continuelle avec crises paroxystiques, exagération des réflexes, signe de Kernig, dilatation pupillaire; le lendemain même de l'injection la sédation était remarquable et, en quelques jours, fut complète; dans les quinze jours que cette malade a passés à l'hôpital, il n'y eut aucune tendance à la récidive, nous savons d'ailleurs combien ces faits de méningite syphilitique ont tendance à la récidive; aussi considérons-nous cette observation comme encore incomplète; nous comptons revoir la malade, pouvoir lui faire une nouvelle ponction lombaire, et nous attendrons de l'avoir suivie plus longtemps avant de parler de guérison définitive; néanmoins, le résultat immédiat n'en est pas moins remarquable Il s'agissait, dans le cas particulier, d'une syphilis à son troisième mois.

En revanche, dans un cas de paralysie générale et dans un cas de tabès, le résultat fut absolument négatif.

Tels sont, sommairement esquissés, les résultats que m'a donnés dans ma clientèle et à l'hôpital de Dijon, l'administration du 606. Je voudrais maintenant m'efforcer de le comparer comme puissance d'action avec les traitements mercuriels que je considère, avec M. le Dr Brocq, comme les plus actifs, c'est-à-dire avec les injections intra-veineuses de cyanure et avec les injections intra-musculaires de calomel.

Le 606 a, d'après mon impression, une action très analogue à celle du cyanure, mais beaucoup plus puissante; c'est-à-dire que les cas où son efficacité est le plus marquée sont également ceux où le cyanure donne les plus beaux résultats; par exemple, dans les cas intenses que j'ai cités, et où le résultat pouvait être apprécié dès le lendemain, j'ai la conviction qu'on eût obtenu dès le lendemain aussi une amélioration avec le cyanure intra-veineux, mais qu'il eût fallu quatre ou cinq jours pour arriver à un résultat aussi bon que celui que le Salvarsan donnait en 24 heures. Mais, dans les quelques cas de syphilides tuberculeuses que j'ai traitées, je crois que le calomel eût agi au moins aussi vite, sinon plus; ou, en d'autres termes, les bons résultats du 606 n'ont pas été supérieurs à ceux qu'eût donnés le calomel; affaire d'impression sans doute; mais, en plus, de semblables comparaisons ne peuvent être faites que d'après une impression personnelle, puisque les différents cas ne sont pas rigoureusement comparables.

Je regrette de n'avoir eu à traiter par le 606 ni glossite scléreuse, ni

syphilides palmaires ou plantaires tertiaires tenaces : ce sont les lésions
de syphilis qui peuvent servir de critérium à l'efficacité d'un traitement
mercuriel, mais non pas de critérium absolu, puisqu'il me paraît incontestable que tel traitement sera le meilleur dans un cas et ne le sera pas
dans l'autre : il y a, je crois, à faire une distinction entre les faits où il
s'agit d'infection générale et ceux où il y a lésion locale profonde. Il
me semble que ce soit surtout dans les premiers que le 606 donne les
résultats les plus brillants.

Je voudrais, en terminant cette Communication, dire dans quelle mesure
il me paraît utile de combiner les deux traitements par le nouveau sel
d'arsenic et par les anciennes préparations mercurielles. L'avenir seul
pourra le dire d'une manière certaine; mais, en attendant l'épreuve du
temps, il me semble logique que chacun se fasse une idée *a priori* et qu'il
la fasse connaître; ce n'est qu'en suivant cette idée qu'on pourra voir si
elle est bonne. Je sais bien qu'il serait plus aisé de faire une simple super-
position de la thérapeutique ancienne à la nouvelle, mais le but que les
syphiligraphes doivent se proposer n'est-ce pas d'essayer de raccourcir
la durée classique du traitement antisyphilitique. De ce que la *therapia sterilisans magna* a fait faillite dans certains cas, s'ensuit-il qu'elle
soit irréalisable dans tous les cas, et qu'il ne faille du moins s'efforcer de
s'en rapprocher le plus possible. Voici donc la formule que j'ai adoptée :
quand je me trouve en présence d'un malade au début de la syphilis,
je fais, pour commencer, deux injections de 0,60 de Salvarsan à une
semaine d'intervalle; ensuite, au bout d'une nouvelle semaine, je fais
une série ininterrompue de 40 injections intra-veineuses de cyanure
Au bout d'une quinzaine de jours, pour éviter l'action trop immédiate du
traitement, je fais faire une réaction de Wassermann; si elle est négative,
je laisse le malade au repos pendant trois mois, après lesquels je fais faire
une nouvelle réaction de Wassermann et ainsi de suite; ce n'est que dans
le cas où la Wassermann deviendrait positive que je reprendrais le traitement.

Cette manière de faire demande justification, après ce que vous a dit
M. le professeur Nicolas de cette épreuve de laboratoire; il va sans dire que
je suis au fond du même avis que lui et je ne considérerais jamais comme
guéri quelqu'un qui a une seule simple réaction de Wasermann négative;
mais je crois qu'on peut le considérer comme provisoirement mis à l'abri
des conséquences de l'infection syphilitique, ce qui permet de suspendre
son traitement et où je crois que la séro-réaction prend une valeur
considérable, c'est quand elle est négative en série; si, par exemple, une
réaction de Wassermann répétée quatre fois pendant la première année,
deux fois pendant la seconde, une fois pendant la troisième et la quatrième, s'est montrée constamment négative, on pourra considérer le
malade comme guéri et ou pourra le laisser se marier.

Ce n'est qu'après avoir expérimenté cette méthode pendant plusieurs
années qu'on pourra savoir exactement ce qu'on en peut attendre. Mais

ce qui me paraît justifier cette manière de faire, c'est que tout en ne faisant courir aucun risque au malade, elle permet d'espérer l'affranchir d'un traitement peut-être inutile. Cette manière de faire a été également adoptée par mon ami le Dr Civatte et nous nous proposons de réunir nos résultats et de les publier ensemble quand nous serons arrivés à un certain nombre de cas observés et suivis pendant un temps assez long.

Discussion. — MM. Nicolas et Laurent, chez des syphilitiques ayant une réaction de Wassermann très positive, ont recherché s'il se produisait des modifications dans cette réaction en ajoutant *in vitro* au sérum une quantité d'arséno-benzol égale à celle qui pouvait être contenue après l'injection dans l'organisme ou dans le sang de l'individu; dans ces conditions, ils n'ont observé aucune modification de la réaction. L'arséno-benzol, dans les modifications qu'il imprime à l'infection syphilitique, n'agit donc pas purement par des modifications chimiques, mais a une action vraiment biologique.

M. LE DOCTEUR GASTON DORLÉANS.

TOXICITÉ COMPARÉE
DE QUELQUES ÉCHANTILLONS DE CHLORHYDRATE DE COCAÏNE.

615.781.62.09

31 *Juillet.*

Lorsqu'on veut apprécier la pureté d'un médicament, on en fait généralement l'essai par la voie chimique. Nombre de réactions sont indiquées dans les traités techniques, qui permettent la recherche de telle ou telle impureté susceptible de se rencontrer dans une drogue déterminée. Il peut arriver que ces moyens, en tête desquels on indique la détermination du point de fusion, donnent des résultats capables de satisfaire les chercheurs les plus exigeants.

Le présent travail démontre combien ces essais peuvent être parfois insuffisants, même quand on les applique à un médicament pourtant très connu. Il s'agit, en effet, du chlorhydrate de cocaïne. Cinq échantillons de ce sel m'ayant donné des réactions de pureté, des points de fusion satisfaisants et d'une concordance parfaite, j'ai cru devoir compléter ces essais par une détermination de toxicité.

Les injections ont été faites :

1° Par voie sous-cutanée chez le cobaye en solution à 0,50 % dans l'eau distillée;

2° Par voie intra-veineuse chez le lapin en solution à 0,10 % dans la solution salée physiologique.

Voici les résultats obtenus :

PRODUIT A (POINT DE FUSION : 186°).

Voie hypodermique.

Cobaye de 400ᵍ reçoit 0,08ᵍ par kilog.   Succombe le surlendemain.

»   470   »   »   { Le lendemain et les jours suivants,
                                   ne paraît pas incommodé.

»   500   »   »   *Idem.*

Voie intraveineuse.

Lapin de 2040ᵍ succombe en 10 minutes avec 0,024ᵍ par kilog.
»   2070   »   »   0,025   »
»   2530   »   »   0,029   »

PRODUIT B (POINT DE FUSION : 186°).

Voie hypodermique.

Cobaye de 520ᵍ reçoit 0,08ᵍ par kilog, trouvé mort le lendemain.
»   400   »   »   résiste 20 minutes environ.
»   300   »   »   résiste 3 heures environ.

Voie intraveineuse.

Lapin de 2320ᵍ succombe en 10 minutes avec 0,017ᵍ par kilog.
»   2270   »   »   0,015   »
»   2140   »   »   0,018   »

PRODUIT C (POINT DE FUSION : 186°).

Voie hypodermique.

Cobaye de 380ᵍ reçoit 0,08ᵍ par kilog, résiste 1 heure environ.
»   520   »   »   55 minutes environ.
»   650   »   »   45 minutes environ.

Voie intraveineuse.

Lapin de 2230ᵍ succombe en 10 minutes avec 0,0098ᵍ par kilog.
»   1860   »   »   0,010   »
»   1730   »   »   0,011   »

PRODUIT D (POINT DE FUSION : 186°).

Voie hypodermique.

Cobaye de 450ᵍ reçoit 0,08ᵍ par kilog, résiste 28 minutes environ.
»   500   »   »   26   »
»   400   »   »   22   »

Voie intraveineuse.

Lapin de 2430ᵍ succombe en 10 minutes avec 0,008ᵍ par kilog.
»   1810   »   »   0,0093   »
»   1965   »   »   0,0065

PRODUIT E (POINT DE FUSION : 186").

Voie hypodermique.

Cobaye de 530^g reçoit 0,08 par kilog, résiste 15 minutes environ.

| » | 630 | » | » | 25 | » |
| » | 500 | » | » | 25 | » |

Voie intraveineuse.

Lapin de 2370^g succombe en 10 minutes avec 0,0059 par kilog.

| » | 2500 | » | » | 0,0072 | » |
| » | 2275 | » | » | 0,0052 | » |

Comme on le voit, tous les produits essayés, que l'essai physico-chimique permettait de considérer comme purs et identiques, diffèrent par leur toxicité. Ces résultats montrent une fois de plus l'intérêt que présente l'essai des médicaments sur l'animal avant leur emploi en thérapeutique. Comme conclusion pratique, il me paraît indispensable de déterminer toujours la toxicité du chlorhydrate de cocaïne lorsqu'on se propose de l'utiliser pour les usages chirurgicaux.

Discussion. — M. RIGAUX (Chalon-sur-Saône) : 1° Demande si les échantillons proviennent de fabriques différentes ;

2° Insiste sur la nécessité qu'il y aurait de reprendre les expériences avec des échantillons de cocaïne plus ou moins vieille. En d'autres termes, il serait intéressant de savoir, au point de vue pratique, si les *solutions fraîches* sont plus ou moins toxiques, ou réciproquement, que les *solutions anciennes*.

M. G. PETITJEAN,

Professeur suppléant de clinique médicale à l'École de Médecine (Dijon).

RAPPORT SUR DES MÉTHODES RÉCENTES DE TRAITEMENT DES ÉTATS HÉMORRAGIPARES.

616.005.08

2 *Août.*

Malgré d'innombrables travaux, l'étude clinique de la coagulation du sang dans les divers états pathologiques n'est qu'ébauchée.

On discute sur les méthodes à employer (méthodes de Vierordt, de Pratt, de Bürker en Allemagne ; de Brodie et Rüssel, de Wright en Angleterre; d'Angelo Petrone, de Biffi (de Lima) en Italie; de Hayem, de Milian, de Sabrazès, de Claude en France ([1]).

On discute sur la valeur séméiologique des renseignements fournis par ces méthodes ([2]).

Il est pourtant des résultats qu'on peut d'ores et déjà enregistrer. L'étude clinique de la coagulation du sang dans les états hémorragipares révèle tantôt un retard de coagulation, tantôt le défaut de rétractilité du caillot, tantôt ce que Gilbert et Weill (Th. de Claude) ont appelé la coagulation plasmatique, tantôt ces divers troubles associés.

Bien qu'on discute encore sur la signification de ces troubles et sur leur existence dans tel ou tel état pathologique ([3]), il semble qu'on puisse individualiser cliniquement par l'allure de la maladie et par les anomalies de la coagulation signalées ci-dessus certaines affections :

1º *L'hémophilie* état diathésique héréditaire (H. familiale) ou isolé (H. acquise) caractérisée par une prédisposition aux hémorragies provoquées, un retard considérable de la coagulation et une rétraction normale ou presque normale du caillot.

2º *Les purpuras* (les purpuras hémorragiques sont seuls en cause ici) caractérisés par la tendance aux hémorragies spontanées, par une coagulation peu retardée en général et une irrétractilité complète du caillot.

Je crois, pour ma part, et cela pour avoir vu et pour observer encore à l'heure actuelle un cas de *purpura chronique*, que l'irrétractilité du caillot se présente par fois avec une telle constance qu'il est bien difficile de ne pas attribuer à ce signe, une réelle valeur distinctive. Depuis trois ans que j'observe une jeune malade sujette à des ecchymoses et à des hémorragies spontanées, j'ai trouvé à tous mes examens, et ils ont été nombreux, soit du sang veineux (aiguille enfoncée dans une veine), soit du sang capillaire (piqûre du doigt) un sang coagulant en un temps sensiblement normal avec caillot absolument irrétractile.

Mais il est des cas d'association du syndrome purpurique et du syndrome hémophilique, des cas d'association de purpura et d'anémie pernicieuse, des cas complexes faits de purpura, d'hémophilie et d'anémie pernicieuse ([4]), P.-E. Weill et Claude ([5]) ont retrouvé les lésions san-

---

([1]) *Voir* à ce sujet les thèses de Geneuil, Bordeaux 1906; de Parouty, Bordeaux 1910; de Lenoble, Paris 1898; de Claude, Paris 1908; où l'on trouvera avec l'étude de ces différentes méthodes, les indications bibliographiques de la question.

([2]) MILIAN. — *Causes d'erreur dans l'étude clinique de la coagulation du sang* (*Presse médicale*, 1904).

([3]) *Voir* GRENET, *Soc. de Biol.*, 1903, p. 1568. — BENSAUDE, *Soc. de Biol.*, 1903. — KLIPPEL et LHERMITTE, *Arch. gén. de Méd.* 1904, p. 257. — GRENET, *id.*, p. 392.

([4]) *Voir* Marcel LABBÉ, *Comptes rendus du 9e Congrès français de Médecine*, Paris, 1907, p. 127,

([5]) WEILL et CLAUDE, *Soc. méd. des Hôp. de Paris*, 19 avril 1907.

guines caractéristiques de l'hémophilie dans certaines néphrites, etc.

Il est enfin des états pathologiques avec hémorragies sans modifications appréciables de la coagulation.

Méthodes cliniques exactes pour l'étude de la coagulation; valeur séméiologique des renseignements fournis par ces méthodes, pathogénie des divers états hémorragipares; telles sont les connaissances qui, à première vue, paraîtraient nécessaires à la découverte de traitements efficaces. Or la découverte de quelques-uns de ces traitements a justement précédé, dans une certaine mesure, l'acquisition de données exactes concernant ces divers problèmes. Ce sont ces traitements que je vais rapidement passer en revue.

I. — Organothérapie.

De nombreux auteurs ont étudié, et cela depuis assez longtemps, l'action des extraits d'organes sur la coagulation du sang et ont traité les états hémorragipares à l'aide de préparations opothérapiques. Le suc thyroïdien (Dejace, Jones, Siddal, Combemale et Gaudier); le suc ovarien (Zavadier) et surtout l'extrait de capsules surrénales (Gondissen, Hogner, Milligan) auraient donné quelques résultats [1].

Le suc hépatique a été essayé dans un certain nombre de cas. Wooldridge, Gilbert et Carnot avaient, en effet, montré que l'extrait de foie injecté à dose suffisante dans les veines d'un animal détermine des thromboses mortelles. Gilbert et Carnot, Foa et Pellacani, Heidenhain, avaient constaté en outre que l'addition d'extrait hépatique à du sang normal in vitro accélère la coagulation. Les travaux de Doyon et de son école montrant le rôle du foie dans la coagulation du sang semblaient donner un fondement scientifique à cette méthode de traitement. Mais les résultats n'ont pas répondu aux espérances. L'ingestion d'extrait de foie s'est montrée à peu près inactive dans les hémorragies de l'hémophilie et des autres états hémorragipares. Je l'ai moi-même essayée chez la jeune purpurique dont je viens de parler. Je n'ai rien observé de concluant. Et cela se conçoit du reste assez bien, lorsqu'on réfléchit au mode d'action du foie. Cet organe fabrique le fibrinogène nécessaire à la coagulation (Doyon confirmé par Nolf); mais dans l'hémophilie, il ne semble pas que le fibrinogène fasse défaut. Dans d'autres états hémorragipares nettement dus à l'insuffisance hépatique (certains purpuras (Grenet), maladies du foie, états infectieux divers avec lésions de la cellule hépatique) l'ingestion de foie ne me paraît pas pouvoir apporter au sang la quantité de fibrinogène qui lui manque, les processus digestifs étant susceptibles de transformer complètement les produits ingérés [2].

---

[1] Voir pour les essais antérieurs à cette date, la bibliographie dans le Rapport de Carrière. Congrès français de médecine, 9e Session, Paris 1907.

[2] Certains auteurs : M. Perrin (Arch. gén. de Méd., mars 1908. — Boyé

Je ne pense donc pas qu'il y ait lieu de fonder beaucoup d'espoir sur l'organothérapie dans le traitement général des états hémorragipares et j'aurais peut-être passé cette méthode sous silence si elle ne me paraissait devoir être conservée comme *traitement local* ou mieux comme traitement d'urgence (Nolf) en attendant les heureux effets de la médication causale.

Nombreux sont les faits, démontrant que les tissus de l'organisme animal contiennent une ou plusieurs substances activant la coagulation du sang (coagulines de Lœb). Les expériences *in vitro* de Buchanan 1845 Wooldridge 1881, A. Schmidt et ses élèves notamment Rauschenbach 1883, Foa et Pellacani 1884; celles plus récentes de Loeb, de Conrad Horneffer, de Nolf, de Morawitz et Lossen sont tout à fait encourageantes ([), bien que les résultats expérimentaux ne soient pas constants ([2]). La préparation de ces extraits d'organes est assez simple. On peut broyer l'organe, de préférence un organe lymphoïde tel que la rate (Nolf) avec un peu de sable fin lavé et stérilisé, puis ajouter à la bouillie ainsi obtenue, une solution stérilisée de 0,9 pour 100 de chlorure de sodium et de 0,5 pour 1000 de chlorure de calcium, à raison de deux poids de solution pour un poids d'organe. Le liquide obtenu est passé à l'étamine et sert à imbiber des tampons d'ouate hydrophile qu'on applique au niveau du foyer hémorragique (Nolf). On peut également se servir de poudres d'organes préparées dans un but opothérapique. On pourrait enfin préparer à l'état de pureté relative, les coagulines : lavage de l'organe à l'aide d'une circulation artificielle de sérum physiologique dans son système vasculaire, concentration du liquide de lavage par évaporation à basse température, précipitation des coagulines dans cette solution à l'aide d'alcool fort ou d'acide acétique à 1 pour 100, séchage du précipité. Pour Horneffer, ainsi réduite en poudre, la substance coagulante conserve longtemps ses qualités, ne s'altère pas et est d'un emploi infiniment plus commode que préparée sous forme de liquide. On peut employer la poudre soit en nature, c'est-à-dire la mettre directement en contact avec le sang dont on veut obtenir la coagulation rapide, soit à l'état de solution quoiqu'elle ne se dissolve pas très bien dans l'eau. Horneffer recommande la coaguline dans toutes les hémorragies en nappe (épistàxis, coupures, h. hémorroïdales, uté-

---

(Obs. LII de sa thèse) etc., ont pourtant observé quelques résultats favorables.

([1]) On consultera avec profit à ce sujet la thèse de Horneffer, Genève 1908, qui a tenté avec les divers organes des dosages comparatifs et vu notamment qu'un grand nombre d'organes (thymus de mouton, poumon, rate, foie, rein, cerveau, muscles de chien et de cobaye) activaient mieux que le serum *in vitro* la coagulation d'un sang donné.

([2]) Comparer les résultats de Horneffer (*loc. cit.*) et de Boyé (thèse de Paris, 1909).

rines? etc.). Ce serait un hémostatique pour ainsi dire physiologique, car c'est elle, qui spontanément est cédée par l'organisme pour arrêter l'écoulement sanguin.

II. — INJECTIONS DE SÉRUM FRAIS.

Le traitement des états hémorragipares à l'aide des injections de sérum frais est une méthode trop connue actuellement pour que j'insiste bien longuement.

Préconisée d'abord par Fry, étudiée surtout par P.-E. Weill, cette thérapeutique jouit à plus juste titre, d'une faveur au moins égale à celle de l'ingestion de chlorure de calcium employée il y a quelque temps et encore aujourd'hui un peu à tout propos et hors de propos.

La technique des injections de sérum frais est exposée dans de nombreux travaux ([1]). Dix à vingt centimètres cubes de sérum frais injectés dans les veines ou une dose double injectée sous la peau ont une action vraiment efficace dans un grand nombre de cas. On a pu, grâce à ce procédé arrêter ou prévenir des hémorragies et les chirurgiens se servent couramment de ce moyen avant d'opérer certains sujets.

Les injections de sérum frais donnent ces résultats en moins de 48 heures et l'effet persisterait 4 ou 5 semaines. A ce moment, la sérothérapie renouvelée produit le même effet que la première fois.

Il faut pourtant savoir que le moyen peut échouer. Dans l'hémophilie familiale, l'injection de sérum frais est moins efficace que dans l'hémophilie accidentelle. Elle a donné des résultats dans certains purpuras, mais dans d'autres (et le nombre de ces derniers est grand), l'échec a été complet. Chez ma petite malade, les injections de sérum frais de lapin parurent faire redoubler les accidents. Chez deux malades de Marcel Labbé (purpuras chroniques), l'injection de sérum a supprimé le retard de la coagulation mais le caillot est resté irrétractile; les hémorragies provoquées (piqure du doigt) se sont arrêtées facilement, mais les hémorragies spontanées (métrorragies et ecchymoses) ont continué à se produire ([2]). Chez un autre malade du même auteur ([3]), les injections de sérum frais paraissaient exercer une action curatrice sur les accidents hémorragiques alors que cependant elles n'amélioraient pas la coagulation sanguine et que certaines même la diminuaient. Enfin Marcel Labbé « a vu plus d'une fois des injections de sérum frais rester sans action sur des hémorragies diverses chez des sujets non hémophiles » ([4]) en

---

([1]) WEILL, *L'hémophilie, pathogénie et sérothérapie* (*Presse méd.*, 1905).
— ELIÇAGARAY, thèse Paris, 1907. — Marcel LABBÉ, *loc. cit.*, etc.
([2]) Marcel LABBÉ, *loc. cit.*
([3]) Marcel LABBÉ, *La Clinique*, 31 décembre 1909.
([4]) Discussion à la séance du 21 octobre 1910 de la *Soc. méd. des Hôpitaux.*

particulier chez des purpuriques (¹). Nobécourt et Tixier (²) ont vu les injections de sérum frais provoquer dans un cas de purpura, des ecchymoses avec menace de sphacèle, dans un autre, une recrudescence des hémorragies avec élévation thermique. Schiffers (³) a vu chez un enfant de neuf ans atteint d'ecchymoses, d'hémorragies des gencives et des narines, une injection de 18 cm³ de sérum frais de lapin pratiquée sous la peau du ventre amener un vaste hématome avec continuation de perte de sang par la piqure. Il y eut, il est vrai, une amélioration ultérieure.

Il semble donc que la méthode puisse présenter, non seulement les inconvénients de la sérothérapie (urticaire, éruptions diverses, arthropathies, douleurs, fièvre), mais aussi quelquefois des accidents analogues à ceux qu'on se proposait justement de combattre ! Dans certains purpuras chroniques notamment et non pas seulement comme le dit Weill, dans des septicémies hémorragiques, on voit parfois des accidents locaux et généraux pouvant avoir une certaine intensité et coïncidant avec une aggravation des hémorragies (cas personnel, exemples analogues de Nobécourt et Tixier).

Je ne fais que mentionner la possibilité d'accidents anaphylactiques. Je ne crois pas que de semblables accidents aient été signalés dans le traitement sérothérapique des états hémorragipares, mais comme ces états peuvent donner lieu à des réinjections espacées, il n'est pas impossible qu'un jour ou l'autre ces accidents soient signalés.

Tout cela n'enlève rien à la méthode de P.-E. Weill. Le nombre des auteurs qui ont essayé avec succès les injections de sérum frais est assez grand pour que quelques faits isolés ne puissent jeter un discrédit sur cette thérapeutique. J'ai voulu néanmoins les signaler, car trop souvent les insuccès ne sont pas publiés empêchant ainsi de juger le mode de traitement auquel ils appartiennent en toute connaissance de cause.

III. — INJECTIONS DE PROPEPTONE.

Les injections de peptone de Witte ont été préconisées par Nolf et Herry (⁴) qui les considèrent comme douées d'une efficacité supérieure à celle des injections de sérum .

Les auteurs belges rapportent une dizaine d'observations : trois d'hémophilie dont deux d'hémophilie familiale; sept d'états purpuriques. Dans tous les cas, le résultat *clinique* a été bon.

En France, Nobécourt et Tixier ont utilisé avec succès la peptone

---

(¹) Rapport de Marcel Labbé, cas de cet auteur et de Laignel-Lavastine.

(²) *Soc. méd. des Hôp. de Paris*, 22 avril 1910.

(³) SCHIFFERS, *Sérothérapie dans les épistaxis. Le scalpel*, août 1908. — Cité par NOLF et HERRY, *Rev. de Méd.*, 1910, p. 115.

(⁴) NOLF et HERRY, *De l'hémophilie, pathogénie et traitement* (*Rev. de Méd.*, décembre 1909, janvier et février 1910).

de Witte chez deux malades atteints l'un d'hémophilie familiale [1], l'autre de purpura hémorragique grave [2].

Dans toutes ces observations, on voit consécutivement aux injections de peptones, la cessation plus ou moins complète et rapide des hémorragies. Les modifications de la coagulation sanguine, quand elles sont notées, sont moins évidentes. Même constatation avait déjà été faite parfois avec le sérum.

J'ai moi-même essayé chez ma petite malade, mais en période de calme absolu et en l'absence de tout accident autre que des taches purpuriques et quelques petites suffusions sanguines au niveau des gencives, une injection sous-cutanée de 8 cm³ de solution de peptone de Witte. Alors que deux jours avant l'injection, le caillot du sang veineux et celui du sang capillaire étaient absolument irrétractiles, trois jours après cette injection, le sang capillaire laissait exsuder une gouttelette de sérum. Je ne pus renouveler le traitement, la réaction ayant été extrêmement vive.

La méthode appelle de nouvelles recherches. Les résultats sont trop peu nombreux encore. La technique des injections, les réactions qu'elles peuvent produire sont des questions incomplètement élucidées. C'est après d'autres essais seulement qu'on pourra poser des conclusions fermes.

Pour Nolf et Herry la peptone de Witte est supérieure au sérum :

1º Son action est plus énergique;

2º Elle est d'obtention très facile. On la dissout à la concentration de 5 pour 100 dans une solution à 0,5 pour 100 de chlorure de sodium;

3º Elle est facile à stériliser. Un chauffage de quinze minutes à 120º ne change en rien ses propriétés;

4º Elle est très bien supportée. Les doses de 10 cm³ et 20 cm³ de cette solution sont parfaitement tolérées.

La première proposition mérite confirmation. Les observations sont, je l'ai dit, trop peu nombreuses pour pouvoir l'adopter sans réserves. Les deux propositions suivantes sont certainement exactes et l'obtention facile, la stérilisation certaine de la solution me paraissent des avantages appréciables.

La dernière doit être discutée. Nobécourt et Tixier [3] ont observé des réactions générales et locales. Ils pensent pouvoir les éviter dans une certaine mesure, en injectant des doses inférieures (3 ou 4 cm³) à celles indiquées par Nolf et Herry (10 à 20 cm³). Ces doses de 3 cm³ à 5 cm³ seraient du reste suivant Nobécourt et Tixier aussi efficaces.

---

[1] *Soc. méd. des Hôp.*, 21 octobre 1910.

[2] *Société de pédiatrie de Paris*, 15 novembre 1910. — *Voir* aussi le travail de ces deux auteurs, *Gaz. des Hôp.*, 17 janvier 1911.

[3] *Réactions consécutives aux injections de peptone de Witte in Gaz. des Hôp.*, 17 janvier 1911, p. 78.

J'ai injecté à deux enfants de 6 et 8 ans et à un adulte 5 cm³ aux deux premiers 10 cm³ au troisième de la solution à 5 pour 100 de peptone de Witte sans observer de réaction notable. Les injections provoquèrent seulement un peu d'endolorissement de la région. La température resta tout à fait normale. Il n'en fut pas de même chez ma jeune purpurique. Chez elle, l'injection de 8 cm³ de la même solution, injection faite exactement avec la même technique détermina localement des douleurs atroces avec œdème diffus de tout le membre et produisit une ascension thermique atteignant 38°5 et même 39° pendant plusieurs jours. Ces phénomènes locaux et généraux débutèrent quelques heures après l'injection. Les instruments et la solution avaient été soigneusement stérilisés. La production rapide de l'œdème, son aspect, sa grande extension, sa durée relativement courte n'autorisent pas l'hypothèse d'accidents inflammatoires. Les réactions que je viens de signaler furent tellement violentes que, soignant l'enfant dans sa famille, je dus suspendre complètement le traitement sans espoir de pouvoir le continuer ou le reprendre ultérieurement. Je fus d'autant plus surpris de ces phénomènes que, chez les autres sujets, les réactions avaient été à peu près celles indiquées par Nolf et Herry, c'est-à-dire presque nulles.

J'ai conclu de cela, qu'on pouvait parfaitement observer pour l'introduction sous-cutanée d'albumines étrangères, des susceptibilités individuelles. Peut-être ces susceptibilités sont elles plus fréquentes même, chez les malades atteints d'affections hémorragipares (1). Peut-être aussi ma petite malade avait-elle été sensibilisée par des injections antérieures d'autres albumines étrangères (sérum de lapin).

Nobécourt et Tixier ont préconisé également les *injections rectales* de solutions de propeptones. Ce procédé, qui n'expose à aucun accident, ne serait peut-être pas dénué d'efficacité. Chez ma petite malade, le traitement continué de cette façon a paru avoir une action favorable.

Nolf et Herry, Nobécourt et Tixier ne croient pas qu'on puisse observer des phénomènes d'anaphylaxie avec ces injections de peptones, ce qui, font justement remarquer Nolf et Herry, est un grand avantage quand il s'agit d'hémophilie familiale. Il ne saurait être question de véritable anaphylaxie, dans mon cas, puisque la réaction fut vive à la première injection de peptone et que les albumines étrangères injectées précédemment étaient d'autre nature. Je dois pourtant signaler l'existence d'une pepto-anaphylaxie expérimentale : on peut engendrer chez le chien et le lapin une hypersensibilité des animaux préparés par injections sous-cutanées de peptones, substance déjà toxique pour les chiens non préparés (2).

---

(1) Nobécourt et Tixier ont observé également l'absence de réaction chez des sujets normaux avec les mêmes solutions qui provoquaient ces réactions chez leurs purpuriques.

(2) ARTHUS. *Arch. intern. de Physiol.*, 1910.

Comment comprendre l'action de ces divers modes de traitement ?

Quelques mots de la coagulation du sang, et bien que le cadre de ce rapport m'oblige à être très bref, me paraissent nécessaires ([1]).

Deux influences de sens contraire interviennent pour maintenir le sang dans un état normal de coagulabilité. Normalement le sang possède tout ce qui est nécessaire à la formation de la fibrine et pourtant la fibrine ne se produit pas aussi longtemps que le sang n'est pas extravasé. Ce phénomène est dû à la présence d'une substance anticoagulante, sécrétée par le foie : l'antithrombine ou antitrhombosine, substance soupçonnée par Delezenne, Nolf et les classiques, isolée récemment par Doyon et ses élèves ([2]) et reconnue par eux pour une nucléo-protéide, c'est-à-dire une substance phosphorée. La peptone (phénomène de Schmidt-Müllheim), l'atropine, la bile et d'autres substances (Doyon) en injections intraveineuses rendent le sang incoagulable, justement en provoquant la sécrétion de l'antithrombine.

Dans l'organisme, il existe entre l'antithrombine d'une part et toutes les cellules chargées de substances thromboplastiques d'autre part, un antagonisme perpétuel, les secondes poussant à la coagulation, les premières s'y opposant.

Le phénomène de la coagulation apparait lui-même comme très complexe :

La théorie classique ancienne était celle-ci : les cellules blanches du sang (Buchanan, A. Schmidt) et aussi les cellules des tissus d'après Pekelharing, contiennent la prothrombine; le plasma contient le fibrinogène. Après extravasation du sang, les cellules blanches de celui-ci meurent en grand nombre et déversent de grandes quantités de prothrombine dans le plasma. Au contact des sels de chaux dont la présence est nécessaire (Arthus, Hammarsten), la prothrombine devient thrombine et transforme le fibrinogène du plasma en fibrine insoluble.

D'après une théorie plus récente et soutenue par A. Schmidt, par Morawitz, etc., les choses sont déjà un peu plus complexes : Le plasma du sang circulant contient le fibrinogène et le thrombogène. Il est incoagulable par ses seules ressources. Après extravasation, les leucocytes abandonnent leur thrombokinase (qui est supposée exister dans toutes les cellules de l'organisme et même dans tout protoplasma vivant). En présence des sels de calcium du plasma, la thrombokinase change le thrombogène en thrombine et la coagulation s'en suit.

Avec Nolf, le phénomène se complique encore : trois facteurs inter-

---

([1]) On trouvera dans la thèse de Boyé (Paris 1909) un bon résumé des différentes théories de la coagulation du sang. — *Voir* aussi les articles de Nolf dont un résumé dans la *Revue générale des Sciences pures et appliquées*, 15 juillet 1909, — NOLF, *Archives internationales de Physiologie*, 1910. — NOLF et HERRY. *Rev. de Médecine*, 1909-1910.

([2]) DOYON, MOREL et POLICARD, *Soc. méd. des Hôp. de Lyon*, 7 février 1911.

viennent pour produire la coagulation : le fibrinogène, le thrombogène et la thrombozyme. La fibrine naît par l'union de ces trois colloïdes. Cette union ne peut se produire dans les conditions habituelles de température, que dans les milieux pourvus d'une certaine quantité d'ion calcium. Le fibrinogène et le thrombogène sont d'origine hépatique (fait déjà prouvé en ce qui concerne le fibrinogène par Doyon). La thrombozyme est un colloïde d'origine leucocytaire. En réalité, chez les animaux supérieurs, il se produit pendant la coagulation plusieurs complexes : 1° des complexes mieux pourvus de fibrinogène (thrombozyme + thrombogène + beaucoup de fibrinogène) qui aboutissent à la formation de fibrine insoluble ; 2° des complexes moins bien pourvus de fibrinogène (thrombozyme + thrombogène + un peu de fibrinogène) qui restent en solution ; c'est la fibrine soluble, ce qu'on désignait autrefois sous le nom de thrombine. Fibrine insoluble et fibrine soluble (thrombine) se forment en même temps. La thrombine n'est qu'un produit accessoire de la coagulation.

. Je ne veux pas entrer dans de plus amples détails et j'ai donné ceux qui précèdent seulement pour montrer, combien il peut être délicat d'interpréter la pathogénie de certains états hemorragipares et de l'hémophilie en particulier ; combien il peut être difficile de comprendre le mode d'action d'un traitement.

L'efficacité du traitement opothérapique local me paraît pourtant s'expliquer avec facilité par l'existence dans les organes de substances appelées coagulines par Lœb et dont j'ai déja parlé.

Le traitement sérique agirait, pour Weill, en apportant au sang de l'hémophile, les ferments qui lui manquent [1]. Cette façon de voir se heurte à des objections que n'ont pas manqué de faire Nolf et Herry [2]. La thrombine est détruite dans le sérum après deux ou trois jours de conservation. Elle est détruite également par le chauffage à 56°. Or des sérums datant de quelques semaines, des sérums chauffés comme le sont les sérums antitoxiques livrés à la consommation, se sont montrés actifs. D'autre part, ils n'ont pas empêché (et tout en ayant au point de vue général des effets favorables), la production d'ecchymoses et de suintement sanguin au point d'injection, point où ils auraient dû avoir leur maximum d'action si l'interprétation de Weill était exacte.

Pour Nolf et Herry les sérums et les peptones agiraient de façon indirecte et sensiblement analogue. Mélangées au sang, propeptones et autres albumines étrangères (sérums par exemple) agissent sur les leucocytes et leur font sécréter de la thrombozyme et des agents thromboplastiques. Il en résulte une augmentation de la coagulabilité du sang. Le foie est sensible à cette augmentation de la coagulabilité ; il y répond

---

[1] P.-E. WEILL, *Presse méd.*, 1905. — Thèse d'Eliçagaray. — *Revue d'obstétrique et de pédiatrie*, mars 1907. — *Soc. méd. des Hôp. de Paris*, 18 janvier 1907.
[2] *Loc. cit.*

par la sécrétion de l'antithrombine. La réaction hépatique est donc le contre-coup de la réaction leucocytaire dont elle tend à annihiler les effets. Mais la riposte peut être plus ou moins bien proportionnée à l'attaque. Quand celle-ci est brusque (injection intraveineuse rapide), la riposte est exagérée, la coagulabilité du sang est momentanément diminuée ou supprimée. Quand l'attaque est peu accusée (injection intraveineuse lente ou injection sous-cutanée), la riposte est faible, ce sont les effets de réaction leucocytaire qui prévalent, la coagulabilité est augmentée. Cette explication serait en accord avec les résultats de l'analyse du plasma hémophilique, analyse qui aurait montré à Nolf une insuffisance de thrombozyme dans ce plasma. Cette explication est en accord, d'autre part, avec ce fait que les injections intraveineuses abondantes et brusques de sérum étranger produisent comme les injections de peptones dans les mêmes conditions, l'incoagulabilité du sang. Elle est en accord enfin avec ce fait que les substances anticoagulantes sont moins abondantes que normalement dans le sang de l'hémophile (Morawitz et Lossen, Nolf) probablement, parce que « la réaction antithrombique mesure, toutes choses étant égales, l'intensité de la réaction leucocytaire et endothéliale ».

Nobécourt et Tixier appréciant la théorie de Nolf, la trouvent très séduisante, mais croient que l'action de la peptone est sans doute encore beaucoup plus complexe que ne le pensent Nolf et Herry. Nobécourt et Tixier avouent du reste ne pas avoir d'explication valable à proposer.

CONCLUSIONS.

I. Les causes amenant, en pathologie, des troubles de la coagulation du sang et des hémorragies sont multiples.

II. Parmi ces causes, la mieux connue peut-être est l'absence ou la diminution du fibrinogène dans les maladies du foie ou dans les affections comportant une altération de cet organe (travaux de Doyon et de ses élèves; travaux parallèles et confirmatifs de Nolf).

III. On est, malgré de nombreux travaux, encore insuffisamment renseigné sur les causes immédiates ou lointaines de certains états hémorragipares bien individualisés en clinique (hémophilie familiale ou accidentelle, purpuras hémorragiques aigus ou chroniques).

IV. La connaissance exacte de la pathogénie de ces affections n'aboutirait peut-être pas du reste à la découverte d'un traitement plus efficace. Exemple : dans les cas où l'on sait que l'insuffisance hépatique est seule en cause, l'opothérapie hépatique donne des résultats médiocres.

V. Quelques thérapeutiques récentes marquent un véritable progrès dans le traitement d'un certain nombre d'états hémorragipares : applications locales d'extraits d'organes (Horneffer, Nolf); injections sous-cutanées de sérum frais (P.-E. Weill) ou de propeptones (Nolf et Herry).

VI. Le mode d'action de ces diverses méthodes de traitement est discuté.

Les extraits d'organes agissent localement par l'apport de « coagulines ».

. Il est probable que les injections de sérum et de peptones agissent en provoquant une réaction favorable des éléments organiques chargés de présider aux phénomènes complexes et incomplètement connus de la coagulation du sang.

VII. Ces moyens ne constituant pas sans doute des médications *spécifiques* ou *pathogéniques* au sens le plus étroit de ces mots; on pourra espérer améliorer par eux sinon guérir des états hémorragipares de causes et de modalités différentes.

VIII. Mais leur efficacité n'est pas constante. Parfois, ils modifient de façon favorable les hémorragies, sans avoir d'action marquée sur les troubles de coagulation. Parfois, ils échouent complètement et c'est notamment chez les purpuriques que les échecs ont été le plus fréquemment observés.

M. P.-Émile WEIL.

LE TRAITEMENT DES HÉMORRAGIES NON DYSCRASIQUES
PAR LES INJECTIONS DE SÉRUMS SANGUINS.

616.005.083

2 *Août.*

Dans diverses publications, échelonnées de 1905 à 1911, nous avons préconisé l'usage des injections de sérums sanguins pour arrêter ou prévenir les hémorragies des hémophiles; de nombreux auteurs ont confirmé en tous pays l'efficacité de la méthode, et notre expérience très longue n'apporte aucune restriction à nos affirmations premières.

Dans les états hémorragipares (grands purpuras primitifs ou secondaires), les injections sériques se sont montrées actives la plupart du temps, et nous n'hésitons pas à recourir à cette thérapeutique de préférence à toute autre.

Mais nous demandions jadis de restreindre l'emploi de la méthode aux hémorragies dyscrasiques, et de ne pas la compromettre en l'utilisant pour l'arrêt d'hémorragies simples.

Nous voudrions aujourd'hui reprendre la question et examiner si les injections sériques peuvent être utiles contre les hémorragies ordinaires. Pour cela il nous faut, d'une part, rappeler comment agissent physio-

logiquement les injections de sérum et, d'autre part, étudier les mécanismes par lesquels se produisent les hémorragies.

A. *Mode d'action des injections de sérum.* — Le mode d'action des
injections sériques consiste à corriger complètement ou partiellement
la lésion sanguine que nos recherches ont montrée être le substratum
de l'hémophilie : le retard de la coagulation du sang. Dans les purpuras
où existent également des troubles de coagulation, les injections peuvent
faire disparaître le retard de la coagulation qui y est inconstante, et
modifier parfois les autres anomalies du caillot, en particulier son irrétractilité.

En somme, le sérum injecté agit en rendant le sang plus et mieux coa-
gulable, et se trouve donc indiqué dans les maladies dyscrasiques, où
les hémorragies relèvent surtout de l'état anormal du sang. Mais, comme
le sérum ne modifie et n'accélère pas la coagulation du sang normal,
la méthode n'est point indiquée apparemment dans les hémorragies
simples. En est-il véritablement ainsi?

L'étude du mécanisme physiologique des hémorragies va nous permettre de répondre à cette question.

B. *Mécanisme physiologique des hémorragies.* — Divers processus
agissant de façon isolée, ou plus souvent par leur association, peuvent
réaliser des hémorragies. Elles succèdent à une lésion vasculaire, soit
d'origine traumatique, un coup de couteau par exemple, soit d'ordre
pathologique : anévrisme, ulcérations tuberculeuse ou cancéreuse, etc.
Elles résultent également de troubles de circulation; une stase excessive dans la circulation de retour ou une congestion intense déterminant
une vaso-dilatation extrême peuvent provoquer la sortie des globules
sanguins hors du torrent circulatoire : c'est à la fluxion utérine que
ressortit l'hémorragie physiologique des règles. Enfin, les troubles de
coagulation du sang sont la raison d'être, comme nous l'avons déjà dit,
des hémorragies dyscrasiques.

Mais, en réalité, ces divers facteurs d'hémorragies n'agissent qu'exceptionnellement de façon isolée, même quand les hémorragies paraissent
relever uniquement de l'un d'eux. Il nous sera facile de mettre le fait
en évidence. Prenons le cas des tuberculeux cavitaires : on sait que la
lésion responsable de l'hémorragie n'est autre que l'anévrisme de Rass-
mussen, mais l'hémorragie pourra être beaucoup plus intense, s'il existe
des phénomènes fluxionnaires surajoutés (coup de froid, suppression
des règles), et elle se prolongera beaucoup plus longuement, si le malade
présente des anomalies de coagulation du sang; or celles-ci sont très
fréquentes chez beaucoup de tuberculeux à une période avancée de la
phtisie à cause des lésions hépatiques concomitantes. Les hémorragies
digestives des cirrhoses hépatiques, hématémèses-melœna, proviennent à
la fois de lésions vasculaires (varices des petites veines) et de troubles de
circulation, mais ces hémorragies reçoivent un coefficient considérable

d'exagération de ce fait que sur le terrain hépatique les lésions sanguines et les troubles de coagulation sont fréquentes.

Nous avons montré jadis, avec M. Claude, qu'il en était de même pour les hémorragies des néphrites qu'on attribuait alors uniquement à l'hypertension sanguine. Dans une série de cas de grandes épistaxis, d'hématurie, etc., chez des néphritiques à gros foie, nous avons trouvé des anomalies de coagulation du sang et en particulier le retard de formation du caillot.

On voit combien sont fréquentes les anomalies sanguines et l'on pourrait presque dire qu'elles sont la règle, quand on a affaire à des hémorragies intenses et prolongées.

C'est la raison même pour laquelle on est en droit d'une façon générale d'employer la médication coagulante dans le traitement des hémorragies, et c'est pourquoi les auteurs qui ont usé sans ménagement des injections de sérum, comme des injections de gélatine ou de l'ingestion de chlorure de calcium en ont obtenu souvent d'excellents résultats; mais cette technique peut se montrer inefficace, et comme d'autre part, elle n'est pas inoffensive, nous nous étions opposés à ce que l'on généralisât son emploi.

Nous demandions qu'avant d'y avoir recours, on s'assurât de l'existence d'anomalies sanguines, et pour cela nous réclamions un examen de la coagulation du sang. Mais cet examen, pour être probant, doit être fait en recueillant dans de bonnes conditions, non pas quelques gouttes de sang pris au doigt, mais quelques centimètres cubes recueillis à la veine, et nécessite une expérience qui n'est guère à la portée du praticien.

Nous pouvons aujourd'hui donner une technique extrêmement simple permettant de savoir si oui ou non on doit recourir à la méthode pour arrêter une hémorragie. C'est l'*étude du temps de saignement*. Nous avons emprunté cette technique à Duke, qui a poursuivi des recherches d'ordre théorique sur ce sujet à un point de vue tout différent du nôtre.

Duke pratique une légère incision cutanée au niveau du lobule de l'oreille, et fait cette incision telle que la goutte qui s'écoule au bout d'une demi-minute fait sur le papier buvard, où on la recueille, une tache de 1 à 2 cm de diamètre. Les gouttes sont alors essuyées de demi-minute en demi-minute; elles se montrent de moins en moins grosses, jusqu'à l'arrêt du sang. Le temps de saignement est peu influencé par la grandeur de l'incision et varie chez les individus normaux ou malades de 2 à 3 minutes.

Le temps d'écoulement du sang est augmenté dans les anémies pernicieuses (5 à 10 minutes) et peut se prolonger (10 à 90 minutes) dans les maladies hémorragiques. Mais, pour Duke, il n'y aurait pas de rapport entre le temps de saignement et la durée de la coagulation du sang. La prolongation du saignement serait due à l'absence des hématoblastes et à la diminution du fibrinogène du sang. Dans certains purpuras, et dans des cas d'hémophilie où s'observait un grand retard de la coagulation, il n'y avait pas de prolongation du temps de saignement (Duke).

Nos recherches, trop brèves encore, ne nous mettent pas d'accord avec Duke. Dans tous les cas où nous avons trouvé le retard de la coagulation du sang, le temps de saignement était augmenté (purpuras, hémophilie). Par contre, dans certains cas où il n'y avait que peu de retard, dans certains purpuras avec irrétractilité du caillot, dans divers cas de grandes hémorragies isolées, le temps de saignement fut prolongé (10 à 20 minutes).

Quel que soit d'ailleurs le mécanisme qui nécessite cette prolongation de l'hémorragie et sur lequel nous ne sommes pas encore fixés, nous pouvons dire que l'épreuve de Duke est très intéressante, non seulement théoriquement, mais pratiquement par l'application que nous en avons faite; dans tous les cas, en effet, où nous avons trouvé un retard du temps de saignement et qu'il y eût ou non retard concomitant de la coagulation sanguine, il y avait des anomalies du caillot, et dans tous les cas où nous eûmes recours aux injections de sérum, nous retirâmes le plus grand bénéfice de la méthode.

D'une part, cliniquement les injections de sérum déterminent l'arrêt des hémorragies; d'autre part, elles diminuent le temps de saignement expérimental.

Nous pouvons en donner plusieurs exemples : un homme de 40 ans, alcoolique à gros foie, atteint de néphrite interstitielle, présentait une forte épistaxis à répétition. Le sang veineux coagulait dans un temps normal, mais le caillot peu rétractile s'émiettait légèrement. L'injection de 20 cm³ de sérum antidiphtérique fit cesser l'hémorragie et le temps de saignement passa en 24 heures de 9 à 2 minutes.

Chez deux malades alcooliques, atteints de tuberculose pulmonaire, l'un au stade cavitaire, l'autre à la deuxième période, et dont le sang n'offrait pas de retard notable de coagulation, les injections sériques arrêtèrent de grandes hémoptysies, cependant que le temps de saignement expérimental retombait de 20 et de 9 minutes à la normale.

Dans ces conditions, nous pensons qu'avant d'inoculer un malade présentant une hémorragie, il faut étudier son temps de saignement. Si ce temps est augmenté et dépasse 5 minutes, on est en droit de recourir à la méthode coagulante et l'on en retirera un bénéfice certain. Si le temps de saignement demeure normal, ce qui arrive le plus souvent, on s'abstiendra, car il n'y a pas, en ce cas, de troubles de coagulation et la production de l'hémorragie relève d'autres mécanismes.

On pourra d'ailleurs, suivant les cas et le siége de l'hémorragie, suivant les mécanismes de sa production, adjoindre aux injections sériques d'autres procédés thérapeutiques.

La technique que nous conseillons est d'autant plus utile que, très simple, elle est à la portée de tous et qu'elle décèle mieux que l'examen du sang la tendance de certains malades aux hémorragies, puisque cette tendance se manifeste non seulement chez ceux dont le sang présente le grand retard de coagulation, mais encore chez ceux qui n'ont que des anomalies du caillot.

Discussion : M. P.-Émile WEIL. — La méthode des injections de sérum, que j'ai préconisée il y a six ans, n'est point le résultat de l'empirisme. C'est en faisant l'étude biologique du sang des hémophiles que j'ai découvert sa lésion : le retard excessif de la coagulation, j'ai vu ensuite que la lésion de ce sang, de ce plasma incoagulable, disparaissait *in vitro* par l'adjonction de sérum sanguin, et, ayant tenté d'obtenir cette correction *in vitro*, je l'obtins par des injections de sérums sanguins humain ou animal. La lésion du sang disparue, je crus avoir trouvé une thérapeutique de la dyscrasie hémophilique : en effet, la clinique me prouva bientôt l'effet préventif et curatif de la méthode. Je n'insiste pas sur les résultats, plus de cinquante publications en tous pays les ayant confirmés. Je ne rappellerai pas davantage l'action coagulante locale de la poudre de sérum desséchée, ou de sérum liquide, qui peut suffire à elle seule à arrêter une hémorragie.

Mais la méthode ne donne pas de constants résultats : elle n'agit de façon certaine que dans l'hémophilie et sur les sangs à coagulation retardée. Or, à côté de l'hémophilie familiale et des états hémophiliques, il y a des états purpuriques, où le sang présente d'autres lésions sanguines et où il n'y a pas de retard de coagulation. C'est dans ces cas que le sérum agit de façon irrégulière, sans que nous sachions pourquoi, et comme ces états sont parfois chroniques, on les appelle souvent à tort hémophiliques, ce que l'on ne saurait admettre. Loin de refuser d'ailleurs qu'on injecte ces malades, je pense qu'on peut avant toute autre thérapeutique essayer de leur donner le bénéfice des injections sériques; je crois même qu'elle peut se montrer efficace dans de grandes hémorragies non dyscrasiques, comme j'en apporte la preuve au Congrès.

C'est volontairement que je ne tente pas l'explication de l'action physiologique des injections de sérum, pensant que si la coagulation normale est, malgré les nombreux travaux des auteurs, incomplètement connue, les coagulations pathologiques nécessitent encore de nombreuses recherches, avant qu'on puisse s'arrêter à une théorie définitive.

Le dernier point sur lequel j'insiste est le suivant : depuis six ans, j'injecte de nombreux hémophiles tous les trois, tous les deux mois, et chez aucun je n'ai jamais eu d'accidents anaphylactiques sérieux. La méthode est donc inoffensive et le fait est assez étonnant de l'immunité relative des hémophiles contre là maladie du sérum.

Par contre, j'ai observé dans un cas de tels accidents après une seconde injection de peptone, que je laisse à d'autres le soin de se faire une opinion sur cette méthode thérapeutique, d'autant que chez un deuxième malade (purpuras chroniques), une série de six injections n'amena aucune amélioration. Il convient d'ailleurs de dire que chez ce même malade, les injections de sérum ne furent pas suivies de succès.

M. Marcel LABBÉ.

A PROPOS DES MÉDICATIONS ANTIHÉMORRAGIQUES.

616.005.08

2 *Août.*

Je félicite M. Petitjean d'avoir osé exclure de la liste des médications antihémorragiques certaines substances, comme le chlorure de calcium et le sérum gélatineux qui, quoi qu'on en ait dit, n'ont aucune action sur la coagulation du sang et continuent cependant à être citées dans tous les livres et employées par tous les médecins.

La vogue du chlorure de calcium est incompréhensible, car l'idée de son emploi contre les hémorragies est toute théorique, et les résultats obtenus par Wright qui l'a, le premier, préconisé n'étaient guère convaincants. Pris à l'intérieur, je ne l'ai jamais vu accélérer la coagulation du sang. J'ai même un certain doute à l'égard de l'effet de ses applications locales sur une plaie, car, *in vitro*, il retarde plus souvent qu'il n'accélère la coagulation du sang.

Les injections de sérums gélatineux me paraissent aussi n'avoir aucune action coagulante; avec Froin, je n'ai jamais vu, après son emploi, que la coagulation du sang fût accélérée.

Les injections de sérum frais ont au contraire une véritable efficacité, principalement contre les hémorragies des hémophiles. Leur effet sur les hémorragies du purpura m'a semblé nul; j'ai montré qu'elles corrigent le vice sanguin hémophilique, mais non le vice purpurique et je suis heureux de voir aujourd'hui M. P.-E. Weil, M. Petitjean, et MM. Nobécourt et Tixier se ranger à mon avis.

En dehors de l'hémophilie, dans les hémorragies avec défaut de coagulabilité sanguine, les injections de sérum donnent parfois de bons résultats; il en est ainsi dans certaines hémoptysies tuberculeuses; chez un de mes malades, à la suite de l'injection de sérum, le sang expectoré se coagulait rapidement dans le crachoir.

Malheureusement, il y a aussi des cas où le sérum est sans action, même chez des hémophiles, et où il n'accélère pas la coagulation. Ces faits ne doivent plus nous dérouter; nous connaissons encore très mal le mécanisme physiologique des effets du sérum, de même aussi que la pathogénie de l'hémophilie. Depuis quelques années, les anciennes théories, qui faisaient intervenir en premier lieu un trouble vasculaire, ont été abandonnées au profit du trouble de la coagulation sanguine; il y a, je crois, un excès dans cette manière de voir. Il y a des états hémophiliques caractérisés par la répétition et la prolongation des hémorragies dans lesquels le sang coagule normalement, mais les vaisseaux ne se contractent point comme ils devraient; ces états hémophiliques, dont j'ai rapporté deux exemples et qui ont été observés par d'autres auteurs, ne relèvent pas de la thérapeutique par le sérum, mais par les vaso-constricteurs, comme l'ergotine et, mieux encore, l'adrénaline. Il est possible que dans le purpura, il y ait quelque chose de semblable; j'ai, en effet, obtenu de bons résultats par les injections sous-cutanées d'adré-naline employées contre les hémorragies purpuriques graves. En tous cas, je crois que dans le traitement des hémorragies nous ne devons pas avoir en vue seulement la coagulation du sang, mais aussi la contractilité vasculaire.

M. L.-A. LONGIN,

Médecin des Hôpitaux.
Chargé du Cours de Dermatologie à l'École de Médecine (Dijon),

---

TRAITEMENT AMBULATOIRE DES ULCÈRES DE JAMBE
PAR UNE BOTTE A LA COLLE A L'OXYDE DE ZINC.

617.414.0034

31 *Juillet.*

D'une manière générale, les différents traitements proposés pour les ulcères variqueux réclament comme condition première le repos au lit.

« Le principe du repos au lit, écrit le Dr Bodin (de Rennes), dans une revue générale consacrée à la question, doit être placé en première ligne. Sous ce rapport, il convient d'être intransigeant si l'on veut obtenir de bons résultats. »

Pourtant, différents auteurs se sont préoccupés de trouver une méthode qui permit de guérir les malades sans les condamner à rester couchés. On comprend tout l'intérêt qu'il y a pour la classe ouvrière qui paie le plus lourd tribut à cette infirmité à ce que le traitement puisse se faire sans interruption de travail; d'autre part, il est à souhaiter que les lits d'hôpital ne soient pas encombrés par des chroniques de ce genre, alors qu'ils seraient plus utilement affectés au traitement d'autres affections ayant réellement besoin d'être hospitalisées.

Aussi Underwood avait déjà proposé, en 1787, de faire marcher ces malades. Depuis, différents traitements ont été imaginés pour assurer la compression et lutter contre la stase, comme le ferait le repos au lit : enveloppement au diachylon de Baynton, dont les bons résultats ne sont pas douteux; appareil plâtré de Velpeau fenêtré au niveau de l'ulcère pour permettre de renouveler les pansements; appareil silicaté, pré-conisé entre autres par Desplats et Reclus, et qui fait l'objet de la thèse de Regnault. Unna a mis en usage un traitement assez complexe, qui utilise comme appareil de contention, mais non pas de pansement, une colle à l'oxyde de zinc analogue à celle dont nous nous servons. Il paraît bien d'ailleurs que ces différents auteurs n'ont vu dans la marche qu'une sorte de pis-aller et, dans les traitements qu'ils ont imaginés, qu'un moyen de soigner quand même les malades qu'on ne pouvait mettre au repos.

C'est en réalité à M. le Dr Leroy, chirurgien des hôpitaux du Havre, qu'appartient l'idée première de faire de la marche un élément même du traitement et que revient le mérite d'avoir imaginé un pansement ambulatoire dont la thèse de son élève Maury relate les heureux effets. Celui que nous employons n'est qu'une modification de la *botte élastique de Leroy;* la colle à l'oxyde de zinc dont nous nous servons a une formule un peu différente, nous ne faisons pas usage de formol, mais le principe de la méthode est le même. A la suite de l'article que nous avons donné sur ce sujet dans la *Bourgogne médicale* (juin 1908), le Dr Siégel a appliqué le même traitement à la consultation de l'hôpital Tenon; les résultats obtenus par lui ont été consignés dans la thèse de *Vartanian* (Paris 1910). Ils concordent parfaitement avec ceux de Leroy et avec ceux que j'avais fait connaître et que je n'ai cessé d'obtenir depuis.

Voici la méthode à suivre pour appliquer ce pansement :

1° On commence par faire une asepsie au moins relative de la plaie, en faisant pendant un jour ou deux un pansement humide et en touchant l'ulcère à la teinture d'iode.

2° Ensuite, on fait un enveloppement au moyen de bandes de tarlatane immergées dans la colle suivante liquéfiée au bain-marie :

	gr
Eau distillée...	100
Glycérine..	100
Gélatine..	50
Oxyde de zinc.......................................	25

Le Dr Leroy et le Dr Siégel emploient chacun des colles contenant les mêmes éléments constitutifs, mais dans des rapports différents, ce qui prouve que toutes ces proportions n'ont rien d'invariable. Je crois pourtant plus avantageux d'employer une plus grande quantité de gélatine que ne l'indiquent ces auteurs pour éviter que la colle n'ait une consistance trop fluide. D'une manière générale, je donne la préférence aux bandes sans apprêt, mais ce qui importe surtout, c'est que la bande, apprêtée ou non, se laisse imbiber complètement par la colle. Il sera utile à cet effet de malaxer pendant quelques instants la bande dans la colle.

Il faut employer le nombre de bandes voulues pour faire une botte suffisamment épaisse, remontant de la racine des orteils jusqu'à mi-jambe ou jusqu'au-dessous du genou, suivant le cas.

Il y a un moment à saisir pour retirer la bande de la colle : il faut que cette préparation commence à s'épaissir un peu, de manière qu'elle reste dans les mailles de la tarlatane : autrement on est obligé d'étendre avec la main une couche de colle tous les quatre ou cinq tours de bande. Dans le même but, c'est-à-dire pour que la bande retienne bien la colle, il faut éviter de la serrer trop fortement en commençant, autrement on l'exprimerait complètement.

3° Cet enveloppement est fait le malade étant assis ou couché. Vartanian recommande de le faire le malade étant debout, pour éviter une trop grand compression; tout cela n'a pas grande importance, pourvu qu'on sache faire un pansement qui serre le membre, sans gêner la circulation. Mais il est de bien plus grande importance que le malade, une fois le pansement terminé, pose le pied sur le sol recouvert d'une serviette ou d'une feuille de papier et appuie fortement, de manière que la colle en séchant garde la forme qu'a le pied dans la marche et la station debout.

On reconnaîtra que le pansement est bien fait si la botte ainsi obtenue a une consistance à la fois ferme, souple et élastique, et si elle présente une apparence blanche uniforme, sans laisser voir la trame de la tarlatane, ce qui indiquerait que la bande a trop peu retenu de la préparation.

Ensuite le malade va à ses occupations. Si la colle n'est pas trop souillée par la sérosité, on peut laisser le pansement en place pendant une semaine; c'est l'aspect extérieur qui doit guider à cet égard; mais de toute manière on peut attendre au moins trois jours. Pour changer la botte, on n'a qu'à la couper aux ciseaux; elle s'enlève sans adhérer à la peau ni à l'ulcération.

Il me paraît indispensable que le malade marche; il ne s'ensuit pas d'ailleurs qu'il faille aller jusqu'à la fatigue; mais, dans la pratique, ceux que j'ai traités de cette manière n'ont en rien changé leur manière de vivre.

Les résultats de cette méthode sont vraiment surprenants. J'ai soigné toute une série de malades pour lesquels on avait mis en jeu depuis deux ou trois ans toutes les ressources de la thérapeutique usuelle, et chez lesquels la guérison a été obtenue en quelques semaines. On voit parfois des plaies invétérées se fermer complètement en une quinzaine de jours.

Ce qui est remarquable, c'est la nature du tissu de cicatrice obtenu; il est solide, souple, résistant infiniment mieux à l'usage que celui que donne le repos au lit. Dans ce dernier cas on obtient trop souvent, en effet, une épidermisation superficielle et fragile qui se déchire dès que le malade est rendu à la vie courante.

Il va sans dire que le traitement à la colle, pas plus que tout autre d'ailleurs, ne peut mettre à l'abri des récidives, si l'on ne prend aucune précaution pour les éviter. D'ailleurs il s'agit le plus souvent d'une nouvelle production d'ulcère sur une jambe variqueuse et non d'une récidive *in situ*, à tel point que l'on peut voir le tissu de cicatrice résister à l'envahissement de la nouvelle perte de substance qui s'est développée dans son voisinage. Au reste, la botte à la gélatine peut être appliquée avec avantage d'une manière préventive; chez certains sujets, je n'ai eu qu'à me louer d'en faire continuer l'emploi une fois la guérison obtenue, en la

changeant une fois par semaine; par conséquent elle trouve aussi son indication pour remplacer les bas à varices.

A chaque changement de colle, il sera bon de toucher la plaie à la
teinture d'iode ou au nitrate d'argent, suivant qu'il y aura lieu de sti-
muler la vitalité des tissus ou de réprimer des bourgeons charnus.

Il arrive parfois que l'on voit l'ulcère se recouvrir d'une mince pellicule
grisâtre : dans ce cas, on se trouvera à merveille d'employer un topique,
usité par Brocq, constitué par un mélange de jus de citron et de camphre
finement pulvérisé.

On peut se demander de quelle manière agit ce pansement ambulatoire. Il faut, je crois, distinguer ce qui revient au pansement et ce
qui revient à la marche.

Le pansement lui-même agit comme moyen de contention, sous-
trayant la jambe à l'action de la stase veineuse et de l'œdème qui en est
la conséquence. C'est pourquoi le premier effet de la botte élastique est
de faire disparaître la douleur, celle-ci étant avant tout fonction de
l'œdème.

J'ai eu l'occasion de vérifier la part importante qui revient à la compression dans deux cas d'ulcères situés en arrière et en dehors de ma
malléole interne et dont je ne pouvais obtenir la cicatrisation. Je m'avisai
d'attribuer cet échec à la difficulté de maintenir le talon bien serré quand
on enroule la bande de la manière habituelle, parce qu'il se fait une sorte
de pont arrière du talon ; je fis alors passer la bande en sautoir derrière le
talon, de manière à obtenir une compression parfaite, et la guérison ne
se fit pas attendre.

D'autre part, la botte élastique agit en filtrant la sérosité et en évitant
la stagnation des produits de sécrétion au contact de la plaie sur laquelle
ils ont une action très irritante.

Enfin ce pansement n'emploie aucun antiseptique capable de diminuer
la vitalité de tissus qui en manquent déjà par eux-mêmes.

Quant à la marche, il me semble qu'elle ait une action trophique qui
assure une meilleure nutrition des parties malades en même temps
qu'elle réalise une sorte de massage permanent. Il y a quelque chose
d'analogue aux résultats que l'on obtient par le traitement ambulatoire
des fractures de jambe.

Telle est cette méthode encore peu connue et qui fournit un moyen
précieux pour traiter et pour guérir une des infirmités les plus tenaces
et les plus pénibles, sans nécessiter l'hospitalisation de ceux qui en
sont atteints. Pour ma part, j'en fais depuis six ans une application systématique; elle ne m'a pour ainsi dire jamais donné de mécomptes dans
tous les ulcères de jambe; c'est à dessein que j'emploie cette désignation générale, car ce n'est pas seulement dans l'ulcère variqueux que j'ai
eu à m'en louer, mais aussi dans toutes les plaies chroniques de cette
région, y compris les ulcérations syphilitiques atones.

M. Marcel RIFAUX,

Médecin-Directeur de la Clinique psychothérapique. Saint-Marcel (Saône-et-Loire).

DE LA PRATIQUE DE LA PSYCHOTHÉRAPIE
DANS LE TRAITEMENT DES ÉTATS NEURASTHÉNIQUES.

616.843

2 Août.

Les divergences les plus profondes séparent encore les neurologistes au sujet de la pathogénie des *États neurasthéniques* et, depuis le Congrès de Genève, il me semble bien que la question n'ait pas avancé d'un pas. Sous le nom d'*États neurasthéniques*, du reste, on englobe tant d'affections disparates qu'il serait puéril de se faire le tenant d'une pathogénie univoque. Mais ce que personne ne saurait contester, c'est la part considérable que peuvent revendiquer dans le genèse de ces états, les représentations mentales, l'auto-suggestion consciente ou inconsciente, le moral en un mot. Et si toute l'hérapeutique pour être efficace doit être pathogénique, sous peine d'être une thérapeutique de routine et de pure façade, on comprend l'entrée triomphale, quoique de date récente, de la psychothérapie dans la médecine contemporaine. Nous n'hésitons pas à dire que ceux qui médisent de la psychothérapie, et l'accusent volontiers de devenir encombrante, en ont une connaissance et une pratique insuffisantes.

Je voudrais ici, me basant sur une pratique personnelle déjà longue, préciser les meilleures conditions à mettre en œuvre pour faire de la bonne psychothérapie. Le temps n'est plus où, systématiquement, toutes les psychonévroses étaient traitées par l'isolement continu le plus sévère. Le professeur Dubois, de Berne, lui-même, partisan convaincu de cette méthode il y a quelque dix ans, se montre à présent plus conciliant et moins absolu dans la pratique.

D'autres, et en particulier M. Paul-Émile Chevey, se font les champions du traitement par la cure libre. Sans doute la psychothérapie peut s'exercer partout, puisqu'elle se confond avec l'éducation morale du sujet, mais cette méthode se heurte dans la pratique à des difficultés insurmontables et elle est en outre manifestement insuffisante dans les cas sévères.

Nous ne pouvons, dans cette courte communication, faire même en raccourci un Traité de psychothérapie. Les travaux du professeur Dubois de Berne, de Déjerine, de Pierre Janet, pour ne citer que les plus illustres, ont du reste contribué dans une large mesure à apporter les précisions nécessaires. Et si, malgré toute la littérature qui se réclame de la personnalité de M. Bernheim, nous ne citons pas ici son nom, c'est qu'à nos yeux il se fait de la psychothérapie une conception trop étriquée et trop artificielle tout à la fois. Nous ne voulons pas, du reste, que l'on identifie la psychothérapie, non seulement avec l'hypnotisme, mais encore avec la suggestion.

L'hypnotisme et la suggestion ne sont que des moyens inférieurs, capables tout au plus de supprimer momentanément un symptôme greffé sur un terrain propice à l'éclosion des psychonévroses, mais restant à tout jamais incapable de transformer le terrain lui-même. La seule psychothérapie digne de ce nom est celle qui, pour modifier une mentalité, un tempérament donné, s'adresse non pas à telle faculté artificielle, mais à l'homme tout entier. Le psychothérapeute doit donc mener de front l'éducation totale du malade qui lui est confié. Éducation morale, éducation intellectuelle, éducation sentimentale, éducation physique, il ne doit rien oublier; l'une du reste ne va pas sans l'autre, car la réalité psychologique ne se laisse disséquer en tranches que pour les commodités de la description. Traiter quelqu'un par la psychothérapie revient à lui enseigner l'art difficile de se gouverner soi-même, c'est-à-dire à lui apprendre à régner en souverain sur son intelligence, sur son cœur et sur son corps, puisque, dans des limites infiniment larges, les fonctions en apparence les plus obscures peuvent subir la mystérieuse influence de notre volonté. Mais s'il n'est pas de tâche plus délicate et plus difficile que celle d'entreprendre l'éducation d'un sujet normal, il est facile de se rendre compte du labeur qu'il faudra dépenser pour remettre dans le bon chemin les légions de neurasthéniques, d'hystériques, d'obsédés, de découragés, qui viennent en foule assiéger le cabinet des médecins de ville et de campagne.

Convaincus de la gravité de leur état, obsédés par mille phobies diverses, angoissés à propos de tout et de rien, l'esprit perpétuellement inquiet, le cœur infiniment malheureux, l'âme en détresse, repoussés des uns, incompris des autres, à charge à tous, ces malades demandent à coup sûr une thérapeutique spéciale. Sous peine d'aggraver leur état et de provoquer chez eux des réactions désastreuses, ils doivent être maniés avec infiniment de prudence, de tact et d'autorité. Il faudra donc avant tout les connaître jusque dans leur fond le plus intime, et, pour cela, il faut les écouter avec patience, indulgence et bonté. Un médecin pressé, chargé de clientèle, harcelé par les cas d'urgence, n'a pas le temps matériel d'entreprendre une pareille tâche, d'autant que les plaintes et les doléances de ces malades sont interminables. Au moindre signe d'impatience et de lassitude de votre part, le malade, doué en général d'une acuité d'observation vraiment remarquable, se repliera sur lui-même, vous tiendra en échec et vous fermera son âme. A moins d'exception, l'homme du reste ne se livre que lentement. Les neurasthéniques les plus loquaces et les plus abondants en apparence sont souvent les plus difficiles à connaître. « Pour juger un homme, dit Montaigne, il faut suivre longuement et curieusement sa trace. »

Ajoutez à cela que le malade se connaît imparfaitement lui-même, qu'il a besoin d'un aide et d'un directeur éclairé, pour projeter un peu de lumière dans le dédale obscur de sa conscience.

C'est là qu'apparaît, dans toute sa force, le bienfait de l'isolement momentané, qui, dans tous les cas, sous peine d'échec, ne doit pas être imposé, mais accepté par le malade. A la faveur de cet isolement, le médecin expérimenté deviendra rapidement maître de la situation. Loin de tout et de tous, le malade s'apaisera, sa conscience troublée se décantera, pour ainsi dire; voyant les choses de plus loin, il oubliera les petits détails de l'existence, détails souvent si pénibles et si douloureux pour les nerveux; à la faveur du calme et de la solitude, il retrouvera peu à peu son jugement. Puis, se sentant seul et privé de secours, il acceptera d'autant plus facilement l'aide du médecin, et ce dernier sentira alors son influence grandir de jour en jour. La confiance venue, gagnée pour ainsi dire, il commencera son œuvre. Connaissant maintenant la vie de son malade jusqu'en ses replis les plus intimes, tenant compte de sa culture intellectuelle et morale, il démontera en véritable expert, pièce par pièce, le mécanisme si compliqué de son état mental actuel. Étape par étape, il recommencera avec lui la route de son existence passée pour lui indiquer les faux pas, lui faire toucher du doigt les manœuvres désastreuses et le mettre en fin de compte en garde contre les fautes nouvelles. Si le malade est intelligent, et les nerveux le sont presque tous, il s'intéressera à cet inventaire moral et n'aura aucune peine à reconnaître ses propres fautes. Mais ce n'est encore là qu'une infime partie de la tâche. Il faut maintenant quelque chose de plus positif, puisqu'il ne faut, non seulement défendre, mais encore aimer son malade. C'est ici que le médecin devra faire appel à toutes les ressources de la psychologie et de la morale. Sans compter, il jettera à pleines mains dans l'âme de ses malades, les bonnes semences de résignation, d'élévation morale. Il fera appel à la dignité humaine, à la joie qu'éprouve tout être de se sentir capable d'un effort toujours plus grand. Il ne perdra aucune occasion de lui faire comprendre tout ce qu'il y a de stérile et de malsain dans cet égoïsme qui fait de lui-même le centre de l'univers, et il tentera de développer en lui tous les sentiments altruistes, familiaux et sociaux, qui sont en germe dans le cœur de tous les hommes.

Si son malade est animé de convictions religieuses, suivant en cela l'exemple de Dubois et de Déjérine, il l'invitera, loin de l'en détourner, à puiser dans la sincérité de sa foi, la force de supporter ses épreuves physiques et morales avec une douce sérénité. Cette première période d'isolement, de préparation psychologique et morale, me semble absolument nécessaire dans les cas un peu sévères, sauf exception rare, elle n'excédera jamais quinze jours.

Nous cessons ensuite l'isolement et invitons notre malade à partager la vie commune de la clinique. La période d'épreuve commence alors. Il nous semble absolument indispensable, qu'avant de rentrer chez lui, le neurasthénique fasse l'essai de ses forces et prenne l'habitude de vivre normalement. Cette vie commune est souvent pour lui une source de difficultés que nous l'obligeons à vaincre progressivement. Nous lui interdisons avant tout de s'occuper de lui-même, de parler de sa maladie. Nous lui faisons un devoir de donner le bon exemple et d'encourager les autres malades. Nous exigeons surtout qu'ils se supportent les uns les autres. Avec des malades, en effet, aussi impatients, irritables, susceptibles, émotionnables et découragés, que le sont la plupart des neurasthéniques il est impossible que des conflits journaliers ne surgissent pas. Non seulement nous, nous ne faisons rien pour éviter de tels conflits, mais nous les provoquons quelquefois nous-même, car nous estimons qu'il n'est pas d'exercice plus profitable pour l'éducation de la volonté de nos malades, que de les apprendre à se supporter et à s'aimer les uns les autres.

Nous leur faisons remarquer alors que c'est le moment de mettre en pratique les conseils que nous nous sommes efforcés de leur donner pendant la période d'isolement. Nous guidons ensuite leurs premiers pas et les relevons lorsqu'ils tombent : encouragements de tous les instants, entretiens individuels ou collectifs, conférences, lectures choisies, nous mettons tout en œuvre pour les aider.

Dans certains cas, pour éveiller leur attention et contrôler leur persévérance, nous leur dictons un règlement minutieux. Mais lorsque nous ordonnons l'exécution de tel acte ou l'abstention de tel autre, nous exigeons l'obéissance absolue. Il faut que le malade sache, sous peine de perdre confiance en lui-même et en son médecin, que ce dernier ne cédera jamais. Bien entendu nous n'exigeons pas une obéissance aveugle, mais raisonnée et nous permettons au malade toute objection. Une anorexique, par exemple, qui refuse de manger, une aboulique qui s'obstine à ne pas marcher, devra sous peine de renvoi de la clinique, manger ou marcher le jour fixé par le médecin, celui-ci pour l'obtenir devrait-il employer sa journée entière. Mais, 90 fois sur 100, jugeant toute résistance inutile, et convaincu que vous agissez pour son bien, le malade cédera dans un délai très court. Heureux du résultat obtenu, il constatera l'inanité de ses craintes et la valeur curative de l'effort et pour peu que vous l'encouragiez dans cette orientation nouvelle et que vous lui fassiez un devoir de coopérer par l'exemple de sa guérison à celle de ses compagnons d'infortune, la cure s'achèvera sans encombre.

Le temps ne me permet malheureusement pas de répondre à toutes les objections que l'on adresse journellement à cette méthode. Certains semblent redouter le contact de ces malades les uns avec les autres et lui reprochent de ne pas les soustraire à la contagion mentale.

Notre expérience personnelle ne justifie pas ces craintes. Vous avez vu, au contraire, que, loin de nous effrayer de difficultés que pouvait présenter cette méthode, nous considérons, au contraire, les difficultés comme indispensables à l'entraînement de nos malades.

Sans doute, pour mener à bien une telle œuvre, la tâche est considérable. Sans cesse sur la brèche, le médecin doit s'armer de patience et de souplesse; quelles que soient ses dispositions du moment et ses épreuves personnelles, il doit toujours donner au malade l'exemple de la confiance en lui-même, de l'endurance, de la force réfléchie et de la sérénité souriante. Mais, en revanche, quelle satisfaction intime pour le médecin, d'avoir contribué, par son œuvre toute personnelle, à faire de ses malades, non seulement des bien portants, mais encore des hommes dans toute l'acception du terme.

J'insiste sur l'utilité de la psychologie comparée. Reprendre minutieusement es expériences de vision, par exemple, chez les jeunes poussins qui voient presque immédiatement après leur naissance et sont capables de se diriger, de faire des différences de couleur, de volume, très rapidement. Il y a là une question d'éducation héréditaire des centres.

SCIENCES PHARMACOLOGIQUES.

M. LE Dr ED. BONNET.

(Paris).

LES THÉRIAQUES DE NICANDRE D'APRÈS LES FIGURES DU MANUSCRIT GREC DE LA BIBLIOTHÈQUE NATIONALE DE PARIS.

5 Août.

Nicandre de Colophon, médecin grec de la secte empirique, qui vivait, croit-on, au IIe siècle avant notre ère (vers 140 ou 138) [1], est l'auteur de deux poèmes : les *Thériaques* [2] et les *Alexipharmaques*, dont le premier surtout, eut autrefois une très grande vogue; ce poème traite, en 958 vers, des animaux venimeux ainsi que des remèdes simples ou composés propres à combattre les accidents déterminés par leurs blessures et indique, en outre, quelques procédés pour éloigner ces animaux et se préserver de leurs atteintes; il n'est guère de grande bibliothèque publique qui ne possède quelque manuscrit, plus ou moins ancien, des poèmes de Nicandre et on en connaît de nombreuses éditions dont la première a paru à Venise, en 1499, et l'une des plus récentes fait partie de la collection publiée par Didot au milieu du siècle dernier [3].

Ces poèmes ont été traduits en vers latins par Erycius Cordus et par Jean de Gorris, avec notes et variantes; en vers français par Jacques Grévin [4] et en vers italiens par Salvini [5]; mais, antérieurement à

---

[1] Pour la biographie de Nicandre, consulter les Dictionnaire d'ELOY, de MICHAUX, de BAYLE et THILLAYE, de DECHAMBRE et : *Dissertation sur Nicandre et analyse de ses deux poèmes* par C.-L. CADET (*Bull. de Pharmacie*, 2e année, 1810, p. 337).

[2] Il est peut-être utile de rappeler que l'œuvre de Nicandre n'a rien de commun avec le célèbre électuaire attribué à Andromaque et dont la formule, considérablement simplifiée, figurait encore dans le Codex de 1884; parmi les nombreuses Notices consacrées à l'histoire de la Thériaque, on pourra consulter celle que vient de publier le Dr DANIELS (*Janus*, nos de juin et juillet 1911).

[3] *Poetæ bucolici et didactici... Nicander, Oppianus... recognovit Lehrs*; Paris, Didot, 1846; 1 vol. — *Scholia et paraphrases in Nicandrum et Oppianum... edidit* U. C. BUSSEMAKER; Paris, Didot, 1849, 1 vol.

[4] Les OEuvres de Nicandre médecin et poète grec, traduites en vers français, ensemble deux livres des venins... par Jacques Grévin, de Clermont en Beauvoisis. médecin à Paris; Anvers, Christophle Plantin, 1568, in-4°.

[5] *Voir*, l'édition de Nicandre, publiée à Florence, par Baudini en 1764, 1 vol. in-8°.

ces traducteurs, Eutecnius, médecin et sophiste grec avait, dès le iiie siècle de notre ère, ajouté aux Thériaques et aux Alexiphramarques des paraphrases qui ont été reproduites dans quelques éditions (¹).

Dioscoride, Pline et Galien ont fait d'assez nombreux emprunts aux poèmes de Nicandre sur lesquels Haller a porté un jugement d'une sévérité peut-être excessive (²); on ne peut nier que Nicandre ait accepté sans contrôle et sans critique, toute une série de fables accréditées à son époque; toutefois, à côté d'erreurs manifestes, on trouve des particularités intéressantes et des documents utiles pour l'étude de l'histoire naturelle médicale et de la thérapeutique des anciens médecins grecs; on regrette seulement l'absence complète de descriptions, ce qui ne permet pas toujours, comme l'a fait observer Cadet-Gassicourt (³), de reconnaître d'une manière précise les animaux et les plantes mentionnés par Nicandre; on peut cependant combler, au moins en partie, cette lacune, par l'examen des figures peintes qui illustrent le texte de quelques rares manuscrits; l'un des meilleurs et des plus anciens fait partie des collections de la Bibliothèque nationale de Paris (supplément grec, n⁰ 247) et est exposé dans les vitrines de la Galerie Mazarine; il date du xe ou du xie siècle et donne le texte des Thériaques et des Alexipharmaques; c'est un petit volume de format in-4⁰, contenant 48 feuillets de parchemin (hauteur 148 mm, largeur 118 mm), d'une élégante écriture minuscule, illustré de 54 peintures ou groupes de figures, qui sont les copies ou les reproductions des illustrations d'un manuscrit beaucoup plus ancien, d'origine orientale, probablement égyptienne; seize de ces miniatures représentent des scènes à personnages, les autres, de dimensions plus restreintes, sont les figurations de plantes et d'animaux mentionnés dans le texte; les seize grandes peintures ont été reproduites et décrites par M. H. Omont dans ses *Fac-similés des miniatures des plus anciens manuscrits grecs de la Bibliothèque nationale du vi^e au xie siècle*(⁴), auxquels j'ai emprunté les éléments de la description que j'en donne ici; mais, antérieurement, dix avaient été déjà reproduites par Lenormant et Chanot (⁵) et étudiées au point de vue artistique et paléographique par Bordier (⁶); il s'en faut cependant que l'ensemble de ces miniatures représente tous les objets mentionnés dans le texte; plusieurs feuillets restés, soit totalement, soit en partie blancs, attendaient d'autres illustrations qui n'ont pas été exécutées.

Quant à la valeur de ces figures sous le rapport de la documentation

---

(¹) Παράφρασις Εὐτεκνίου σοφιστοῦ εἰς τὰ Νικάνδρου θηριακά καὶ ἀλεξιφαρμάκα; *Eutecnii sophistæ paraphrasis in Nicandri Therica et Alexipharmaca.*

(²) HALLER, *Bibliotheca botanica*, t. I, p 54.

(³) *Voir* la Note 1.

(⁴) Paris 1902, p. 34 à 40 et tab. LXV à LXVIII.

(⁵) *Gazette archéologique*, 1875, pl. 18 à 32 ; et 1876, pl. 11 et 24.

(⁶) *Description des peintures, des manuscrits grecs de la Bibliothèque nationale*, p. 175 à 178.

scientifique, elle n'est que très relative, l'artiste n'ayant fait que copier des modèles d'une médiocre exactitude et déjà déformés par une série de reproductions successives; un certain nombre sont accompagnées d'une légende qui permet de reconnaître à quels vers des poèmes elles se rapportent, mais beaucoup en sont dépourvues et, en raison de leur insuffisance, ne peuvent être déterminées, même approximativement; ce fait se présente surtout pour les Alexipharmaques dont les peintures semblent avoir été plus négligées que celles des Thériaques, aussi, dans la présente étude, me suis-je limité à ce dernier poème qui m'a paru, par cette raison, offrir un plus grand intérêt, et, pour en compléter la documentation iconographique, j'ai eu recours aux figures de deux manuscrits de la Matière médicale de Dioscoride : le *Codex Parisiensis* de la Bibliothèque nationale (¹) et le *Codex Cæsareus* de la Bibliothèque impériale de Vienne, dont il a été publié une reproduction photographique (²); ce dernier manuscrit contient, en outre du texte dè Dioscoride, les paraphrases de Eutecnius sur les Thériaques avec figures peintes, dont quelques-unes offrent une certaine analogie avec celles du manuscrit de Paris; enfin, j'ai consulté les annotations et les variantes ajoutées par Jean de Gorris (³) et par quelques autres commentateurs, au texte de Nicandre.

Pour mettre en fuite les serpents et se préserver de leurs morsures, Nicandre préconise (vers 35 et suivants) les fumigations de corne de cerf; la miniature qui illustre (fol. 3) ce passage du poème représente un personnage, vêtu d'une peau de bête à fourrure tachetée, qui fait brûler un bois de cerf dans un fourneau cylindrique; à côté du fourneau trois serpents, dont l'un replié sur lui-même paraît mort, tandis que les deux autres fuient; d'après la figure, il s'agit d'un cerf à bois rond et à plusieurs andouilliers, très vraisemblablement du Cerf d'Europe (*Cervus Elaphus L.*) et non pas du Daim, comme le croyait Jacques Grévin.

La racine de l'ἀλκίβιον ou ἔχιον macérée dans du vin blanc avec les jeunes tiges du πράσιον constituait un médicament, d'usage interne, recommandé contre la morsure de la vipère (vers 541 et suiv.), la miniature du fol. 16, verso, nous montre un herboriste ou rhizotome procédant à la cueillette du prasion, à côté de cette plante une figure de l'Echium et au-dessous un serpent, probablement une vipère d'espèce indéterminée; l'ἔχιον des médecins grecs paraît être notre vulgaire Vipérine (*Echium vulgare L.*), quant au πράσιον, il est représenté dans les manuscrits de Dioscoride soit par le *Marrubium vulgare L.*, soit par le *M. peregrinum L.*;

(¹) *Cf.* Ed. Bonnet (*Janus*, avril et Juin 1903).

(²) A. de Premerstein, C. Wessely et Mantuani, *De Codicis, Dioscuridei Anicæ Julianæ, nunc Vindobonensis historia, forma, scriptura, picturis*; Lugduni Batavorum 1906.

(³) J. Gorrhæi *in Theriaca et Alexipharmaca Nicandri adnotationes;* ces annotations sont habituellement jointes à la traduction, en vers latins, des deux poèmes de Nicandre.

il est probable, du reste, que les anciens thérapeutes ne distinguaient pas ces deux espèces.

La miniature du folio 5, dont je donne ici une reproduction ([1]), nous montre un paysan γεώργός ([2]) ou peut-être un servant d'apothicaire, triturant, dans un large mortier, des plantes pour en faire une composition pharmaceutique (vers 80 et suivants); de chaque côté de l'opérateur, deux grands vases en forme de bouteilles, et à sa gauche deux

plantes et une larme de gomme-résine jaunâtre devant entrer dans la préparation du médicament : μολόγη, ρόδον et σίλφιον; ces figures sont par elles-mêmes insuffisantes, mais nous savons par Dioscoride que le μαλάγη ἄγρια est le *Malva sylvestris* L et le ρόδον une Rose qui n'a pu être spécifiquement déterminée; à côté et en partie sur ce rosier, on voit une chenille, κάμπη, que par sa couleur et par sa forme on peut rapporter à un *Plusia* ou à un *Maurestra*; quant au *Silphium*, on ignore encore quel était exactement le végétal qui produisait cette substance

---

([1]) Cette miniature, ainsi que les deux précédentes, ont été reproduites par M. Omont, *loc. cit.* Tab. LXV, fig. 2 et 3 et LXVI, fig. 2.

([2]) *Voir* la légende inscrite à droite du personnage.

rare et recherchée, et les travaux publiés récemment par MM. Strantz et Vercontre (¹) ne me paraissent pas avoir résolu définitivement la question.

Nicandre décrit, très sommairement, 14 espèces d'ophidiens que l'artiste, qui a illustré son texte, n'a guère différenciés que par la couleur, à l'exception, toutefois, de l'Amphisbène, αμφίσβαινα (²) qui est représenté bicéphale, d'après une fable accréditée chez les anciens naturalistes et reproduite par Pline; le κεραστής, figuré au folio 10 verso, est sans aucun doute la vipère à cornes (*Cerastes cornutus* Wagl.); le lézard à côté duquel le scribe a inscrit, par erreur, le mot ἀσπίς, serait, suivant M. le professeur Vaillant, une espèce du genre *Agama*, mais le véritable aspic est le *Naja haje* Dum., ainsi que le prouvent tout à la fois le texte de Nicandre : « squalida colla tument » et la figure du *Codex Cæsareus* (fol. 400 verso); enfin la tortue, χελώνη, du folio 22 verso est la tortue grecque (*Testudo græca* L.), assez commune dans la région méditerranéenne.

Les arachnides sont représentés par un Chélifer, dénommé σφήκιον et 6 scorpions de couleurs variées : grisâtre, blanche, violacée, verte, rouge jaune; ce dernier, qualifié de παγουροειδής, doit être identifié avec le *Buthus* (*Scorpio*) *europæus* (L.) Sim.

Les plantes occupent une place importante dans le poème des Thériaques et, parmi celles qui faisaient partie de la thérapeutique de Nicandre, je citerai notamment les suivantes (³) :

ἄγχουσα (vers 838) *Anchusa tinctoria* Desf.
ἄκανθος; (vers 645 et 847) *Acanthus mollis* L.
ἀνάγυρος (vers 71) *Anagyris fœtida* L.
ἄνησον (vers 650) *Pimpinella Anisum* L.
ἀσφόδελος (vers 534) *Asphodelus ramosus* L.
ἐλξίνη ου κολύβατις (vers 536 et 537) *Parietaria officinalis* D. C.
ἕρπυλλος (vers 533) *Thymus Serpyllum* L.
ἔχιον (vers 65) *Echium vulgare* L.?
ἠρύγγιον (vers 645 et 849) *Eryngium campestre* L. ou *E. creticum* Lam.
θύμβρα (vers 531) *Satureia hortensis* L. ou *S. Thymbra* L.
καύκαλις (vers 843 et 892) *Tordylium ægyptiacum* Lam.
κόνυζα (vers 70) *Erigeron* ou *Inula* sp.
κόριον (vers 874) *Coriandrum sativum* L.
λύγος (vers 63) *Vitex Agnus-castus* L.
μέλισσόφυλλον (vers 554) *Melissa officinalis* L.
παλίουρος (vers 868) *Zizyphus vulgaris* Lam.

(¹) STRANTZ; *Zur Silphionfrage Kulturgeschichtliche und botanische Untersuchungen über Silphionpflanze*; Berlin 1909. — VERCONTRE, *Identification du Silphium*; Paris 1908, Leroux et *Revue gén. de Botanique*, 15 septembre 1910.

(²) D'après les figures et les légendes qui les accompagnent, le dessinateur et le scribe ont confondu l'amphisbène et la murène.

(³) Cette liste ne comprend que des espèces figurées dans le manuscrit de la Bibliothèque Nationale et accompagnées d'une légende; j'y ai ajouté, l'indication des vers du poème dans lesquels ces espèces sont mentionnées.

ὀρίγανον (vers 627) *Origanum Heracleoticum* Benth.
ὀροβάγχος (vers 869) *Orobanche* sp.
παρθένιον (vers 863) *Pyrethrum Parthenium* Sm.
πευκεδάνον (vers 76) *Pencedanum alsaticum* L.
πήγανον (vers 531) *Peganum Harmala* L.
σκολοπένδριον (vers 684) *Ceterach officinarum* Willd.
στρύγνον (vers 74) *Solanum nigrum* L.
τρίπέτηλον (vers 252) *Psoralea bituminosa* L.
φλόμος (vers 856) *Verbascum* sp.
χαμηλή (vers 841) *Ajuga Chamœpitys* Schreb.

. Pour terminer cette étude sommaire sur l'un des plus anciens traités
d'histoire naturelle médicale que nous ait légué l'antiquité grecque,
je n'ai plus qu'à y ajouter la mention de quelques substances minérales : ἄσφαλτος (vers 44), θρήϊσσα (vers 45), θεΐον (vers 43) et ἐγγαγγίδα
πέτρα; la première, que l'on identifie avec le bitume de Judée, est
représentée dans le manuscrit par une sorte de grosse larme de couleur
sombre; la seconde, de même couleur, mais de forme un peu différente,
est le *lapis Thracicus ex genere bituminum* de Jean de Gorris; θεΐον
autre larme de couleur jaunâtre, n'est pas autre chose que le soufre;
quant à l'ἐγγαγγίδα πέτρα ou λίθος γαγάτης, que Gorris considère comme
une autre espèce de pierre bitumineuse, elle n'est point figurée dans le
manuscrit de Paris, mais dans le *Codex Cœsareus* de Vienne elle est
représentée par une sorte de caillou roulé, probablement silex ou agate.

M. LE Dᵣ A. TSCHIRCH,

Professeur de Pharmacognosie,
Directeur de l'Institut pharmaceutique de l'Université (Berne).

LES PROBLÈMES MODERNES DE LA PHARMACOGNOSIE.

615

5 Août.

· Depuis une dizaine d'années, la *Pharmacognosie* est entrée dans une
nouvelle phase de son développement.

FLUCKIGER et HANBURY ne voyaient encore dans la Pharmacognosie
qu'une étude monographique des drogues. Ils ne la considéraient qu'au
point de vue de la pratique. D'autres même n'y ont vu qu'une branche
de la botanique appliquée.

Aujourd'hui, au contraire, la Pharmacognosie est devenue une science

indépendante, surtout parce qu'elle s'est dirigée vers des problèmes purement scientifiques, éliminant la partie qui s'occupe uniquement de
questions pratiques, et que j'ai nommée *pharmacognosie appliquée*,
— Cette séparation a éclairci le terrain. — Pour la Chimie, la division
en une partie pratique et une partie purement théorique avait été jugée
très utile : il en a été de même pour la Pharmacognosie.

Nous avons donc désormais d'une part la *pharmacognosie appliquée*,
qui est de la plus grande importance pour le praticien : celle-ci peut
laisser entièrement de côté les questions purement théoriques ; elle utilisera exclusivement les données scientifiques en employant surtout l'Anatomie et la Chimie pour établir l'identité, la pureté et la composition des
drogues, soit entières, soit coupées et pulvérisées. D'autre part, nous avons
la *pharmacognosie pure scientifique*, qui peut se poser des problèmes nouveaux à tous les points de vue, sans être obligée d'avoir égard aux questions
qui intéressent spécialement le pharmacien pratiquant. Dès lors on se
rend compte qu'il y a dans le domaine de la pharmacognosie théorique
une richesse étonnante de problèmes, capables d'être résolus par des
recherches expérimentales.

C'est ainsi que la Pharmacognosie purement scientifique fut, presque
dès son apparition, une science aussi importante que toutes les autres
sciences naturelles ; et, par suite, elle a incontestablement le droit d'être
représentée à côté des autres aux grands congrès des sciences naturelles.
La pharmacognosie est, enfin, sortie de l'ombre pour occuper au soleil la
place qui lui convient.

Quand en 1907, lors de la rédaction de mon *Traité de Pharmacognosie*,
j'ai entrepris d'organiser la pharmacognosie scientifique sur une base
moderne, j'ai vu qu'il était nécessaire de diviser tout d'abord ce domaine
immense en plusieurs provinces. Car un travail systématique n'était possible qu'à condition de ne plus parler de problèmes pharmacognostiques
dans un sens général.

Il fallait séparer les questions botaniques des questions chimiques et
physiques, les questions géographiques et historiques des questions
linguistiques et ethnographiques. De cette séparation est résulté un
certain nombre de sciences pharmacognostiques distinctes dont chacune
pouvait être étudiée par des spécialistes mais qui néanmoins devaient
être dominées ensemble par de grands points de vue généraux; ces
sciences sont : la *Pharmaco-Botanique*, la *Pharmaco-Chimie*, la *Pharmaco-
Géographie*, la *Pharmaco-Ethnographie* et l'*histoire de la Pharmacognosie*.

Ce qui les réunit toutes apparaît *a priori* : *Les études de toutes ces
sciences séparées doivent être dirigées par des points de vue pharmacognostiques généraux* (et non par des points de vue botaniques, chimiques,
géographiques, ethnographiques, etc.). Toutes les roues de la grande
machine doivent s'engrener l'une dans l'autre pour faire avancer d'une
marche aisée et progressive l'œuvre tout entière.

Les problèmes de la Pharmaco-Botanique, par exemple, sont tout à fait différents de ceux de la botanique pure; les problèmes de la Phar-maco-Chimie sont, eux aussi, fort différents de ceux de la Chimie pure, etc., de telle sorte que, si nous utilisons les méthodes si soigneusement déve-loppées par la Botanique et la Chimie en vue de-leur but propre, les questions que nous devons résoudre sont complètement différentes. Et, même lorsque les problèmes pharmaco-botaniques touchent ceux de la Botanique pure, ils ne sont jamais *identiques*, puisque les exigences de la Pharmacognosie sont *de toute autre nature* que celles de la Bota-nique.

Le grand botaniste SCLHEIDEN a, d'une expression un peu exagérée, appelé la Pharmacognosie *la mère de toutes les sciences naturelles.* Il n'y a pas de doute, en effet, que l'homme, avant d'étudier la Chimie et la Botanique pures, ne se soit d'abord occupé de la chimie et de la botanique des plantes médicinales et toxiques, c'est-à-dire des produits de la nature les plus immédiatement utilisables pour lui. THÉOPHRASTE et DIOSCORIDE, que j'aimerais nommer les premiers pharmacognostes, s'intéressèrent tout d'abord aux plantes utiles et médicinales. Pendant tout le moyen âge, des savants comme HILDEGARD, ALBERTUS MAGNUS, ainsi que les auteurs arabes, ont uniquement étudié et décrit ces mêmes plantes; et, lorsque le commencement de l'époque contemporaine vit la Renaissance de toutes les sciences, les *patres botanices* BOCK, BRUNFELS, FUCHS, se vouèrent à l'étude des plantes médicinales.

De même, les premiers et faibles essais de la Chimie (la chimie des minéraux exceptés) ont porté principalement sur les drogues. L'idée la plus importante et vraiment créatrice de PARACELSE était d'extraire des drogues et plantes médicinales la *quinta essentia,* c'est-à-dire les prin-cipes actifs. Bien qu'une idée un peu obscure et mystique l'ait dirigé dans ses « arcanis », on trouve cependant dans beaucoup de ses pen-sées, en mettant de côté tout ce qui n'est pas de première importance, un fond tout moderne.

Il est aussi un fait avéré, c'est que l'Ethnologie, en étudiant les mœurs des peuples, a rencontré presque partout des plantes médicinales et que presque toutes les magies et sorcelleries se basent sur elles.

L'Étymologie elle-même, étude de la dérivation et de l'interprétation des mots, science donc tout à fait philologique, a surtout orienté ses débuts timides et incertains vers les noms des plantes médicinales, comme nous le voyons par exemple dans l'*Etymologicon* d'ISIDOR HISPA-LENSIS (VIᵉ siècle).

Ainsi, nous venons d'en trouver la preuve, depuis que l'homme travaille scientifiquement, la Pharmacognosie a toujours été une des branches les plus importantes des sciences humaines, et des origines à nos jours elle a le droit d'être considérée (ainsi que le prétendait déjà ALPHONSE PYRAMUS DE CANDOLLE) comme *la Science,* ou au moins comme *une des sciences* humaines les plus directement utiles.

Il est vrai qu'au XIXᵉ siècle elle fut mise un peu à l'écart par le développement rapide des sciences naturelles purement théoriques. Tout ce qui touchait à la science pratique, à « l'utilité », était dédaigné. On se plaçait au-dessus de ces questions que l'on considérait comme chose inférieure. (Cependant on commence à remarquer maintenant que chaque science n'a réellement de valeur que dans son utilité.) Au reste, le grand théoricien, qu'était HELMHOLTZ, disait : « Le savoir seul n'est pas le but de l'homme sur la terre, la Science doit aussi apporter son tribut à la vie ! »

La raison pour laquelle la Pharmacognosie au XIXe siècle ne fut pas estimée à sa juste valeur résidait en elle-même. Elle était arrivée peu à peu à n'être plus qu'une connaissance superficielle des marchandises. En s'occupant exclusivement de questions pratiques elle s'était éloignée, toujours de plus en plus, des grandes lignes directrices de la Science. Mais FLUCKIGER lui ouvrit des horizons plus larges.

Pour ma part, je m'étendrai aujourd'hui quelque peu sur les problèmes modernes de la Pharmacognosie, en me basant sur ce que j'ai déjà eu l'occasion de dire dans le *premier Livre* de mon *Traité de Pharmacognosie*.

Si l'on examine de près les problèmes de la Pharmacognosie, on trace nécessairement de grandes divisions qu'on pourrait comparer à des provinces et qui se partagent elles-mêmes en de nombreuses subdivisions que nous appellerons *districts*.

La Pharmaco-Botanique spécialement se signale par un grand nombre de districts bien limités. Au début du développement de la Pharmacognosie, le pratique POMET, le savant théorique GEOFFROY, le très expérimenté GUIBOURT, se contentèrent de distinguer la *partie systématique* et la *Morphologie* des plantes. Plus tard, SCHLEIDEN, OUDEMANS et BERG ajoutèrent l'*Anatomie* comme science accessoire de la Pharmacognosie.

Vous savez tous combien fut fertile l'adjonction de la *Pharmaco-Anatomie*.

La possibilité d'examiner une drogue pulvérisée, aux points de vue de l'identité et de la pureté, repose en effet sur une étude anatomique des drogues qui est poussée jusqu'aux *moindres détails*.

Cette étude, j'ai tâché de l'établir dans mon *Atlas anatomique* (publié avec le concours de M. OESTERLE), et j'employai cette méthode pour l'examen d'un grand nombre de drogues.

Le fait d'avoir mis aussi en évidence dans mon *Atlas* le développement et l'embryologie des drogues, études spécialement cultivées en France par l'École parisienne, — je ne nommerai que M. GUIGNARD, — montre déjà où le chemin de la pharmacognosie théorique s'écarte de celui de la pharmacognosie appliquée.

Avec l'Embryologie, nous touchons à un domaine qui est seulement celui de la pharmacognosie théorique, domaine qui au premier abord n'a rien de commun avec la pratique de la pharmacie. Il en est autrement du domaine de la *Physiologie*. Il n'y a pas très longtemps, un botaniste distingué disait : « la Physiologie des plantes n'a rien à faire avec la Pharmacognosie ». En prononçant cet axiome à la légère, il n'avait probablement en vue que la pharmacognosie appliquée, car, de toute évidence, dans le domaine de la pharmacognosie théorique, les questions de la *Pharmaco-Physiologie* jouent un très grand rôle.

Si donc nous considérons la Physiologie dans ses rapports avec la pharmacognosie appliquée, je vous rappellerai tout d'abord la culture des plantes médicinales. La façon de cultiver les plantes médicinales, non seulement en leur conservant leurs principes actifs en quantité régulière, mais en les augmentant, n'est seulement qu'un premier pas. Par une culture appropriée, rationnelle, nous devons arriver à ne développer dans la plante que les principes actifs précieux, et à faire diminuer les principes moins importants. Comme pour d'autres cultures de plantes, on arrivera certainement à ce but, soit en choisissant un terrain approprié, soit en utilisant un engrais rationnel, soit éventuellement par le greffage. Car il n'y a aucune raison pour que les plantes médicinales se comportent autrement que les autres plantes.

C'est un préjugé de croire que la culture diminue la valeur des plantes médicinales. Ce qui diminue leur valeur, comme j'ai déjà eu occasion de le dire il y a trente ans, c'est une culture *irrationnelle*, sur des terrains *impropres*, dans des conditions de lumière *défavorables*, etc. Que l'on puisse, par une culture intelligente, augmenter la valeur des plantes médicinales, nous en avons une preuve frappante dans la culture des quinquinas à Java, où les Hollandais arrivent à produire des écorces ayant une teneur en quinine de 16 %. Nous pouvons également constater le même fait dans la culture des betteraves, qui produisent maintenant jusqu'à 15 ou 18 % de sucre. Et ce que l'on a pu obtenir pour des drogues contenant des *alcaloïdes* ou des *matières sucrées*, on l'obtiendra certainement pour les plantes contenant des *glucosides*, des *substances odorantes*, des *matières grasses* ou *mucilagineuses*. Il n'y a pas de doute, ces problèmes pharmaco-physiologiques ont une importance capitale pour la pratique.

Le même principe s'applique dans la production des *résines*. Par des expériences et des observations de plusieurs années, faites dans les forêts des environs de Berne, j'étais arrivé à formuler une loi que j'appelai *Loi de resinosis*. Lorsque d'après cette loi mes propositions sur la production des résines furent expérimentées dans les immenses forêts de l'Amérique du Nord, d'où sortent les plus grandes quantités de résine du monde, le résultat fut positif et le rendement beaucoup plus grand. Je citerai une petite modification, apportée suivant ma proposition dans la manière de saigner les arbres, qui procura dans un petit district une augmentation de recette de 100 000 dollars pour les résiniers (pas pour moi !). C'est un exemple frappant qui prouve que les expériences purement scientifiques apportent à la fin des résultats très pratiques !

Une étude approfondie des *procédés de fermentation* produira éga-

lement, je le crois, une amélioration sensible de diverses drogues. Vous
savez tous que certaines drogues n'obtiennent leurs précieuses propriétés
qu'après avoir été soumises à une *fermentation* préalable. Le thé, le
cacao, la vanille, le citron et le tamar indien sont soumis à un procédé
ad hoc, pendant lequel, à n'en pas douter, des *ferments* contenus dans
la cellule elle-même entrent en action. Les conditions de la marche de
ces *actions chimiques* nous sont encore peu connues, comme vous pouvez
vous en rendre compte dans le Chapitre de mon *Traité de Pharmacognosie* concernant cette question et où j'ai réuni les faits établis jusqu'alors.

Apprenons à connaître les *ferments* qui ont une action excitante ou
ralentissante, et alors nous pourrons régler l'action de la fermentation
comme nous pouvons déjà le faire par la culture de levure pure. Il n'y
a aucune doute : dans la cellule végétale, comme dans la cellule animale,
il existe non seulement *un seul*, mais *plusieurs* ferments dont les actions
sont souvent opposées. On en a déjà trouvé six dans l'amande et même
douze dans le foie animal.

Ici s'ouvrent donc de vastes horizons et un champ de travail grand
et fécond.

Ce champ peut s'étendre encore, si nous ajoutons les problèmes de
transformation qui s'opèrent lors du séchage de la drogue. Ce sont surtout les recherches d'érudits français tels que MM. CARLES, PERROT,
GORIS, BOURQUELOT, qui dernièrement ont attiré l'attention sur ce point
et donné le conseil de soustraire la drogue à l'action des ferments en
la tuant rapidement à l'aide d'une température élevée.

Les résultats obtenus démontrent que non seulement les alcaloïdes
et les glucosides, mais aussi les couleurs végétales si délicates, restent
intactes, lorsque le procédé de *stérilisation* est appliqué méthodiquement. J'ai dit *procédé de stérilisation;* c'est une dénomination qui n'est
pas très exacte, mais qui me semble assez bien appropriée.

Il y a environ trente ans, j'ai démontré par mes études sur la chlorophylle, que ce ne sont pas toujours les ferments du *plasma* qui entrent
en action et que la décoloration de la chlorophylle se fait surtout sous
l'action du suc cellulaire acide sur les chromatophores. Du reste, nous
ne sommes qu'au début de l'étude des ferments. Personne jusqu'à présent n'a encore obtenu un ferment chimiquement pur ! Nous ne savons
même pas s'ils appartiennent au groupe des protéides, ou, comme je
le suppose, aux glucoprotéides. C'est pourquoi, un savant sérieux a
pu dire, d'une façon en apparence paradoxale, que les ferments ne
sont peut-être « qu'une forme de l'énergie ».

Cette *immatérialisation* des ferments n'a pas eu, il est vrai, beaucoup
de succès à notre époque, où l'électricité elle-même a été *matérialisée.*
Mais la seule émission de cette idée démontre déjà combien petites
sont nos connaissances sur les ferments qui, sans doute, fournissent non
seulement dans la cellule vivante la plus grande partie du travail chi-

mique (même si ce n'est que comme catalysateur), mais agissent encore
d'une façon énergique pendant la fermentation et le séchage des drogues,
c'est-à-dire pendant la mort de la cellule.

Cette question pharmaco-physiologique nous introduit déjà dans le
domaine de la Pharmaco-Chimie, domaine aussi important pour la pharmacognosie purement théorique que pour la phramacognosie appliquée,
Car c'est une des tâches les plus essentielles de la pharmacognosie scientifique que d'étudier la composition chimique des drogues, puisque
l'effet physiologique des drogues sur l'organisme humain et animal est
une conséquence et une fonction de cette composition.

Mais dans ce domaine aussi les manières de voir ont changé considérablement depuis quelques années. Autrefois, on ne cherchait qu'un
seul principe actif de la drogue, et c'est pourquoi on lit souvent dans les
Ouvrages de cette époque : «Le principe actif de la drogue, est, etc. ».
Maintenant nous savons au contraire que rarement *une seule* substance
suffit pour produire l'effet de la drogue, mais que c'est l'*ensemble* de toutes
les substances qui procure l'effet constaté. Cependant on doit reconnaître
souvent l'influence prépondérante d'une substance que j'ai appelée
dominante.

C'est d'abord par l'expérience clinique qu'on est arrivé à cette appréciation, puisqu'on a pu constater que l'effet dû à l'emploi de la drogue
entière est rarement le même que l'effet du seul soi-disant principe
actif. En outre, le professeur BURGI, à Berne, nous a montré positive-
ment que souvent l'effet d'une substance peut être augmenté ou diminué
par une autre et que des substances semblables n'additionnent pas forcément leurs effets. Les « adjuvantia », dont parlaient les anciens phar-
macologues, n'étaient donc pas des chimères, mais, bien au contraire,
au nom et à la chose elle-même correspondait une idée juste.

*Cette ancienne idée sous une forme nouvelle nous ramène à l'étude de
la drogue elle-même*, Sous l'influence des succès de la synthèse moderne
des médicaments et de la théorie incomprise *du* soi-disant principe
actif, on avait peu à peu abandonné les drogues malgré les expériences
faites depuis des centaines d'années et même pour certaines drogues
depuis des milliers d'années.

Bien des médecins avaient déjà désappris de se servir de la drogue.
Mais elle ne peut pas être remplacée, et mon vœu : Return to drugs !
« Retournons aux drogues », que j'ai prononcé en 1909 à Londres, a
trouvé un écho *beaucoup plus tôt* que je ne pensais et dans des cercles
plus étendus que je ne l'espérais. Ce sont surtout les « sex principes
simplicium », — que, suivant une dénomination ancienne, j'ai appelé
les six drogues les plus importantes, c'est-à-dire la rhubarbe, l'ipécacuanha, le quinquina, l'opium, la digitale et le seigle ergoté qui
sont encore de nos jours aussi indispensables qu'autrefois; car comment
remplacer la rhubarbe par une solution d'émodine, l'ipécacuanha par
l'émétine, l'opium par la morphine, le vin de quinquina par une solu-

tion de quinine, la digitale par la digitoxine, le seigle ergoté par l'ergotoxine ou par les bases intéressantes isolées par BARGER et DALE et qui, d'après les récentes expériences de KEHRER (de Berne), n'agissent même pas sur l'utérus? L'émodine, l'émétine, la quinine, la digitoxine, la morphine, sont *d'autres* individus pharmacologiques que la drogue elle-même et il leur est dû une place parmi les médicaments, non pas *pour remplacer* la drogue, mais à *côté* d'elle.

Puisque nous savons qu'il y a dans la drogue un principe dominant, mais que l'effet ne se produit point par ce principe seul, nous sommes plus que jamais obligés à une étude chimique approfondie de la drogue dans tous ses éléments. Le but des recherches pharmaco-chimiques n'est pas la découverte du soi-disant seul principe actif, mais l'analyse complète de toute la drogue. C'est cette idée que j'ai adoptée dans mon travail en suivant en quelque sorte les anciens pharmaco-chimistes du commencement du XIXe siècle. Le même principe se retrouve dans plusieurs médicaments modernes, qui (en laissant de côté les corps inutiles) nous donnent l'ensemble de l'effet *des* substances utiles de certaines drogues : tels le *Pantopon*, le *Digipurat*, l'*Extractum secalis cornuti* purifié, mes *Anthraglucorhein*, *Anthraglucosennin*, *Anthraglucosagradin*.

Toutes ces préparations réalisent sous une forme modifiée l'ancienne idée de PARACELSE de la « quinta essentia », idée qui a été la cause de l'introduction des teintures et des extraits, choses inconnues jusqu'au XVIe siècle.

Nous retrouvons la même idée dans la *Panvalériane* de CARLES.

Plus que jamais, il est donc nécessaire aujourd'hui de faire des recherches chimiques exactes de la drogue. Et il nous paraît vraiment incompréhensible que de nos jours encore on prétende, sérieusement, que la Pharmacognosie n'est qu'une simple branche de la botanique appliquée. Certes non ! le terrain de notre science n'est pas si pauvrement restreint. La Pharmaco-Botanique est une partie de la Pharmacognosie, et même une partie importante, mais ce n'est pas tout : La Pharmacognosie ne s'épuise point par une analyse purement botanique de la drogue. C'est pourquoi, dans mon *Traité de Pharmacognosie*, j'ai surtout approfondi la partie qui traite de la chimie des drogues et j'ai essayé de faire des groupes chimiques, c'est-à-dire d'établir un *système chimique des drogues.* Car, dans le même Traité, je soutiens que la tâche de la Pharmacognosie ne consiste pas seulement dans la description détaillée de la drogue, mais qu'elle doit en dernier lieu grouper les drogues d'après des points de vue généraux. Il est évident que ce groupement ne peut se faire que d'après des principes chimiques, puisque c'est à cause d'eux que nous employons la drogue. Il nous est indifférent de savoir si une drogue appartient à telle ou telle famille ou si elle est une feuille ou une racine.

Assurément les caractères morphologiques et anatomiques de la drogue sont toujours importants pour le diagnostic et la découverte des falsifications. Je ne désire pas qu'on les néglige; mais d'après ce qui vient d'être dit, c'est surtout la structure chimique de la drogue qui nous intéresse.

Voilà bien un champ immense à cultiver et de nombreuses découvertes à faire ! Car il n'y a qu'un tout petit nombre de drogues dont la chimie soit suffisamment étudiée, et même celle qui l'ont été le mieux nous donnent souvent des résultats surprenants. Ainsi, aurait-on jamais supposé qu'on pût trouver dans les résines toute une classe de corps tannoïdes, ou bien qu'un certain nombre de substances colorantes de la famille des anthraquinones, comme par exemple l'émodine, eussent des effets purgatifs, et que la glycyrrhizine fût un composé de l'acide glycuronique ? Moi-même, en le constatant, j'étais très étonné, et l'on constatera encore souvent de ces résultats imprévus.

Mais il y a surtout une branche de la Pharmaco-Chimie dont l'étude sera extrêmement fertile, c'est ce que j'ai appelé la *pharmaco-chimie comparée*; elle aura comme objet de comparer les corps chimiques des drogues dont les effets se ressemblent. On a déjà, pour ne donner qu'un exemple, découvert actuellement que les drogues tænicides, c'est-à-dire celles qui expulsent les tænias, contiennent des substances dans lesquelles on retrouve la structure de la phloroglucine. Le groupe des saponines nous montre un cas semblable. Et une fois que nous aurons défini la constitution de la saponine, une grande classe de drogues sera clairement connue.

Ces observations nous conduisent à un des Chapitres les plus intéressants de la Pharmacologie, le *rapport entre la constitution et l'effet*, dont seule la partie pharmaco-chimique appartient encore à la Pharmacognosie, tandis que la partie pharmacologique expérimentale entre déjà dans le domaine de la médecine.

Mais la pharmaco-chimie comparée a encore d'autres problèmes à résoudre par des recherches expérimentales. Qu'il me suffise d'en indiquer quelques-uns. Et se pose d'abord cette question : Dans quelle phase de son développement la plante médicinale contient-elle le maximum de substances actives ?

Puis : Sous quelle forme les substances isolées se trouvent-elles dans la plante ? Ou plutôt : Ces substances primaires se changent-elles par la préparation de la plante dans le laboratoire ?

Et enfin : Dans quels tissus les substances reconnues comme actives se trouvent-elles ?

C'est la *microchimie* et surtout la *microhistochimie* de la drogue, à laquelle on doit déjà bien des connaissances intéressantes sur la localisation, qui nous faciliteront la solution de ces questions, si nous jugeons d'un œil impartial et si nous contrôlons les résultats macrochimiquement.

D'un autre côté, la Pharmaco-Chimie nous ramène dans le domaine de la Botanique et même dans une partie de celle-ci qui semble la plus éloignée, je veux dire la botanique systématique. C'est un fait connu que certains champignons inférieurs, surtout les microbes, sont tantôt extrêmement vénéneux, tantôt d'une action affaiblie et tantôt de nul effet. Il y a bien des plantes supérieures qui ne se distinguent pas ou presque pas par des caractères morphologiques, mais qui contiennent ou produisent des substances chimiques tout à fait différentes. La plante produisant le benjoin de Siam qui contient seulement de l'acide benzoïque ne se distingue nullement par des caractères botaniques de la plante qui produit le benjoin de Sumatra, lequel renferme de l'acide cinnamique à côté de l'acide benzoïque. De même, les différences entre l'arbre qui produit le baume du Pérou et celui qui produit le baume de Tolu, de même aussi les différences entre l'arbre américain et l'arbre oriental du Styrax, sont tellement petites qu'on n'en peut faire que difficilement des variétés botaniques. Le chanvre des Indes également ne se distingue du chanvre européen que par sa plus grande production de résine, et l'amande amère de l'amande douce seulement par l'amygdaline. Des distinctions botaniques frappantes manquent complètement ou presque complètement et les botanistes les cherchent en vain. Ils trouveront tout au plus de si petites différences qu'elles ne suffiront pas à créer des variétés botaniques et encore moins des espèces. Les différences sont *physiologiques* et *chimiques*.

Me basant sur ces faits, j'ai proposé de laisser de côté ces recherches inutiles et d'introduire des *variétés physiologiques* (*varietates physiologicæ*).

Plusieurs des questions que je viens d'indiquer ne peuvent en partie être étudiées qu'à l'aide d'un jardin expérimental, et nous sommes tout à fait d'accord pour exiger qu'un institut de Pharmacognosie ait pour dépendance un jardin semblable. La Pharmaco-Botanique et la Pharmaco-Chimie doivent travailler ensemble. Je propose une « entente cordiale » de ces deux sciences !

De même dans la *Pharmaco-Pathologie* pour l'étude des dommages causés aux plantes médicinales vivantes par des bêtes ou par des plantes, on ne pourrait que difficilement se passer d'un jardin, puisque des recherches expérimentales sont indispensables. Quant à la prospérité de la culture des plantes médicinales, non seulement les études comparatives des engrais, des croisements et éventuellement des greffages, mais aussi la connaissance des organismes nuisibles et la lutte contre eux ont une grande importance; de même, la connaissance des organismes nuisibles aux *drogues* et la connaissance des moyens de les détruire peuvent éviter de grands dommages à bien des pharmaciens. En effet, vous savez que beaucoup de drogues sont encore détruites dans les armoires par des insectes et des mites, surtout par la *Citodrepa panicea*.

Les questions géographiques et historiques intéressent aussi le pharmacognoste et la connaissance de la répartition *géographique* des drogues (j'ai appelé « Drogenreiche » les contrées qui produisent des drogues semblables, par analogie avec les règnes botaniques), cette connaissance, dis-je, est aussi importante au point de vue théorique qu'au point de vue pratique.

L'*histoire* des drogues sera des plus attrayantes pour celui qui désire connaître plus à fond les rapports de la science des drogues et son développement. Car l'histoire des drogues est une partie de l'histoire de la civilisation, et ce n'est pas la moins intéressante.

L'histoire même des *noms* des drogues et des plantes médicinales peut nous mener à des conclusions importantes, comme j'ai pu le montrer, par exemple, pour la figue. Car son nom sémitique primitif « t'in » signifie une plante « qui porte seulement des fruits par l'union avec une autre » ; ce qui nous prouve que déjà dans les temps préhistoriques on se servait de la caprification, et qu'alors déjà la Figue primitivement monoïque était divisée en une forme masculine et une forme féminine.

Ainsi, l'avenir réserve à la Pharmacognosie, qui est vraiment une science royale, une vaste étendue et des horizons immenses, et les rapports de notre science *avec presque toutes les branches des sciences naturelles* sont plus nombreux que pour n'importe quelle branche de la médecine ou des sciences naturelles. Les problèmes de la Pharmacognosie, qui peuvent presque toujours être résolus par des *études expérimentales*, sont si fréquents et si intéressants, qu'il ne manque aujourd'hui qu'une chose à la Pharmacognosie : des disciples zélés et bien instruits qui se vouent à elle. *Introïte nam et hi dii sunt !*

M. V. DEMANDRE,

Docteur en Pharmacie (Dijon).

NOUVELLE CONTRIBUTION A L'ÉTUDE DES COMBINAISONS IODÉES DE LA SPARTÉINE.

547.784:5

2 Août.

I. — RECHERCHES SUR LA CONSTITUTION DU TRIIODURE DE SPARTÉINE.

Dans un précédent travail [1] j'ai donné une méthode de préparation qui permet d'obtenir avec la plus grande facilité le triiodure de spartéine en traitant par l'eau oxygénée soit l'iodhydrate neutre de spar-

---

[1] *Contribution à l'étude des sels et du periodure de spartéine* (Thèse de Doctorat en Pharmacie, 1907, p. 76).

téine, soit, plus simplement encore, une solution contenant sulfate
neutre de spartéine et iodure de sodium, dans les proportions de une
molécule du premier sel pour deux du second. Je rappellerai que le dosage
de l'iode *total* dans ce periodure m'a conduit à la formule $C^{15}H^{26}Az^2I^3$,
identique à celle de Bernheimer qui, le premier, a préparé ce corps en
faisant agir l'iode sur une solution éthérée de spartéine et en faisant
cristalliser dans l'alcool.

Plus récemment, dans un travail d'ensemble sur les periodures des
bases organiques, M. Linarix [1] a fait connaître des documents qui
n'avaient été publiés dans aucun ouvrage français. Il a montré, ce qui
était à peine connu, que les periodures ont fait l'objet de recherches considérables, parmi lesquelles on doit surtout citer celles de Hérapath,
Jœrgensen, Prescott et Gordin, Trowbridge, Gomberg, Murril, Müller,
Geuther, Dafert, etc., etc. Cette simple énumération, qui est loin d'être
complète, montre combien sont nombreux ceux qui se sont occupés de la
question.

Il est assez curieux de remarquer que tous ces travaux viennent de
l'étranger, surtout de l'Allemagne et de l'Amérique, bien qu'ils semblent
avoir eu pour origine les recherches faites en France par le professeur
Bouchardat qui a étudié l'action exercée sur les alcaloïdes par la solution
iodo-iodurée partout connue sous le nom de *réactif de Bouchardat*.

M. Linarix divise les periodures en trois grands groupes :

- I.   *Les periodures des bases libres;*
  II. *Les periodures d'iodhydrates;*
  III. *Les periodures contenant de l'acide iodhydrique et d'autres acides*
(chlorhydrique, sulfurique, etc.).

Nous laisserons de côté ces derniers composés qui peuvent presque
tous, sinon tous, être considérés comme des sels doubles se rattachant
au second groupe.

Pour M. Maurice François [2], les periodures des bases libres n'ont
peut-être été ni analysés, ni étudiés avec une rigueur absolue, parce que,
dit-il, «la théorie veut que les periodures soient les sels d'un acide iodhydrique periodé ». Cependant, si l'on parcourt la thèse de M. Linarix, on
remarque que les periodures des bases organiques *libres* sont largement
représentés, et que les nombreux travaux qui les concernent montrent,
jusqu'à preuve expérimentale contraire, que le premier groupe a bien
sa raison d'être.

Dans les periodures, l'iode ne se substitue pas à l'hydrogène; il s'accole
à la molécule de la base ou de son iodhydrate sous un état dit *iode
d'addition.*

---

[1] A. LINARIX, *Contribution à l'étude des periodures des bases organiques,*
(Thèse de Doctorat en Pharmacie, 1909).

[2] *Les periodures des bases organiques (Journ. Pharm. et Chim.,* 6e série,
t. XXX, 1909, p. 193).

Dans le premier groupe, l'iode est, en totalité, combiné à l'état d'iode d'addition, tandis que dans le second groupe, il existe en partie à l'état d'acide iodhydrique, en partie à l'état d'iode d'addition.

Or, cet iode d'addition se comporte, vis-à-vis des réactifs, comme s'il était libre, c'est-à-dire qu'il colore l'eau d'amidon et qu'il peut oxyder l'hyposulfite de soude ou l'anhydride arsénieux en solution alcaline, de sorte que les méthodes employées pour doser l'iode libre peuvent servir aussi à doser l'iode d'addition dans les periodures des bases organiques.

La prise d'essai d'abord dissoute dans un véhicule approprié, alcool éthylique ou méthylique, acétone, etc., donne une solution assez fortement colorée en jaune rougeâtre ou brunâtre dans laquelle on verse peu à peu, et jusqu'à décoloration, la solution $\frac{N}{10}$ d'hyposulfite de soude (Jœrgensen). Dans le procédé P. Murrill, on ajoute au liquide un excès connu de solution alcaline $\frac{N}{40}$ d'anhydride arsénieux et l'on dose cet excès avec la solution d'iode $\frac{N}{10}$ C'est la recoloration qui indique ici le terme de la réaction.

Enfin, M. Linarix, modifiant légèrement la méthode de P. Murrill, ajoute, jusqu'à décoloration, la solution arsénieuse dans celle du periodure.

Si, d'autre part, on dose l'iode total par l'un des moyens connus, et si l'on retranche l'iode d'addition, on obtient l'iode qui existe dans le composé à l'état d'acide iodhydrique.

Ces préliminaires, un peu longs, sont cependant nécessaires pour comprendre ce qui suit.

Dans la classification de M. Linarix, le periodure de spartéine est groupé avec les composés dont l'iode est fixé sur l'iodhydrate de la base.

La formule $C^{15}H^{26}Az^2$, HI, I² (diiodure d'iodhydrate basique de spartéine) est présentée comme si elle avait été établie par Bernheimer dans la *Gazzetta Chimica Italiana* (t. XIII, 1883, p. 451), ce qui est inexact.

Voici, en effet, le texte de Bernheimer :

« J'ai étudié l'action de l'iode sur la spartéine en mêlant les solutions éthérées de une partie de spartéine et de trois parties d'iode [1]. La solution d'iode ajoutée peu à peu se décolore et il se précipite une substance d'apparence cristalline, de couleur noire. Cette substance,

---

[1] Je ferai remarquer en passant que le texte italien manque de précision relativement aux proportions de spartéine et d'iode mises en présence.

Il dit : « UNA parte di sparteina con TRE di iodo ». Il faut comprendre une molécule de spartéine et trois atomes d'iode, sans quoi la liqueur ne pourrait se décolorer, l'iode y restant en grand excès, puisque 1 g de spartéine exige non pas 3 g, mais seulement 1,628 g d'iode pour se transformer en triiodure.

séparée du liquide surnageant, est traitée par l'éther pour enlever les dernières traces d'iode, puis dissoute dans l'alcool bouillant qui laisse bientôt déposer par refroidissement de belles aiguilles de couleur verte. Ces cristaux sont insolubles dans l'eau et l'alcool froid, mais ils se dissolvent facilement dans l'alcool bouillant. Ils sont insolubles dans l'éther et inaltérables à l'air. Chauffés avec de la potasse, ils donnent de la spartéine.

» Après plusieurs recristallisations dans l'alcool bouillant, ils fournissent à l'analyse des chiffres qui correspondent à ceux qu'exige la formule d'un *periodure de spartéine* :

0,3443 g de substance ont donné...... 0,3952 AgI

0,2811 g de substance ont donné...... $\begin{cases} 0,3054 \ CO^2 \\ 0,1185 \ H^2O \end{cases}$

» Soit pour 100 parties :

	Trouvé.	Calculé pour $C^{15}H^{26}Az^2I^3$.
C...........	29,20	29,26
H...........	4,68	4,22
I...........	62,03	61,95

Cette citation prouve que Bernheimer a seulement dosé l'iode total et qu'il n'a fait aucune recherche pour déterminer si cet iode existait en totalité ou en partie à l'état d'addition.

Dans le travail personnel que j'ai cité plus haut, je me suis également contenté d'effectuer le dosage de l'iode total, mais, après avoir lu la thèse de M. Linarix, j'ai pensé que la théorie dont parle M. M. François pouvait peut-être lui donner raison, et c'est ce que j'ai voulu vérifier.

Comme dissolvant des prises d'essai, je me suis servi d'acétone pur, environ 20 cm³ pour des poids de substances variant entre 0,25 g et 0,35 g. Les solutions obtenues sont fortement colorées en jaune rougeâtre.

Si l'on effectue le dosage par la méthode Jœrgensen, on constate que la coloration diminue peu à peu pour arriver finalement à une teinte orange jaune qui empêche absolument de voir la fin de la réaction et qui persiste, non seulement si l'on ajoute la quantité d'hyposulfite $\frac{N}{10}$ qui serait nécessaire si l'iode existait à l'état de diiodure d'iodhydrate, mais encore la quantité suffisante et même bien plus que suffisante pour transformer la *totalité* de l'iode calculée dans le triiodure à l'état d'iode d'addition.

Avec le procédé P. Murril, on se heurte encore au même obstacle.

Si l'on emploie la méthode Linarix, on arrive à un résultat identique.

Si l'on modifie légèrement les méthodes connues, et si l'on fait dissoudre le triiodure dans un excès déterminé d'hyposulfite ou de liqueur arsénieuse, sans passer par l'intermédiaire d'un autre dissolvant, on obtient toujours des solutions colorées en jaune dans lesquelles l'excès de réactif ne peut pas être dosé par l'iode $\frac{N}{10}$, d'abord parce que la teinte du liquide empêche de voir le terme de la réaction et, ensuite, parce que l'eau d'amidon, dans les conditions de l'expérience, ne donne aucune indication.

Dans l'analyse du tétraiodure d'iodhydrate de benzidine, M. Linarix s'est trouvé aux prises avec une difficulté de même nature, mais heureusement avec un seul des réactifs, l'anhydride arsénieux, qui lui a donné une coloration rouge violacé persistante, tandis que, avec l'hyposulfite, l'opération a pu se faire régulièrement.

Si l'on avait la possibilité de vérifier en détail tous les Mémoires qui se rattachent à la question, peut-être trouverait-on bien d'autres cas analogues et aurait-on l'explication de l'une des causes qui ont fait classer tant de composés dans le groupe des periodures des bases libres.

Quoi qu'il en soit, il résulte de ce que je viens d'exposer, que les méthodes analytiques connues actuellement ne permettent pas de dire si, dans le triiodure de spartéine, l'iode existe en totalité ou en partie seulement à l'état d'iode d'addition, qu'il est nécessaire de réserver la question et que la formule établie par Bernheimer doit être conservée.

II. — UN NOUVEAU COMPOSÉ : LE TÉTRAIODURE DE SPARTÉINE.

$$C^{15} H^{26} Az^2 I^4 = 742$$

Composition centésimale		
Spartéine	31,536
Iode	68,464
	100,000

Les chimistes américains A.-B. Prescott et H.-M. Gordin ont montré que si une base organique est susceptible de former avec l'iode plusieurs combinaisons, le periodure le plus riche en iode se forme d'une manière constante quand on verse la solution d'un sel de la base dans un excès de solution d'iode iodurée, de telle sorte que, la réaction terminée, il reste de l'iode non utilisé colorant la solution en rouge foncé.

Si l'on se reporte au procédé employé par Bernheimer, on voit que ces conditions n'ont pas été observées et que l'iode s'est toujours trouvé en présence d'un excès de spartéine, puisque le liquide n'était pas coloré.

Je me suis demandé si la spartéine traitée par la méthode générale que je viens d'indiquer n'était pas susceptible de donner un composé contenant plus d'iode que le triiodure, et c'est guidé par ces considérations que je suis arrivé à préparer et à étudier le *tétraiodure de spartéine* $C^{15} H^{26} Az^2 I^4$.

Préparation. — On verse peu à peu, en agitant, une solution de 3 g de spartéine pour 50 g environ d'éther anhydre, dans une solution de 7 à 8 g d'iode pour 200 g environ du même éther. Il se précipite une matière noire d'apparence et de consistance goudronneuse épaisse, on continue à bien agiter le mélange qu'on abandonne ensuite au repos en couvrant le récipient avec une plaque de verre.

Ce récipient doit être résistant pour ne pas risquer de se briser quand on opère le mélange; aussi, dans mes expériences, je me suis servi d'un pot de porcelaine de 500 cm³ et d'un agitateur en verre d'assez fort diamètre.

Après 24 heures, on décante le liquide fortement coloré, on lave le dépôt plusieurs fois à l'éther et l'on obtient une masse dure, cassante ([1]) qui est divisée en menus fragments, puis lavée encore à l'éther pour enlever les dernières traces d'iode et enfin abandonnée à la dessiccation complète.

Le rendement théorique : 9,5 g pour 3 g de spartéine est obtenu exactement.

Composition. — J'ai dosé l'iode *total* en me servant du procédé que j'ai employé pour l'analyse du triiodure ([2]).

	I.	II.
Prise d'essai	0,442	0,384
AgI	0,559	0,486
I pour 100 de substance	68,347	68,411
I calculé pour 100 C¹⁵H²⁶Az²I⁴	68,464	

Pour savoir à quel état l'iode se trouve dans ce tétraiodure, j'ai utilisé toutes les méthodes indiquées en détail à propos du triiodure; j'ai éprouvé les mêmes difficultés, et j'ai dû ranger le nouveau composé dans le groupe des periodures des bases libres.

Propriétés. — Le tétraiodure a un aspect brillant, comme vernissé sa couleur est noire ou gris noir, son éclat métallique.

Il se divise facilement avec un corps dur tel qu'une pointe de canif, mais, si on le triture dans un mortier ou si on le comprime entre les doigts, il se ramollit et s'agglutine.

Il fond vers 53° (tube effilé) en donnant un liquide brun rouge, tandis que le triiodure fond à 109°.

Au microscope, les fragments très minces présentent par transparence une teinte grisâtre légèrement bleutée, et, à côté de masses opaques semblant amorphes, on observe de très fines aiguilles isolées.

La solution dans l'acétone abandonnée à l'évaporation lente laisse un résidu jaune orangé ou jaune rougeâtre dans lequel on distingue des parties amorphes, et, épars çà et là, des groupes plus foncés de longues aiguilles cristallines.

Si le triiodure par agitation dans l'eau d'amidon se comporte comme presque tous les periodures, c'est-à-dire donne rapidement la teinte bleue qui devient intense après quelques heures de contact, il n'en est plus de

---

([1]) Ces recherches ont été faites pendant la saison froide (novembre à avril) et je ne sais si en opérant pendant les chaleurs de l'été, la prise en masse solide serait aussi rapide, mais on pourrait toujours plonger le récipient dans la glace.

([2]) *Contribution à l'étude des sels et du periodure de spartéine* (Thèse de Doctorat en Pharmacie, 1907, p. 84).

même avec le tétraiodure qui présente une différence caractéristique, puisque, après vingt-quatre ou quarante-huit heures, la solution reste tout à fait incolore.

A priori, on aurait pu s'attendre au résultat contraire et supposer que le composé le plus riche en iode devait exercer l'action la plus rapide et la plus active sur l'amidon. Puisqu'il n'en est pas ainsi, c'est qu'évidemment il doit y avoir dans le tétraiodure un groupement différent et une combinaison plus intime de l'iode et de la spartéine.

Le tétraiodure de spartéine se dissout facilement dans l'acétone, il est insoluble dans l'eau et à peu près insoluble dans l'éther, très peu soluble à froid dans les alcools éthylique et méthylique et peu soluble dans les mêmes alcools bouillants dans lesquels on ne peut le faire cristalliser.

Il est beaucoup moins soluble dans le chloroforme que le triiodure et j'ai pu tirer parti de cette propriété pour transformer le tri en tétraiodure. Il suffit de verser peu à peu une solution chloroformique un peu concentrée de une molécule de triiodure dans une solution chloroformique concentrée de un atome d'iode; il se précipite immédiatement un liquide dense, huileux, épais, noirâtre, qui est traité comme je l'ai indiqué précédemment.

Dans mes premières recherches, je me suis déja trouvé, sans m'en douter, en présence du tétraiodure.

En traitant le sulfate de spartéine par l'iode dans des conditions déterminées, j'ai obtenu un précipité que j'ai recueilli et que j'ai ainsi décrit [1] :

« Le contenu du filtre n'est pas entièrement formé de triiodure. Il se trouve associé à une petite quantité d'un autre iodure fusible au-dessous de 100°, soluble dans l'éther, peu soluble dans le chloroforme, tandis que le triiodure est à peu près insoluble dans le premier véhicule et très soluble dans le second.

On lave à l'éther et on purifie le triiodure au moyen de l'alcool bouillant. »

Les faits nouveaux que je viens d'exposer me permettent aujourd'hui de rectifier ce texte de la façon suivante : Le contenu du filtre est formé de triiodure associé à une petite quantité de tétraiodure, on lave à l'éther pour enlever complètement les eaux-mères qui contiennent un excès d'iode, et on purifie le triiodure au moyen de l'alcool bouillant.

---

[1] *Loc. cit.*, p. 87 et 88.

M. A. JABOIN,

Membre de la Société de Pharmacie de Paris.

DE LA NÉCESSITÉ D'EXIGER EN PHARMACOLOGIE
LE DOSAGE DE LA RADIOACTIVITÉ EN POIDS DE RADIUM PUR ([1]).

615.847

4 Août.

Au début de nos études sur la pharmacologie du radium, nous avons reconnu la nécessité absolue de toujours doser en poids le sel de radium pur employé pour communiquer les propriétés radioactives aux médicaments. C'est pourquoi, dès 1906 ([2]), nous avons imaginé l'unité dénommée le *microgramme* (millionième du gramme ou millième du milligramme), qui donne le dosage en radium par gramme ou par centimètre cube de la substance, quand il n'y a pas de désignation spéciale.

C'est ainsi qu'avec M. Baudoin, nous avons assuré la conservation permanente de la radioactivité des eaux minérales, en plaçant dans l'eau, à la source même, une quantité de radium telle qu'en équilibre elle donne une quantité d'émanation égale à celle contenue naturellement dans l'eau. L'exactitude du procédé, quant au dosage rigoureux et à la constance de la radioactivité ainsi conférée, a été officiellement reconnue ([3]).

Nous avons fait ressortir depuis l'inconvénient qu'il y avait à employer des eaux dites *chargées d'émanation* à cause de l'inconstance du dosage qui tombe alors pratiquement dans le domaine de la fantaisie ([4]).

Quant à la désignation de la radioactivité en « volts », employée en Allemagne, elle dépend de la capacité de l'appareil de mesure, par suite elle n'a pas la constance nécessaire.

Nous avons insisté aussi sur l'énorme différence qu'il y avait entre les diverses mesures comparatives et prouvé combien l'établissement de

---

([1]) Communication, faite le 4 août 1911, devant la section des Sciences pharmacologiques du Congrès de Dijon de l'Association française pour l'Avancement des Sciences.

([2]) JABOIN, *Pharmacologie du Radium* (*Société médico-chirurgicale de Paris*, novembre 1906).

([3]) JABOIN et BAUDOIN, *Sur la radioactivité artificielle des eaux minérales et l'élimination du bromure de radium soluble* (*Société de Pharmacie de Paris*, juillet 1908, novembre 1908; *Journal de Pharmacie et de Chimie*, 1er janvier 1909).

([4]) JABOIN et BAUDOIN, *Différents procédés de radioactivité des eaux; comparaison entre les unités de mesure allemande et française* (*Congrès de Physiothérapie de Paris*, 30 mars 1910; *Les nouveaux remèdes*, 8 mai 1910).

l'unité internationale était utile [1]. Le Congrès de Radiologie de Bruxelles (1910) en a reconnu le bien-fondé, puisqu'il a admis que l'unité de poids serait le *gramme* de radium (élément) donnant, quand l'équilibre s'établit, une unité d'émanation dénommée « *Curie* ». De même un milligramme correspond à un *millicurie* d'émanation, un microgramme de radium à un *microcurie*. Rappelons que l'équilibre radioactif est le moment où une quantité quelconque de radium donne son maximum d'émanation, c'est-à-dire l'instant où cette quantité d'émanation, développée en vase clos, reste constante. Elle est 133 fois plus grande que celle produite en une heure et 8 000 fois plus grande que celle produite en une minute.

On remarquera l'analogie qui existe entre le système adopté par le Congrès international de Radiologie de Bruxelles et le procédé de radioactivation des eaux que nous employons [2].

Les anciennes unités devraient donc être définitivement abandonnées et l'on ne devrait plus se servir par exemple de l'unité Mache, *qui est la chute de tension produite dans un temps connu par un condensateur de capacité connue* placé dans un récipient contenant l'émanation. L'usage de ces unités permet de noter comme dosage des chiffres très élevés. Aussi, peuvent-elles faire supposer, chez les personnes peu initiées, une radioactivité bien supérieure à celle désignée par les systèmes de dosages que nous employons, conforme au principe adopté par le Congrès international de Bruxelles [3].

En effet, nous avons soumis à l'analyse divers produits radioactifs.

Le dosage de l'un était indiqué comme suit : *le $\frac{1}{10}$ d'une goutte d'une solution de radium de 5 millions d'unités Mache.*

On comprend combien ce dosage est incertain et difficile à comprendre à première vue puisqu'il exige d'abord la détermination de la goutte : en admettant même qu'elle soit normale, c'est-à-dire égale au $\frac{1}{20}$ du centimètre cube, le dosage précédent signifiera donc le $\frac{1}{10}$ du $\frac{1}{20}$, soit le $\frac{1}{200}$ d'un centimètre cube d'une solution de radium de 5 millions d'unités Mache, ce qui, pensons-nous, veut dire un centimètre cube d'une solution à 25 000 unités Mache. Ce sont là des mesures peu pratiques, tout à fait incompréhensibles *a priori*, et qui ne peuvent avoir d'intérêt que par les nombres élevés qu'elles permettent d'employer.

Nous préférons, quant à nous, nous en rapporter à la vieille maxime française qui nous recommande la simplicité en disant : ce que l'on conçoit bien s'énonce clairement.

---

[1] JABOIN et BAUDOIN, *Sur les unités de mesure allemande et française et l'émanation radio-active* (*Société de Pharmacie de Paris*, mai 1910).

[2] JABOIN, *Des unités de mesure du radium et de la radioactivité*, décembre 1910 (*Journal de Pharmacie et de Chimie*).

[3] JABOIN, *Notions générales sur la Pharmacologie du radium* (*Congrès international de Radiologie de Bruxelles*, septembre 1910; *Journal de Radiologie de Bruxelles*, 15 décembre 1910).

Nous avons mesuré, en collaboration avec M. Faivre ([1]), la radioactivité de ce produit.

Deux ampoules ont été placées dans un flacon à deux tubulures mastiquées au golaz, qu'on a brisées ensuite par agitation au moment de la mesure. L'émanation a été recueillie dans un condensateur et mesurée au quartz de Curie. Cette mesure a donné pour les deux ampoules : 5o g en 3o secondes, ce qui équivaut, par rapport à l'étalon, à o;o13125 microgramme, soit $\frac{1}{100}$ de microgramme environ pour deux ampoules, et 0,005, soit $\frac{1}{200}$ de microgramme environ pour une ampoule.

On voit de suite l'énorme différence avec une substance dosée au $\frac{1}{10}$ de microgramme paraissant *a priori* d'un dosage bien faible : elle a cependant une puissance radioactive vingt fois plus forte que celle de l'échantillon soumis à l'expérience.

Ceci démontre, surtout après les décisions du Congrès de Bruxelles de 1910, qu'il est toujours nécessaire *d'exiger un dosage en poids* pour désigner les produits radifères. Cette importance s'accroît encore quand il s'agit de doses relativement élevées, comme les injections de radium et l'ionisation du radium, d'après la méthode que le Dr Haret a préconisée en collaboration avec M. Danne et nous-même ([2]).

Nous ne saurions trop attirer l'attention sur le qualificatif *radioactif* attribué à une substance médicamenteuse. Employé seul, il ne donne absolument aucune indication suffisante. Le médicament a-t-il été radioactif et ne l'est-il plus ? Contient-il une substance radifère capable de lui donner une radioactivité permanente ? A quel degré est-il ainsi *radioactif ?*

Pour déterminer ce médicament d'une manière certaine, il n'y a qu'un seul moyen, c'est de donner le dosage en poids de radium (élément) contenu, comme il a été décidé au Congrès de Bruxelles, ou, tout au moins, en sel de radium pur, comme nous l'avons toujours pratiqué. Dans ces conditions, et dans ces conditions seulement au point de vue pratique, on peut se faire une idée exacte et nette de la valeur de la radioactivité véritable.

([1]) Travail effectué au Laboratoire biologique du Radium.
([2]) HARET, DANNE et JABOIN, *Sur une nouvelle méthode d'introduction du radium dans les tissus* (*Académie des Sciences*, 20 mars 1911).

M. R. DOLLFUS,

Licencié ès Sciences naturelles (Paris).

ÉLECTRISATION DES GAZ, DES EAUX MINÉRALES ET DE TOUS LIQUIDES.
APPLICATIONS DES MÉTHODES DE NODON.

615-79-84

5 Août.

Les procédés Nodon consistent à provoquer, par l'action d'un champ électrostatique, la mise en liberté, au sein d'un gaz, d'ions chargés d'électricité négative ou positive.

Les ions conservent longtemps leur charge d'électricité au sein des gaz, et ils possèdent, en outre, la propriété de communiquer cette électrisation aux liquides dans lesquels on introduit les gaz ionisés.

Des recherches antérieures de Nodon ont démontré que ce sont les ions libres contenus dans les gaz des eaux minérales naturelles qui communiquent la vitalité propre à ces eaux minérales.

Les ions électrisés sont introduits dans l'organisme par l'ingestion buccale de l'eau, ou bien encore par la voie hypodermique dans le traitement balnéaire.

Les ions positifs provoquent une action calmante, sédative et cicatrisante très prononcée sur les tissus irrités, sur les traumatismes, sur les lésions des tissus musculaires ou nerveux, etc. Les ions négatifs produisent, au contraire, une action excitante sur les centres nerveux et une action émolliente et résolutive sur les tissus indurés. La présence des ions dans les eaux minéralisées a encore pour effet d'augmenter dans une forte proportion l'action thérapeutique et clinique qui est propre à chacune des substances minérales dans l'eau.

Si on laisse les gaz contenus dans les eaux minérales s'échapper à l'air libre, ces eaux perdent rapidement leur vitalité. Si l'on prend soin, au contraire, de conserver les gaz électrisés dans l'eau, au moyen d'un bouchage hermétique, leurs propriétés actives se conservent parfois pendant plusieurs mois; quoique souvent le défaut de bouchage, ou bien encore l'embouteillage pendant les périodes d'inactivité de la source, ne donnent que des eaux inactives au point de vue électrique.

Le procédé Nodon permet d'obtenir artificiellement l'électrisation des gaz des eaux minérales et il donne la faculté de régénérer à volonté les eaux minérales auxquelles on donne, de cette façon, une activité toujours nouvelle, et égale à celle de la source puisée au griffon lui-même.

On peut encore, grâce à ce procédé, maintenir dans les liquides desti-

***10

nés à la médication balnéaire, des gaz électrisés qui communiquent à ces bains de précieuses qualités curatives.

Les bains de gaz ionisés permettent également d'obtenir de précieux résultats thérapeutiques.

Il est enfin possible d'introduire des gaz électrisés, tels que l'anhydride carbonique ionisé, dans les liquides destinés à la pharmaceutique ou à la consommation courante, tels que le vin, les liqueurs, les sirops, etc., de façon à leur donner des qualités fortement stimulantes ou bien, au contraire, des qualités calmantes, suivant que leur électricité est négative ou positive.

En résumé, ce procédé mérite d'être appelé aux applications les plus étendues et les plus variées dans le domaine de la médication et de l'hygiène, telles que la conservation de l'activité des eaux minérales naturelles; la fabrication d'eaux minérales électrisées; la fabrication de bains liquides ou gazeux électrisés; la fabrication de sirops, de vins, de liqueurs électrisés possédant des propriétés toniques particulières.

On doit, en outre, faire remarquer, d'une façon toute spéciale, que le procédé Nodon diffère entièrement des procédés qui produisent artificiellement la radio-activité des gaz contenus dans l'eau, à l'aide du radium. car l'on sait que la radio-activité consiste dans la production d'une égale quantité d'ions positifs et d'ions négatifs dont les actions se neutralisent au point de vue thérapeutique.

Les méthodes employées permettent, au contraire, de réaliser une électrisation positive ou négative de l'acide carbonique, de l'azote, de l'oxygène, etc., dont les effets thérapeutiques et cliniques sont parfaitement définis, contrairement à ceux que donne la simple radio-activité.

Ajoutons, d'autre part, que la fabrication des gaz ionisés par ces méthodes peut se faire industriellement avec une très faible dépense et à l'aide d'appareils simples.

L'appareil d'ionisation se compose essentiellement des parties suivantes : une source d'électricité telle qu'un transformateur de courant alternatif à haute tension; une soupape à gaz servant à redresser le courant dans une direction unique; un ozoneur; une source à débit constant du gaz à ioniser, tel qu'un tube de gaz carbonique comprimé. Le gaz est soumis dans l'ozoneur à l'action d'une effluve positive ou négative suivant le résultat à obtenir; puis il est introduit dans les liquides à traiter.

ÉLECTRICITÉ MÉDICALE.

M. DELHERM.

ALLOCUTION DU PRÉSIDENT.

615.84 (o63)

31 *Juillet*.

L'an dernier, à Toulouse, nous avons brillamment fêté le dixième anniversaire de notre élévation au rang de groupement autonome, au sein de l'Association pour l'Avancement des Sciences.

Au moment où s'ouvre une nouvelle décade, que nous espérons tous des plus fécondes en acquisitions scientifiques, j'espère être votre interprète à tous, Messieurs, en rendant un public hommage à celui qui fut le créateur de cette section, et qui en est resté depuis et en demeurera toujours, espérons-le, l'âme directrice : à M. le professeur Bergonié.

Par ses travaux éminents, par le rayonnement des *Archives d'Électricité médicale*, M. Bergonié a contribué, dans la plus large des mesures, à développer le grand mouvement contemporain en faveur des sciences électro-radiologiques.

C'est aussi l'œuvre de ce Congrès annuel, qui a joué un rôle très important dans ce développement; et vous pouvez tous être fiers, Messieurs, d'avoir fait, par votre labeur, votre assiduité et l'importance de vos travaux, que notre spécialité ait acquis enfin droit de cité dans les milieux scientifiques.

Quel chemin parcouru depuis la période pas très lointaine, où nos prédécesseurs étaient considérés pour le moins comme de doux utopistes; et combien nous devons toujours leur être reconnaissants à tous de nous avoir préparé les voies!

C'est certes ce culte du souvenir, que vous avez affirmé l'année dernière, en nous chargeant, Laquerrière et moi, d'en apporter le témoignage sur la tombe d'Apostoli par un sentiment de très délicate attention, dons nous vous exprimons, en vous rendant compte de notre mission, nos bien vifs remerciments.

Si l'enfance de notre spécialité fut longue et languissante, son adolescence fut rapide, et nous voici, maintenant, dans le plein épanouissement de notre vitalité.

Nous avons beaucoup acquis, et certes nous continuerons d'acquérir chaque jour encore; mais, ne pensez-vous pas qu'il serait d'un puissant intérêt scientifique de nous attacher surtout à catégoriser et à classer les indications respectives de nos agents thérapeutiques?

Nous avons souvent, contre telle ou telle maladie, plusieurs médications capables d'exercer une action efficace.

Mais dans quel ordre, sous quelle hiérarchie, instituerons-nous ces dive s modes de traitement?

Ce problème est pour nous celui de chaque jour; il se pose aussi bien dans les cas les plus rares que dans les plus communs de notre pratique journalière.

Il devient de plus en plus complexe à mesure que notre domaine s'enrichit; et, pour ne citer qu'un exemple, celui de la sciatique, vous savez qu'en dehors du bon et fidèle courant galvanique, nous avons acquis, dans ces dix dernières années, pour agir sur elle, la thermothérapie, la luminothérapie, la haute fréquence locale ou générale, la diathermie, la radiothérapie, la radiumthérapie, etc.

Chacun de ces traitements a une valeur indubitable et possède à son actif des guérisons bien établies; mais, en présence d'un nouveau cas, sur quelles bases nous guiderons-nous, pour exercer notre choix dans la gamme des médications?

Sans doute une pareille réglementation, même dans des lignes très générales, n'est pas chose facile, et elle ne peut pas être l'œuvre d'un jour.

Mais peut-être penserez-vous qu'il y aurait un effort à faire pour essayer de fixer, au moins sur un certain nombre de points; à la suite d'échanges de vues, une sorte de doctrine commune, révisable sans doute, mais qui pourrait être pour nous précieuse, tant au point de vue théorique qu'au point de vue pratique.

Cette œuvre de classification qui est déjà plus ou moins avancée; l'électro-radiologie française me paraît particulièrement qualifiée pour la réaliser, parce qu'elle a su, depuis longtemps, s'organiser avec méthode.

C'est surtout ici que nous sommes bien placés pour effectuer ce travail, parce que nous avons l'avantage de bénéficier de la présence réelle de la grande majorité des spécialistes français. Ainsi notre Congrès pourrait arriver à créer une certaine harmonie de pensée et d'action grâce à laquelle nous éviterions cette critique qu'on fait parfois à notre spécialité, de procéder trop souvent de conceptions par trop différentes ou de techniques trop dissemblables.

Mais, dans nos réunions annuelles de l'Avancement des Sciences, nous discutons seulement entre électro-radiothérapeutes; et il ne vous a pas échappé qu'il n'était pas inutile de confronter les résultats de nos méthodes avec celles des autres agents physiques et d'en dégager les indications respectives : de là est né le succès du Congrès français de Physiothérapie.

·· Enfin, il ne faut pas oublier que la permanence des discussions est en quelque sorte assurée au sein de la Société française d'Électrothérapie et de Radiologie, et de la Société de Radiologie médicale de Paris, où nous pouvons toujours nous retrouver, dans l'intervalle des Congrès, et qui sont des centres d'émulation laborieuse et d'activité scientifique toujours en éveil.

Chacune de nos organisations, annuelle ou permanente, tout en conservant son caractère, sa spécialité propre, son originalité particulière, concourt à l'harmonie générale; et c'est en réunissant toutes les bonnes volontés autour de ces divers groupements, entre lesquels règne la plus parfaite harmonie, que nous porterons toujours plus loin et plus haut le rayonnement de l'Électro-Radiologie française:

J'ai maintenant le très agréable devoir de remercier tous ceux qui ont bien voulu contribuer au succès de notre Congrès de Dijon;

M. le professeur Bergonié, qui a ouvert si largement les colonnes des *Archives* à toutes nos publications; le Conseil d'administration de l'Association et M. le Dr Desgrez, qui nous ont accordé une subvention de 5oo fr, somme qui nous a permis d'organiser notre Exposition; notre vice-président, M. Nogier, que j'ai si souvent mis à contribution.

Nous devons à notre infatigable ami Michaut, secrétaire général adjoint du Comité local, de nous avoir si avantageusement choisi notre salle, de l'avoir munie d'une lanterne à projections, d'avoir enfin organisé notre brillante exposition : il a droit à toute notre reconnaissance.

MM. les Constructeurs ont fait, cette année, un très grand effort; aussi avons-nous pensé que le meilleur moyen de les remercier, était de tenir trois séances d'après-midi à l'Exposition et de leur demander de faire, à tour de rôle, la présentation de leurs appareils.

M. Laffay, constructeur-électricien à Dijon, nous a prêté, pour l'installation matérielle, le plus dévoué des concours, je lui adresse nos remercîments, ainsi qu'à M. Charlot, directeur de la Société dijonnaise d'Électricité.

· Nos amis les Belges ne manquent jamais de s'associer à toutes nos manifestations scientifiques; et je suis heureux de souhaiter, au nom de tous, la cordiale bienvenue à MM. Libotte, délégué de la Société belge de Radiologie, et Hautchamps, délégué du Bureau de la même Société et du *Journal belge de Radiologie*.

Par une heureuse initiative, dont nous apprécierons tous la haute valeur, M. Mesureur a bien voulu accréditer officiellement auprès de nous M. Cailly, docteur ès sciences, inspecteur de l'Assistance publique.

· En adressant à l'Administration tous nos remercîments pour l'intérêt qu'elle veut bien manifester à nos travaux, nous exprimons à M. Cailly, à l'organisateur de nos laboratoires hospitaliers Parisiens notre bien vive reconnaissance.

En terminant, permettez-moi de remercier ceux d'entre vous qui ont bien voulu accepter les fonctions absorbantes de rapporteur, et vous tous, Messieurs, qui avez si aimablement répondu à l'appel de l'Association.

Quant à moi, Messieurs, en vous remerciant pour la très flatteusé distinction dont vous m'avez honoré, en m'appelant à présider vos travaux, je serais trop heureux si mes modestes efforts avaient pu vous préparer un cadre de travail digne de vous et du passé scientifique de la Section d'Électricité médicale.

MM. LES Dʳˢ G.-A. WEILL, VINCENT ET BARRÉ,

Assistants du Dʳ Babinski (Paris).

RAPPORT SUR LE VERTIGE VOLTAÏQUE.
RECHERCHES CLINIQUES ET EXPÉRIMENTALES.

615.843 : 611.852.3

1ᵉʳ *Août.*

La fonction d'équilibration était pendant longtemps restée pour le clinicien un domaine inexploré. Dans ces dernières années, la pathologie des maladies-labyrinthiques a pris corps, le diagnostic des affections vestibulaires se précise et les méthodes d'examen se perfectionnent.

La méthode électrique ne pouvait manquer d'apporter à ces recherches un élément précieux.

Des difficultés de technique font que l'excitation isolée des canaux semi-circulaires par le courant galvanique est chose malaisée. Les expériences de Breüer sur le pigeon paraissent être les premières dont la précision soit suffisante.

Elles furent complétées depuis par Ewald.

Pollak, dans les *Archives* de Pflüger, indique les réactions spécifiques du courant galvanique chez l'homme.

M. Babinski, en 1901, décrivait les variétés pathologiques du vertige voltaïque dans les affections auriculaires. signalait le premier la rotation de la tête vers l'anode, tel qu'il les observait sur l'homme et sur l'animal et confirmait dans ses expériences sur le pigeon le rôle des canaux semi-circulaires dans la genèse de ce phénomène.

Le vertige voltaïque doit être étudié à l'état normal et dans ses déformations pathologiques.

VERTIGE VOLTAÏQUE NORMAL.

Il est nécessaire d'employer pour cette recherche une batterie de 12 à 20 éléments groupés en tension et commandés par un rhéostat ou un collecteur suffisamment progressif; un milliampèremètre gradué de 0 à 20, un interrupteur et un inverseur de pôles complètent l'appareil.

Les électrodes sont de deux sortes : tantôt, et c'est le cas le plus fréquent, on utilise des disques de 2 à 4 cm de diamètre tenus par l'opérateur; tantôt ces disques sont fixés automatiquement sur la tête du sujet par une bande de caoutchouc ou d'acier. Ce dernier dispositif est surtout convenable comme appareil de démonstration pour éviter toute action sur la tête du malade de la part de l'observateur, ou lorsque celui-ci est seul pour faire l'application du courant et manœuvrer le rhéostat ou les interrupteurs.

Le malade sera debout ou assis, la tête non soutenue. La position assise est la plus commode; dans la position debout, les déplacements de la tête et les mouvements de déséquilibration sont plus visibles.

Le point d'application des électrodes sera en avant et au-dessus du tragus.

Si l'on recherche les phénomènes de l'excitation bipolaire, la plus caractéristique, les tampons seront placés symétriquement.

Si l'on explore l'oreille avec un seul pôle, l'électrode indifférente sera placée sur la nuque ou tenue dans la main par le sujet en expérience.

Pour obtenir les mouvements dits *de rotation*, les tampons seront placés asymétriquement sur les régions auriculaires, l'anode au-dessus du tragus, la cathode au-dessous du lobe de l'oreille.

Les phénomènes produits par le passage du courant sont sensitifs et moteurs.

Sensitifs : 1° Brûlure au pôle négatif; cette brûlure s'atténue si l'on applique le plus largement et le plus exactement possible les tampons, et si l'on met le moins de sel possible dans la solution qui les imprègne.

2° Sensation gustative localisée, surtout aux bords de la langue, saveur piquante, métallique, due à l'excitation de la corde du tympan.

3° Bruits subjectifs ou acouphènes du côté du pôle négatif; mais ces acouphènes sont loin d'être constants et se produisent surtout dans certaines affections auriculaires, et si l'on produit de brusques modifications dans le passage du courant.

La réaction électrique, spécialement dénommée *vertige voltaïque*, est un phénomène moteur; il consiste essentiellement dans l'inclination de la tête vers l'épaule du côté de l'anode. Ce mouvement apparaît en général avec un courant de 1 à 2 mA.

Il se produit alors peu à peu, du côté du pôle positif, un déplacement de la tête vers l'épaule. Ce mouvement s'accentue de plus en plus et peut s'accompagner de déséquilibration totale avec chute du corps vers le pôle positif; c'est ce que l'on observe surtout dans la position debout.

Si l'on ramène lentement le rhéostat au zéro, la tête reprend peu à peu sa position normale. Si l'on interrompt brusquement le courant, la tête revient brusquement aussi vers la ligne médiane; c'est la réaction de rupture.

Une sensation vertigineuse accompagne la déviation de la tête; exceptionnellement assez violente pour provoquer des nausées.

Si les tampons sont placés asymétriquement, la cathode sous le lobule de l'oreille, on observe, mais d'une façon moins constante, un mouvement de rotation de la tête sur son axe vers le pôle positif. Rarement, ce mouvement est tout à fait pur, il se combine au mouvement d'inclination qui se produit lui aussi vers l'anode.

Un phénomène associé au vertige voltaïque, moins apparent, moins constant aussi, c'est le nystagmus galvanique, dont il nous faut dire quelques mots.

Souvent, les auteurs qui parlent de l'exploration galvanique de l'oreille ne considèrent en effet que le réflexe nystagmique, laissant au second plan l'inclination ou négligeant totalement d'observer ce phénomène; c'est, au contraire, l'inclination et la rotation de la tête qui constituent le vertige voltaïque auquel nous attachons une importance capitale dans le diagnostic des affections du labyrinthe postérieur.

Ce nystagmus est généralement rotatoire et s'obtient avec 3 ou 4 mA. Il est caractérisé par des secousses rotatoires brusques du globe oculaire vers la cathode.

Il ne faut pas faire durer au delà du nécessaire la recherche du vertige voltaïque pour éviter au patient des phénomènes pénibles.

Dans tous les cas, on notera soigneusement les intensités électriques employées.

PERTURBATION DU VERTIGE VOLTAÏQUE.

Sous l'influence d'une cause pathologique quelconque, les fonctions de l'appareil vestibulaire peuvent être altérées.

La recherche des anomalies du vertige voltaïque est des plus importante pour le diagnostic de ces troubles et nous nous efforcerons de le prouver.

Le vertige est troublé par *hypersensibilité*. S'il n'est pas anormal de produire avec 1 ou même 0,5 mA une déviation de la tête, ces intensités peuvent déterminer une agitation anormale de certains malades avec chute en avant ou en arrière ou sur le côté ou bien aussi une oscillation en tous sens de la tête.

Cette instabilité de la tête sous l'influence du courant peut être appelée *nystagmus céphalique*. Malgré ce phénomène, on peut rechercher le vertige voltaïque; en effet, à la rupture nous retrouverons un mouvement brusque de la tête vers le négatif, comme nous l'avons décrit à l'état normal. Ce sont des malades hyperexcitables.

Le vertige est troublé par *résistance exagérée*, c'est-à-dire qu'il faut une intensité double ou triple pour obtenir une déviation de la tête. Ce phénomène s'observe chez des malades dont le vestibule est atteint profondément, ou dans certains cas d'hypertension intracrânienne. Chez ces malades, on observe généralement une rétropulsion de la tête et du corps lorsque l'intensité du courant atteint 10 à 12 mA. ou bien encore la tête ne se déplace qu'au moment de l'ouverture du courant; elle est alors projetée en avant.

Le vertige est troublé par *asymétrie* de la réaction.

On dit que le vertige est *unilatéral* lorsque la tête incline toujours du même côté, quel que soit le sens du courant. A l'ouverture du courant, la tête brusquement revient vers la ligne médiane en sens opposé à l'inclination.

A un degré moindre, il y a simplement *prédominance* du vertige.

Bien entendu, ces diverses modalités du vertige pathologique peuvent se combiner. Nous observons par exemple, fréquemment, le type résistance et prédominance unilatérale.

Le vertige voltaïque est *aboli*.

Ces cas, assez rares, correspondent à une destruction complète et bilatérale du vestibule, telle qu'on l'observe dans les traumatismes complexes de la base du crâne ou dans les suppurations bilatérales de l'oreille interne, chez un certain nombre de sourds-muets, à la suite de syphilis de l'oreille interne.

M. Babinski a décrit une modification importante du vertige voltaïque, après la ponction lom.' naire; par exemple, un malade dont le vertige est prédominant d'un côté inclin ra les deux côtés après la ponction.

Mais, c'est surtout le symptôme résistance qui est influencé : s'il fallait avant l'opération 10 mA pour obtenir l'inclination, souvent 2 à 3 mA suffiront provoquer le vertige voltaïque après soustraction même d'une faible quan- ité de liquide céphalo-rachidien.

VALEUR PHYSIO-PATHOLOGIQUE DU VERTIGE VOLTAÏQUE.

A. *Étude expérimentale.*

Le vertige voltaïque est bien une réaction du vestibule, c'est-à-dire de l'organe périphérique du sens statique. Les résultats de l'expérimentation sur l'animal et l'examen des cas pathologiques nous en donnent la preuve.

En 1903, M. Babinski, expérimentant sur le pigeon, obtenait les résultats suivants :

L'excitation unilatérale et directe des canaux semi-circulaires produit une inclination de la tête telle que le pôle + paraît avoir une action attractive et le pôle — une action répulsive.

Récemment, sous l'instigation de M. Babinski et dans son laboratoire, Nageotte d'abord, puis nous-mêmes, avons repris et complété cette expérience fondamentale.

La destruction complète d'un vestibule chez le pigeon entraîne l'abolition de la réaction caractéristique de l'anode pour le côté opéré.

Si la destruction est incomplète, l'inclination de la tête au passage du courant se fera alternativement des deux côtés, avec prédominance tantôt du côté' opéré, tantôt du côté sain.

Chez le cobaye, la destruction d'un labyrinthe ou des deux labyrinthes, mieux la section extra-crânienne d'un nerf acoustique ou des deux nerfs acoustiques produit des modifications du vertige voltaïque.

Dans le cas de destruction unilatérale du labyrinthe ou de section unilatérale de la huitième paire et immédiatement après ou dans les jours qui suivent, la rotation est abolie du côté de la lésion, alors qu'elle se fait parfaitement du côté opposé.

Dans le cas de *destruction bilatérale,* la rotation voltaïque est supprimée des deux côtés : quel que soit le côté où l'on place le pôle positif, la tête ne tourne pas.

Ces lésions se font avec une précision presque absolue au moyen de la fraise de dentiste.

Les mêmes expériences ont été faites sur le cobaye et sur le lapin en injectant quelques gouttes d'alcool absolu dans la bulle mastoïdienne.

Chez un animal opéré de cette sorte, on obtient des réactions galvaniques semblables à celles que donnent les expériences précédentes.

Ces expériences nous paraissent établir d'une façon indubitable que, chez l'animal, l'intégrité du vestibule est une condition nécessaire à la production du vertige galvanique normal.

D'autre part, nous avons détruit par grattage le limaçon qui, chez le cobaye, fait saillie à l'intérieur de la bulle : cette lésion n'entraîne pas de trouble du vertige voltaïque.

La production de ce phénomène est donc bien liée à l'intégrité de la branche vestibulaire de la huitième paire.

B. *Épreuve galvano-calorique.*

M. Babinski a fourni chez l'homme une preuve expérimentale de l'origine vestibulaire du vertige voltaïque. Sur un sujet présentant des réactions vestibulaires normales et un vertige voltaïque normal, on pratique dans la position assise la recherche du réflexe calorique en irriguant une oreille avec de l'eau froide jusqu'à l'apparition du nystagmus. A ce moment, l'application des électrodes produit un *vertige anormal :* l'inclination pendant toute la durée du réflexe calorique prédomine nettement du côté irrigué; elle peut même être tout à fait unilatérale.

Cette perturbation dure une ou deux minutes et s'atténue en même temps que la réaction calorique, pour disparaître avec elle.

Ce phénomène peut nous servir de contrôle pour les différentes épreuves vestibulaires et aussi dans les cas d'ophtalmoplégie ou d'ophtalmospasme.

C. *Étude clinique.*

Les observations que nous avons réunies depuis dix ans nous permettent de confirmer la valeur séméiologique du vertige voltaïque. D'autres auteurs, tant à l'étranger qu'en France, entre autres Barany, Rüttin, Mann, Cros, Lombard, Lemaître, Halphen, ont étudié et utilisé dans leurs recherches cliniques le vertige galvanique.

Nous considérons comme détruit complètement et des deux côtés un appareil statique dont l'exploration donne les résultats suivants :

Abolition complète du réflexe calorique de Barany après plusieurs minutes d'irrigation.

Abolition du réflexe giratoire provoqué les yeux fermés ou garnis de verres dépolis.

Absence du vertige voltaïque.

La persistance du nystagmus galvanique ne paraît pas être incompatible avec une destruction complète des canaux semi-circulaires et du vestibule.

La destruction unilatérale mais complète du vestibule donne les résultats suivants :

Abolition d'un côté du réflexe calorique.

Diminution du réflexe giratoire de ce côté.

Vertige voltaïque unilatéral.

Il nous semble, quant au sens de l'unilatéralité, que l'inclination se produirait dans ces cas du côté sain, mais que s'il reste un vestige de l'appareil vestibulaire du côté malade, c'est de ce côté que se fera l'inclination de la tête.

Les altérations profondes mais incomplètes des deux vestibules donnent une réaction galvanique anormale. Souvent, il y a prédominance ou unilatéralité du côté le plus atteint; mais on peut observer aussi la résistance au vertige voltaïque.

Chez un grand nombre de malades atteints de sclérose de l'oreille avec surdité à des degrés variables, on trouve des perturbations du vertige voltaïque; alors que souvent la réaction de Barany et le nystagmus giratoire paraissent normaux.

Nous devons en conclure que la moindre altération du vestibule, le moindre trouble fonctionnel de cet appareil sera décelé par le vertige voltaïque.

Ce symptôme prend alors dans ces cas une valeur particulière. Est-ce à dire qu'inversement, si nous trouvons le vertige voltaïque normal, l'appareil statique est certainement sain? Bien que jusqu'ici, lorsque nous avons trouvé le vertige voltaïque normal, nous n'avons jamais constaté d'anomalies caractéristiques dans le réflexe calorique ou giratoire, nous n'osons pas répondre catégoriquement par l'affirmative.

Dans les cas de simulation ou d'hystérie, dans les traumatismes, au cours d'une expertise, le vertige voltaïque est d'un secours précieux, puisque à côté des grosses lésions mises en évidence par les autres épreuves, il décèle de très légères altérations fonctionnelles du vestibule.

La recherche du vertige voltaïque doit toujours compléter l'examen acoustique et statique, précisément dans les cas les plus discutables.

Conclusions. — Des faits expérimentaux que nous avons exposés, des constatations cliniques faites sur des sujets sains et anormaux, on peut actuellement tirer les conclusions suivantes :

1º Le vertige voltaïque est un phénomène produit par l'action du courant galvanique sur les fibres vestibulaires de la huitième paire;

2º C'est un symptôme d'excitation bilatérale qui s'adresse à l'ensemble de l'appareil statique, c'est-à-dire à la fois aux deux groupes gauche et droit de canaux semi-circulaires;

3º La destruction complète unilatérale de l'appareil statique entraîne chez l'animal et quelquefois chez l'homme une inclination unilatérale de la tête vers le côté sain, quel que soit le sens du courant;

4º Une destruction complète et bilatérale de l'appareil statique entraîne la disparition du vertige voltaïque;

5º Au point de vue clinique, la constatation d'un vertige anormal permet d'affirmer une perturbation fonctionnelle ou une lésion de cet appareil. (Toutefois, il n'y a pas nécessairement parallélisme entre l'intensité de la perturbation du vertige et la gravité de la lésion.)

La recherche du vertige voltaïque a donc une grande valeur comme signe objectif d'une lésion vestibulaire. Tel qu'il est actuellement, ce symptôme complète la séméiologie du labyrinthe.

Loin de lui opposer ou de lui préférer les autres procédés employés avant et après lui, on doit dire qu'il les éclaire et les contrôle.

(¹) Cf. *Archiv. d'Electr. Méd.*; nº 312, 25 juin 1911, Bordeaux.

MM. LAQUERRIÈRE et NUYTTEN.

RAPPORT SUR QUELQUES ACTIONS DE QUELQUES MODALITÉS ÉLECTRIQUES SUR LA CIRCULATION GÉNÉRALE.

5 Août.

615.84 : 612.1

Nous avons pratiqué 1588 examens du pouls et des pressions maxima et minima chez un certain nombre de sujets soumis à différents traitements électriques.

A. Nous avons considéré d'abord les résultats obtenus immédiatement après chaque séance, et à ce point de vue :

1° Le courant sinusoïdal sous forme de bain de 4 cellules ne nous a rien donné; sous forme de bain hydro-électrique à 37°, il nous a donné un ralentissement du pouls et une élévation légère de la pression ;

2° La galvano faradisation abdominale antero-postérieure, 75 à 100 mA, a fourni des résultats inconstants;

3° Le bain statique, 10 à 20 minutes, nous a permis de constater un léger ralentissement du pouls et un abaissement moyen de la pression maxima égal à 3 mm,4 par séance;

4° La méthode de Bergonié, en séances faibles, ralentit le pouls et élève la pression; en séances fortes, elle accélère le pouls et abaisse la pression;

5° Les courants de hautes fréquences ont été employés par nous sous différentes formes et en utilisant en particulier la mesure au moyen de l'U. M. P. du professeur Doumer. Les différents procédés nous ont donné des chutes de la pression maxima, variant de 3 mm,5 à 4 mm,5 en moyenne par séance. Il nous a paru que, comme l'avait indiqué M. Doumer, il n'y avait pas intérêt à employer pour la cage des intensités trop considérables (en U. M. P.).

B. En ce qui concerne les résultats obtenus, grâce à une série de séances, dans l'hypertension artérielle, nous ne pouvons, pour diverses raisons, tenir compte que des observations de malades soumis aux courants de haute fréquence : nous avons constaté sur le phénomène hypertension des succès appréciables, mais des insuccès en nombre à peu près égal. Nous restons néanmoins des partisans convaincus des applications générales de haute fréquence (Apostoli et Laquerrière, 1898; Laquerrière, 1900), parce que les résultats symptomatiques satisfaisants sont presque constants, même quand la pression ne s'abaisse pas.

M. LE Dr FOVEAU DE COURMELLES,

Chargé de mission, directeur de l'*Année électrique* (Paris).

OBSERVATIONS ET RÉFLEXIONS SUR LES RAYONS X.

4 Août.

615.849

Malgré les mesures, très nombreuses, mais très relatives du reste, que l'on peut appliquer aux rayons X, nous trouvons, même parmi les maîtres les plus autorisés, les opinions contradictoires. Nous avons vu au Congrès d'électrologie et de radiologie médicale de Berne de 1902, nier l'idiosyncrasie, autrement dit, la sensibilité individuelle aux rayons X. Comme en pharmacopée, n'avons-nous pas selon les patients, des variations assez larges entre les doses maxima et minima. Ne voyons-nous pas dans un domaine voisin, celui de la lumière ultraviolette (actuellement trop négligée en thérapie), des actions et des rayons différents, toute une gamme de radiations à longueurs d'onde différentes.

Me basant sur les effets différents, selon les filtres employés, des rayons X, j'y retrouve les analogies entre les rayons violets dont le verre, à diverses épaisseurs, empêche le passage, et même le tube à essai à verre si mince retient la plus grande partie, alors que le quartz en retient peu. Jusqu'à ce que les physiciens aient déterminé les longueurs d'onde des divers rayons X, je crois, ainsi que je le disais dans ma Communication à l'Académie des Sciences présentée le 1er juin 1911 par le professeur d'Arsonval, qu'il y a trois sortes, trois grands groupes de rayons X.

1º Ces rayons très mous que cependant le filtre d'aluminium n'arrête pas et qui, à travers lui, noircissent ou font tomber momentanément le système pileux.

2º Les rayons mous, qu'arrête cette plaque d'un millimètre d'épaisseur et que j'emploie depuis 1897 en la reliant au sol, et la preuve en est dans l'absence de brûlure cutanée; (je n'ai eu, volontairement d'ailleurs, qu'une brûlure autour d'un épithélioma situé derrière le pavillon de l'oreille, la malade ayant peur de la plaque d'aluminium, j'avais dû l'enlever; la brûlure et la chute des cheveux se produisirent après dix séances de rayons mous, 1901; même avec 5 à 6 ampères, au primaire, ces rayons ne marquent rien au milliampèremètre du secondaire.

(¹) Communication envoyée à Dijon, son auteur étant au même moment vice-président du Congrès International de Protection des animaux à Copenhague, et chargé de mission en Scandinavie.

Enfin 3° les rayons plus pénétrants et qui permettent la radiothérapie pour les fibromes, et que j'essayai fin 1902.

Certaines jeunes femmes, 30, 31 ans, subirent 100, 150, 200 séances
de rayons à 8 degrés Benoist. 1/10 de m A, sans avoir la moindre lésion
cutanée, grâce à l'aluminium, souvent avec des arrêts de règles de
6 mois.

J'en publiai les premiers résultats à l'Académie des Sciences les 11 janvier 1904, puis les 25 février 1905 et 27 novembre 1907. Ces rayons,
modifiant encore la composition du sang des leucémiques, calment les
névralgies rebelles.

Cette classification est évidemment peu scientifique, mais elle repose
sur des bases indéniables cependant : les actions différentes en profondeur. Nous les retrouvons quelque peu par analogie avec le radium,
dont les rayons X sont absorbés même par une feuille de papier à ciga-
rette (Rutherford), alors que les rayons β et γ traversent même le plomb
(Dominici) et s'y transforment probablement en radiations secondaires,
et comme le font eux-mêmes les rayons X (Sagnac). Ne serait-ce même
pas des formations de ce genre qui se feraient dans nos tissus et pro-
duiraient les phénomèes électrolytiques destructifs.

Une grande analogie que j'ai démontrée outre ces trois grands groupes
de radiations, X, ultra violets, radium, est leur grand pouvoir analgé-
sique, la grande puissance que ces rayons ont de calmer la douleur,
quelle que soit son origine et qui a son maximum avec le radium (Foveau
de Courmelles, Congrès de Berne, 1902 ; et, juin 1903).

Les rayons mous, qui attaquent la peau et l'ulcèrent, sont, pour nous,
des rayons très mous et cependant pénétrant la plaque d'aluminium ;
ce sont eux qui, sans toucher aux follicules pileux, se bornent à épiler
ou noircir momentanément, et ils n'attaquent pas la peau saine. Mais
que celle-ci vienne à être entamée d'une façon quelconque, éraflure,
coupure, et plus souvent irritation due aux manipulations photogra-
phiques et il y a pénétration. Ceci n'est pas une vue de l'esprit. J'ai fait
une enquête minutieuse et très étendue. Les premiers radiographes,
même de 1896, dont je suis, qui ne firent que peu ou point leurs déve-
loppements et leurs manipulations, ont gardé l'intégrité de leurs téguments cutanés. A peine trouverait-on 1 % de radiodermites chez eux,
encore celles-ci paraissent plutôt dues à des éraflures ou ouvertures
quelconques de la peau.

Ceci est tellement vrai que depuis 1902, pour augmenter l'action de
toutes les radiations lumineuses, j'ouvre souvent les téguments par les
scarifications, l'électrolyse.

D'autre part, les appareils intensifs et les écrans renforçateurs bien que
n'ayant pas toujours le pouvoir qu'on leur attribue, ont diminué les
durées de pose, nous ne verrons donc plus en radiographie d'accidents
pour l'opérateur.

On a parlé aussi des rayons obliques comme très dangereux, je crois qu'on a singulièrement exagéré, et j'ai déjà cité un cas de plus en plus probant puisque la durée d'exposition augmente : un animal domestique, une chienne se plaçant à côté des patients et recevant maints rayons obliques, n'a aucune lésion : voici plus de douze ans qu'elle reçoit des rayons X obliques, et constamment; elle ne présente aucune manifestation cutanée, aucun retard dans ses menstrues (deux fois par an).

Il faut donc garder son intégrité cutanée, ne pas faire de manipulations qui ouvrent ou irritent la peau, ou protéger celle-ci par des gants de caoutchouc.

La durée des radiodermites est indéfinie. On en a guéri, avec des doses énormes de rayons X, l'agent ayant produit l'affection, la pouvant homéopatiquement guérir. Les effluves à longue distance de haute fréquence m'ont donné d'excellents résultats, joints à l'onguent populeum additionné de lanoline et de laudanum comme pansement. J'ai soigné, ces temps derniers, une radiodermite produite à Alger par les rayons X appliqués à la cure d'un eczéma pendant un an : les deux mains étaient inégalement atteintes, la droite avait la face supérieure et externe du pouce jusqu'au carpe profondément atteinte, des ulcérations rouge violacé avec bourgeons-charnus que je cautérisai au nitrate d'argent; les autres doigts avaient des manifestations cornées comme d'ailleurs la main gauche. Cette radiodermite datant de quatre ans avait été soignée en vain par tous les onguents possibles. Des effluves de haute fréquence, sous forme d'action lumineuse et non d'étincelles, l'ont rapidement améliorée.

Guérit-on l'eczéma avec des rayons X ? Des auteurs l'ont dit, mais j'ai observé chez divers radiologues herpétiques des manifestations aux mains où il n'en avaient jamais eu avant l'emploi des rayons X, manifestations plus étendues l'été.

J'ai vu également chez le professeur Gaucher, à l'hôpital Saint-Louis, un autre eczéma transformé en dermite par de faibles et répétées doses de rayons X et guéri avec 20 H par M. André Broca.

Je disais tout à l'heure que les rayons ultraviolets étaient trop négligés. En 1909, lors de ma mission en Allemagne et Autriche-Hongrie, je vis à la Charité de Berlin le Dr Frantz Schultz qui me dit employer dans les grands lupus les rayons X d'abord et la Finsenthérapie ensuite; les rayons X évitaient les pertes de substance en formant du tissu conjonctif. Il m'a montré des cas intéressants. En sens différent, le Dr H. E. Schmidt, de Berlin, au Congrès Röntgen de cette année, signalait les bons résultats dans les cancers externes; usage de la lampe à vapeur de mercure d'abord et röntgenisation ensuite. Les actions photochimiques, les ultraviolets qui transforment les substances organiques et stérilisent sont très puissantes.

Je reviens encore sur les rayons doux, Fr. Schultz me les vantait en 1909; il les préférait au radium pour les nœvi, en provoquant les 3/4 du degré d'érythème Sabouraud en trois semaines, à raison d'une séance par semaine. Schultz y est revenu au Congrès Röntgen de 1911, et des ulcérations guérissant très vite sans escharres, avec le nouveau tube Lindemann produisant des rayons extra mous mesurés au qualimètre.

Retenons le fait de la combinaison photo-radiothérapique. Je m'en suis moi-même bien trouvé en maints cas. Nous avons maintenant tant de radiateurs commodes à manier, et en suivant l'ordre chronologique, ma lampe à arc aux charbons de 1900, employée à l'hôpital Saint-Louis et agissant sur les lupus, les cancroïdes, la modification du grand appareil de Finsen par lui et Reyn, la lampe de Kromayer, l'Uviol, la lampe à vapeur de mercure. Et au moment du Congrès de Dijon où j'envoie ce Mémoire, je serai à Copenhague où je m'informerai des résultats des combinaisons qui ont dû y être faites de la Finsenthérapie et de la Röntgenothérapie, en ce vaste champ des applications cutanées qu'est l'Institut fondé par le grand et regretté Finsen.

Depuis le Congrès d'électrologie de Berne de 1902, j'ai souvent insisté sur l'interchangeabilité des diverses radiations thérapeutiques, ce qui est important, surtout en ce qui concerne le radium si dispendieux — mais il y a lieu de noter aussi le complémentarisme, la nécessité d'association, de leurs actions. C'est en ouvrant la peau, en combinant, en étant éclectique, qu'on arrivera au maximum d'action, notamment de la gamme complexe des rayons X.

MM. LES Drs REGAUD ET TH. NOGIER,

Agrégés à la Faculté de Médecine (Lyon).

ESTIMATION DIFFÉRENTE DES DOSES DE RAYONS X
SUIVANT LES DIVERS MODES D'ÉCLAIRAGE DU CHROMORADIOMÈTRE.

615.849

5 Août.

L'estimation des doses de rayons X appliquées en radiothérapie expérimentale ou en radiothérapie humaine se fait généralement au moyen du virage du platino-cyanure de baryum (effet Villard).

De l'estimation exacte des doses employées découle l'appréciation des effets ultérieurs. Beaucoup de radiodermites aiguës ne sont pas dues à autre chose qu'à un mauvais dosage des rayons appliqués ou à une mauvaise lecture du chromoradiomètre.

Or, si la comparaison d'une pastille ayant viré à la teinte B de Sabouraud et de cette teinte elle-même est assez facile, il n'en va pas de même pour l'appréciation des teintes multiples des chromoradiomètres à plusieurs degrés.

M. Bordier insiste très justement sur la nécessité qu'il y a de comparer toujours à la même lumière du *jour* la teinte de la pastille de platino-cyanure avec celle des fiches de son appareil. Mais qu'y a-t-il de moins constant que la lumière du jour?

Tous les photographes savent qu'elle varie avec les heures de la journée, avec la saison, avec la latitude. Si le ciel est couvert légèrement, la lumière sera blanchâtre; s'il est découvert, elle sera bleue. Sur le bord de la mer, d'un fleuve, la lumière sera intense; dans une rue, elle sera faible et jaunâtre. Pense-t-on que la lumière distribuée sous le ciel de Londres, à midi, un jour brumeux de décembre, soit la même que celle du ciel de Naples ou du Cap, le même jour, à la même heure? Nous ne le croyons pas, et la preuve se trouve dans le Tableau ci-contre où nous voyons l'estimation de la teinte de la pastille différer suivant qu'on la considérait à la lumière d'un ciel bleu ou d'un ciel nuageux.

La comparaison de deux teintes à la lumière du jour est donc tout ce qu'il y a de plus aléatoire, sans compter que si l'on adopte cette comparaison, il faut renoncer à faire des applications radiothérapiques le soir.

A notre avis, la comparaison de la teinte du platino-cyanure viré à la teinte repère devrait se faire exclusivement *à la lumière artificielle*, lampe à incandescence par exemple. Il est infiniment plus facile de trouver des lampes à incandescence émettant la même lumière qualitativement et quantitativement que de trouver deux journées avec le même éclairage naturel.

Cette comparaison des teintes à la lumière artificielle offre, du reste, un autre avantage qui n'est pas le moindre. La teinte du platino-cyanure viré paraît toujours beaucoup *plus foncée* quand on l'examine à la lumière artificielle. La comparaison est donc plus facile; tout se passe comme si l'on avait augmenté la sensibilité de la pastille réactif. Ainsi la teinte O (au jour) du chromoradiomètre de Bordier sera II à la lumière d'une lampe Nernst, la teinte I ½ sera III, la teinte II ½ sera IV.

Naturellement, l'échelle de teintes sera à modifier à moins qu'on ne se serve comme dans le radiomètre de Holtzknecht, d'une échelle au platino-cyanure de baryum.

Teinte au grand jour (ciel bleu).	Teinte au grand jour (ciel nuageux).	Teinte au milieu de la salle (lumièrᵉ diffᵘˢᵉ).	Teinte à 15ᶜᵐ d'une lampe Nernst.	Observations.
0	"	I	II +	Juillet.
0 à 1....	"	1½	III —	Juin.
1 —.....	"	"	II½	Juillet.
1.......	"	1½	III —	Avril.
1.......	"	II	III —	Avril.
1.......	"	II —	"	Mai.
1.......	"	1½	III —	Mai.
1.......	"	II	"	Juin.
1½.....	"	"	III	Mars.
1½.....	"	II	III	Mars.
1½.....	"	II	III	Mars.
1½.....	"	II½	"	Mai.
1½.....	"	II +	"	Mai.
1½.....	"	II	III	Mai.
1½.....	"	II	III	Mai.
1½.....	"	II½	"	Juin.
1⅔.....	"	"	III —	Juillet.
II —.....	"	II¼	III	Avril.
II —.....	"	III	"	Mai.
II — [II + arc].	"	"	III —	Mai.
II —....	"	II½	"	Mai
II —....	"	II +	III —	Mai.
II —.....	"	II fort (arc)	III —	Juin.
II —.....	"	II½	"	Juin.
II —.....	"	II⅓	III	Juin.
II —....	"	II +	III —	Juillet.
II —.....	"	II½	III	Juillet.
II.......	"	II½	IV —	Avril.
II.......	"	II½	III½	Avril.
II.......	"	II½	III¼	Avril.
II.......	"	III —	"	Avril.
II.......	"	II½	III½	Avril.
II.......	"	II½	III	Avril.
II.......	"	III	IV	Avril.
II.......	"	III +	"	Avril.
II.......	"	II½	"	Mai.
II.......	"	II⅓	III	Mai.
II.......	"	II½	IV —	Mai.
II.......	"	II¼	III	Mai.
III.......	"	II½	III½	Mai.
III.......	"	II½	III¼	Mai.
II.......	"	II½	III	Juin.
II.......	"	III	IV	Juin.
II.......	"	III	"	Juin.
II...\....	"	III¼	"	Juin.
II.......	"	III	"	Juin.

Teinte au grand jour (ciel bleu).	Teinte au grand jour (ciel nuageux).	Teinte au milieu de la salle (lumièr⁰ diff⁰⁰).	Teinte à 15^{cm} d'une lampe Nernst.	Observations.
II	//	II $\frac{1}{2}$	//	Juin.
II	//	II $\frac{3}{4}$	//	Juin.
II	//	II $\frac{1}{3}$	III	Juin.
II	//	//	IV —	Juillet.
II	//	III	IV	Juillet.
//	II	II $\frac{1}{2}$	III +	Juillet.
II +....	//	III	IV	Mai.
//	II +	//	III $\frac{1}{2}$	Juillet.
II +....	//	III	IV	Juillet.
II +....	//	III	IV	Juillet.
II +....	//	III	IV	Juillet.
II $\frac{1}{4}$	//	III —	//	Mai.
II $\frac{1}{4}$	//	III —	//	Juin.
II $\frac{1}{2}$	//	//	III +	Mars.
II $\frac{1}{2}$	//	//	IV	Mars.
II $\frac{1}{2}$	//	//	IV +	Mars.
II $\frac{1}{2}$	//	II $\frac{3}{4}$	IV	Mars.
II $\frac{1}{2}$	//	//	IV dépassée	Mai.
II $\frac{1}{2}$	//	II $\frac{3}{4}$	IV	Mai.
II $\frac{1}{2}$	//	//	IV	Juillet.
II $\frac{1}{2}$	//	//	IV	Juillet.
II $\frac{1}{2}$	III	//	//	13 juillet 4ʰ soir.
II $\frac{1}{2}$	III +	//	//	13 juillet 6ʰ soir.
//	II $\frac{2}{3}$	III	IV	Juillet.
II $\frac{3}{4}$	//	III	IV	Avril.
II $\frac{3}{4}$	//	III	IV	Juin.
III	//	IV	IV fort^t dépassé	Mai.
III	//	IV	IV fort^t dépassé	Juin.
//	III	//	//	Juillet.
IV	//	//	IV for^t dépassé	Juin.

M. L. BOUCHACOURT,

Chef du Service de Radiologie de l'Hôpital Dubois.

SUR LA DIFFÉRENCE DE SENSIBILITÉ AUX RAYONS DE RÖNTGEN DE LA PEAU DES DIFFÉRENTS SUJETS, ET, SUR LE MÊME SUJET, DES DIFFÉRENTES RÉGIONS DU CORPS.
QUE DOIT-ON PENSER DU TRAITEMENT RADIOTHÉRAPIQUE DE L'HYPERTRICHOSE ET DE L'HYPERHIDROSE ?

615.849 : 616-56-594

31 *Juillet.*

C'est pour apporter une modeste contribution à l'excellent rapport de M. Arcelin, que je communique ces deux observations. Elles me paraissent établir d'une façon indiscutable, que les rayons de Röntgen, de même que les autres agents physiques (et notamment la chaleur solaire), de même que tous les caustiques chimiques, n'agissent pas de la même façon sur les différentes peaux, et que chez le même individu, les différentes régions de sa surface cutanée ne réagissent nullement d'une manière uniforme.

Il s'agit d'un jeune ménage d'une civilisation poussée à l'extrême, entraîné à une culture physique intensive, qui est venu me trouver pour être épilé partiellement, sur les indications de mon ami le Dr Heckel.

J'avoue que ma première pensée fut de ne pas me prêter à cette opération, d'autant plus que ni le mari, ni la femme, ne présentaient une véritable hypertrichose. Les seuls motifs que j'ai pu discerner dans leur demande, ont été une coquetterie très discutable, et le désir de s'éloigner plus que le commun des mortels, du type ancestral de l'époque des Cavernes.

Mais à la réflexion, et mes clients ayant résisté à mes objections sur l'incertitude des résultats, et sur les accidents toujours possibles en radiothérapie, j'ai résolu de chercher à leur donner satisfaction dans la mesure du possible.

Je pourrais ainsi, pensai-je, me faire une opinion personnelle, sur cette question si discutée de l'idiosyncrasie en radiothérapie, puisqu'on me laisse toute latitude, pour agir comme je l'entendrais.

Les constantes furent les suivantes :

Courant primaire : 7 à 8 ampères.

Étincelle équivalente : de 7 à 12 cm.

Degré de pénétration : de 7 à 9 Benoist.

Courant secondaire : 1 à $1\frac{1}{2}$ milliampère.

Filtre : $\frac{25}{100}$ de millimètre d'aluminium.

Ampoules employées : Chabaud à osmo, et Müller regénérable.

Appareil de mesure : pastilles Sabouraud-Noiré de fabrication récente [1]:

---

[1] J'ai essayé concurremment le chromoradiomètre à pastilles carrées, modèle 1911 de M. Bordier ; mais les résultats que j'ai obtenus avec cet appareil, n'ayant pas concordé avec ceux des pastilles de Sabouraud, je n'en parlerai pas.

J'ajoute que le mari et la femme, tous deux très bien portants, étaient âgés respectivement de 27 et de 23 ans.

La jeune femme demandait la suppression de prolongements capillaires situés sur sa joue (en pattes de lapins) et dans le cou en arrière, de chaque côté de la ligne médiane (se prolongeant quelque peu dans le dos).

Je résolus de commencer par le cou, voulant ainsi tâter la susceptibilité de ma malade avant d'aborder le visage.

Les 2 et 4 juin, je fis absorber à chacun des deux côtés postérieurs du cou une dose de 5 H ; puis en restais là, sachant que, d'après MM. Bergonié et Bordier, la peau du cou est particulièrement sensible aux rayons de Röntgen.

Les résultats furent les suivants : au bout de trois semaines, chute de la grande majorité des poils irradiés (des $\frac{3}{4}$ au dire du mari de la malade), s'accompagnant d'une simple rougeur de la peau avec légère démangeaison.

Le 31 juillet (près de deux mois après), une rougeur très légère persiste sur une peau absolument glabre. Aussi la malade se déclare-t-elle enchantée du résultat.

Mais vous allez voir que pour le mari, dont j'ai irradié la peau des diverses régions du corps en 16 séances, qui se sont déroulées pendant plus de deux mois (du 4 avril au 13 juin), à des intervalles variables, les résultats que j'ai obtenus sont beaucoup moins brillants :

1° *Partie antérieure de la poitrine* (grand pectoral), l'aréole et le mamelon étant protégés par une pastille de plomb.

a. A gauche, 10 H, en deux séances de 5 H, à 1 mois et 4 jours d'intervalle. Il y a eu une radiodermite au premier degré, avec pigmentation de la peau, qui persiste encore aujourd'hui (la dernière séance date de plus de deux mois, 8 juin). Au point de vue *épilation*, le résultat est assez bon, quoique tous les poils ne soient pas tombés, même sur les parties roug e.

b. A droite, 10 H, en deux séances de 5 H, à 3 semaines d'intervalle. Il n'y a pas eu de radiodermite, et le résultat a été bon au point de vue *épilation*. Mais les poils tendent à repousser (la dernière irradiation date de plus de trois mois, 6 mai).

En somme, l'épilation de cette région, pour être définitive, demanderait certainement encore plusieurs séances d'irradiations.

2° *Moignon de l'épaule* (région deltoïdienne).

a. A gauche, 10 H, en deux séances de 5 H, à 15 jours d'intervalle; pas de radiodermite.

Bons résultats au point de vue épilatoire; mais aujourd'hui (deux mois après la dernière séance), il y a une légère repousse.

b. A droite, 10 H, en deux séances de 5 H, à 15 jours d'intervalle; pas de radiodermite.

Effet épilatoire moindre, et repousse beaucoup plus marquée à l'heure actuelle (la dernière séance date de près de deux mois, 6 juin).

3° *Côté interne du mollet.*

a) A gauche, 13 H, en trois séances (2 de 4 H et une de 5 H), les deux premières à 3 jours d'intervalle, et la troisième 28 jours après la deuxième; pas de radiodermite.

Comme effet épilatoire, une zône de 8 cm de diamètre environ est devenue complètement glabre. L'effet n'est apparu qu'un mois après la dernière séance. A l'heure actuelle, bien que la dernière séance date de plus de deux mois (30 mai), il n'y a pas trace de repousse.

b. A droite, 13.H en trois séances (2 de 4 H et une de 5 H), les deux premières à 2 jours d'intervalle, la troisième 24 jours après la deuxième ; résultat identique à celui obtenu à gauche, et apparu également un mois après la dernière irradiation ; il n'y a non plus aucune repousse à l'heure actuelle.

4° *Région externe des deux avant-bras irradiés en même temps.*

11 H environ, en deux séances de 5 H et de 6 H (environ), à 1 mois et 4 jours d'intervalle.

Une radiodermite assez intense est apparue moins de 3 semaines après la dernière irradiation ; il y a eu de la rougeur, puis de la pigmentation, avec démangeaison et sensations de sécheresse de la peau. Mais ce qu'il y a de plus curieux, c'est que l'effet épilatoire a été absolument nul.

A l'heure actuelle, la dernière séance datant de plus d'un mois et demi (13 juin), la rougeur a disparu, mais aucun poil n'est tombé.

5₀ *Paroi antérieure du ventre* (région sous-ombilicale).

11 H environ, en deux séances de 5 H et de 6 H (environ), à 27 jours d'intervalle ;

Résultat absolument nul : pas de radiodermite, pas d'épilation.

Conclusions. — Il me semble pouvoir conclure, de ces deux observations, que la peau humaine présente, vis-à-vis des rayons de Röntgen, un degré de sensibilité extrêmement variable suivant les sujets, et que, sur le même sujet, les différentes régions du corps réagissent à ces radiations d'une façon très diverse.

Il ressort également de ces deux faits, qu'on n'a pas de bonne épilation sans radiodermite, et même qu'il est souvent nécessaire d'aller jusqu'à la radiodermite du second degré, c'est-à-dire avec vésication, ainsi que l'a bien montré M. Bordier [1]. Et comme, d'après le même auteur, on voit généralement réapparaître, au bout d'un mois et demi à deux mois, quelques poils rebelles, dont le follicule était situé plus profondément dans la peau, ou seulement plus résistant, on voit combien est décevante, la recherche systématique de l'action épilante des rayons de Röntgen, d'autant plus que la radiodermite peut apparaître avant toute action épilatoire.

Il me paraît donc que le traitement de l'hypertrichose par la radiothérapie constitue un procédé qui ne doit pas être conseillé, en raison de ses dangers, de l'incertitude de ses résultats, de la fragilité de la peau, que laisse derrière elle toute irradiation un peu prolongée [2], et

---

[1] BORDIER, *Technique de l'épilation par la radiothérapie* (*Archives d'Électricité médicale de Bordeaux*, n° du 10 février 1907).

[2] M. Nogier a signalé, que la peau irradiée se cicatrisait plus difficilement que la peau non irradiée, quoiqu'elle présentât toutes les apparences de l'intégrité complète.

enfin de la possibilité de l'existence de véritables empoisonnements généraux, causés par la résorption de produits toxiques, engendrés par la destruction d'un grand nombre d'éléments cellulaires.

Et cependant depuis que Schiff et Freund ont préconisé, en 1897, au Congrès de Moscou, le traitement radiothérapique de l'hypertrichose, cette méthode thérapeutique semble avoir rencontré beaucoup de partisans.

Il est vrai que, si l'on passe au crible de la critique, les résultats qui ont été publiés, on est obligé de reconnaitre, que beaucoup d'auteurs font des réserves, ou signalent des particularités qui ne sont pas en faveur de la méthode.

C'est ainsi que, en 1898, Schiff et Freund rapportent bien six observations, dans lesquelles l'hypertrichose a été complètement guérie[1]; mais on voit qu'il leur a fallu, pour obtenir ce résultat, plusieurs mois de traitement.

En 1899, Kapozi préconisa cette thérapeutique; mais il fit remarquer qu'on devait renouveler les séances tous les trois mois, si on voulait obtenir un résultat durable[2].

En 1902, si Walsch se déclara partisan de ce traitement de l'hypertrichose, Kienböck[3] reconnut qu'on devait le réserver aux cas graves, à cause des craintes d'atrophie cutanée, de telangiectasies et d'anomalies pigmentaires.

Cependant M. Albert Weil, dans son *Traité d'Électrothérapie*, s'exprime, à ce sujet, de la façon suivante[4] : « A l'heure actuelle, il n'existe qu'une seule » méthode de traitement, celle de Schiff et Freund, qui consiste dans la radio- » thérapie ».

Si, pendant les années suivantes, le nombre des partisans de la méthode augmenta, beaucoup lui restèrent opposés. A côté de Freund[5], de Bergonié[6], de Costa (de Buenos-Ayres)[7], de Oudin[8], de Leredde et Pautrier[9], et surtout d'Albert Weil[10] et de Bordier[11] qui recommandent chaudement cette méthode, malgré la longueur du traitement (Freund faisait de 20 à 25 séances, puis une ou deux séances supplémentaires de mois en mois, pendant 12 à 18 mois), un grand nombre d'autres manifestent très peu d'enthousiasme pour

---

(¹) *Annales d'Électrobiologie*, 1898.

(²) *Allegemeine Wiener Medizinische Zeitschrift*, n° du 22 août 1899.

(³) Au Congrès international d'Electrologie et de Radiologie de Berne.

(⁴) Albert WEIL, *Traité d'Electrothérapie*, 1902, p. 190.

(⁵) FREUND, *Grundniss der Gesammten Radiotherapie für praktische Ærzte*, Berlin 1903.

(⁶) *Archives d'Électricité médicale de Bordeaux*, 1904, p. 538.

(⁷) *Archives d'Électricité médicale de Bordeaux*, 1904, p. 842.

(⁸) *Société française d'Électrothérapie*, 1904.

(⁹) *Archives d'Électricité médicale de Bordeaux*, 1905, p. 156.

(¹⁰) *Journal de Physiotherapie*, 1906 et juillet 1910.

(¹¹) *Congrès de l'Association française de l'Avancement des Sciences* (Lyon 1906, p. 259 du *Compte rendu* et Lille 1909); *Archives d'électricité médicale de Bordeaux*, n° du 10 février 1907 et décembre 1909; *Technique radiothérapique* (encyclopédie scientifique des aides-mémoire, 1908).

l'épilation radiothérapique. Parmi ces derniers, je signalerai M. Beclère, Ehrmann, Kienböck ([1]), Belot et Brocq.

Je connais, à titre d'expert en appel, un cas d'hypertrichose chez une jeune fille, dont le traitement radiothérapique date de 1905. Or si l'épilation a été ici complète et définitive, le résultat esthétique a été peu brillant : une radiodermite du 2ᵉ degré est survenue, et a laissé, sur le visage de cette jeune fille, des traces indélébiles, qui ne plaident pas en faveur de ce mode de traitement.

Cependant il faut bien reconnaître que, depuis l'emploi de la filtration des rayons par des lames d'aluminium, qui peuvent varier beaucoup d'épaisseur (l'épaisseur adoptée par M. Bordier ([2]) est de 0,5 mm), les accidents cutanés graves n'étant plus guère à redouter, la question mérite d'être reprise.

Mais il reste toujours bien entendu, que la radiothérapie ne doit être employée, dans le traitement de l'hypertrichose, que quand cette hypertrichose a résisté aux autres traitements, et en particulier à l'électrolyse, et quand on se trouve en présence de poils longs, abondants, épais et disgracieux, constituant une véritable barbe.

Dans les cas de ce genre, si la malade est pressée, on pourra recourir à la technique de M. Bordier, qui consiste à fractionner la dose totale en 3 séances, faites à un jour d'intervalle. Cet auteur fait absorber chaque fois, à la région à épiler, la teinte O faible de son chromoradiomètre, et obtiendrait ainsi, 15 jours après la dernière séance, une épilation parfaite sans érythème et sans coloration de la peau.

Quant à la valeur de la radiothérapie dans le traitement de l'hyperhidrose, bien que des cas isolés de succès plus ou moins complets aient été publiés, à plusieurs reprises ([3]), on ne peut se faire une opinion sur une méthode, qui n'a pas été employée d'une façon systématique.

Récemment, H. Pirie, assistant du service de radiologie de Bartholomews Hospital, à Londres, a employé avec succès les rayons de Röntgen, dans 20 cas de secrétion sudorale exagérée, portant 2 fois sur la face, 10 fois sur les creux axillaires, 9 fois sur les mains et 1 fois sur les pieds.

Chez deux malades, la guérison fut complète après deux irradiations; mais généralement il fallut de 3 à 5 séances, suivant la dose des radiations employées.

Les deux malades qui furent guéris en deux séances ayant présenté, à la suite du traitement, de la douleur et de l'irritation de la peau irradiée, avec érythème et vésication, H. Pirie donne la préférence au traitement lent, avec des doses faibles, et en laissant entre chaque séance, un intervalle d'un mois ([4]).

([1]) *Congrès de l'Association française de Grenoble,* 1904 (*Rapport sur l'état actuel de la Radiothérapie*).

([2]) *Archives d'électricité médicale,* n° du 25 décembre 1909, p. 947. *Nouvelle technique de l'épilation radiothérapique.*

([3]) Voir, *Semaine médicale,* 1908, p. 11.

([4]) Voir, *Semaine médicale,* n° du 20 septembre 1911, p. 455.

Les glandes sudoripares étant plus superficielles, et surtout moins résistantes vis-à-vis des rayons de Röntgen, que les follicules pileux, le traitement radiothérapique de l'hyperhidrose me paraît plus logique que celui de l'hypertrichose, d'autant plus que l'expérience a montré depuis longtemps que dans une région pileuse, l'atrophie des glandes précédait toujours la chute définitive des poils.

Quoi qu'il en soit, il me paraît prudent, dans bien des cas, d'adopter la ligne de conduite qui est suivie dans certains hôpitaux de Lyon, c'est-à-dire de faire signer par le malade un engagement, par lequel celui-ci accepte toutes les conséquences de l'application de la méthode nécessaire.

Quoique cet engagement soit considéré, par les tribunaux, comme nul et non avenu, il n'en a pas moins une grande valeur morale.

CONCLUSIONS. — Si les rayons de Röntgen sont capables de faire tomber les poils, et d'atrophier les glandes de la peau, l'utilisation pratique de ces propriétés comporte encore bien des *aléas*, sur lesquels il me paraît nécessaire d'insister en manière de conclusion.

Par ce seul fait que, à dose convenable, ils sidèrent la papille du poil, ils constituent la méthode de choix dans le traitement de la teigne (précisément parce que, au bout de 2 ou 3 mois, le follicule touché forme un nouveau poil).

Mais les conditions ne sont plus les mêmes dans le traitement de l'hypertrichose : dans ce cas, en effet, il ne suffit pas de faire tomber les poils, il faut encore empêcher leur repousse de se produire; car on doit honnêtement ne rechercher qu'un effet durable.

Comme ce résultat n'est obtenu qu'en répétant les irradiations, l'atrophie définitive des follicules pileux s'accompagne souvent de l'atrophie de la peau; or, celle-ci entraîne fréquemment des modifications telles dans la coloration du derme, que leur effet esthétique enlève à ce traitement, qui est d'*ordre purement esthétique*, presque toute sa valeur.

Si dans les cas les plus heureux, et avec une méthode rigoureuse, on obtient le minimum d'altération, il ne faut pas oublier que cette méthode comporte des dangers, et enfin que ses résultats ne sont ni aussi complets, ni aussi rapides, ni surtout aussi définitifs, que le feraient croire un grand nombre de cas qui ont été publiés, avant que la repousse ou les troubles trophiques tardifs ne soient apparus.

La radiothérapie ne doit donc être employée que chez la femme, dans le traitement de l'hypertrichose confluente, constituant une véritable barbe du type masculin; dans ce cas, en effet, un peu d'atrophie cutanée ou de pigmentation seront d'une dissimulation plus facile que cette difformité qui fait de la femme un objet de risée universelle.

MM. J. DESTERNES,

Chef de Laboratoire.

ET

L. BAUDON,

Assistant. Hôpital Beaujon (Paris).

RADIOGRAPHIES DE L'INTESTIN A L'ÉTAT NORMAL ET PATHOLOGIQUE.
(Présentation de clichés).

616.34.0724

4 Août.

Les progrès récents de la radiographie nous ont permis d'aborder avec un succès nouveau l'exploration du tube digestif. En quelques secondes, en quelques fractions même de seconde, avec les écrans intensificateurs, on obtient couramment aujourd'hui d'excellents clichés, riches en détails, de n'importe quelle région.

Notre collègue Aubourg, un des maîtres en ce genre d'examen, vous a, dans son remarquable rapport, dressé le bilan des résultats acquis.

En vous présentant une série d'une trentaine de clichés se rapportant aux divers segments de l'intestin normal et pathologique, nous avons moins la prétention de vous soumettre des faits nouveaux, des vues originales, que le désir d'attirer votre attention sur les multiples aspects de l'intestin selon la position d'examen, le moment de l'exploration et l'activité plus ou moins marquée de l'évacuation. Nous voudrions surtout, en vous familiarisant avec ces images complexes et d'une lecture souvent délicate, vous montrer tout le bénéfice qu'on en peut retirer médicalement, *à la condition de les interpréter en médecin*, c'est-à-dire en se basant sur l'étude clinique du malade autant que sur les données radiographiques.

Normalement, sans aucune préparation, l'intestin n'est guère visible aux rayons X : quelques taches plus claires, vaguement polycycliques, tranchant sur l'opacité générale de l'abdomen et signalant la présence de cavités remplies de gaz. Ce sont surtout les angles coliques, droit et gauche, qui se dessinent ainsi : parfois certaines parties du transverse. On doit noter la place et l'étendue de ces zones claires, car leurs anomalies présentent, ainsi que nous allons le voir, un assez grand intérêt.

La distension artificielle du gros intestin par les gaz en peut dessiner les contours, de même que le lavement bismuthé, d'un usage plus facile et qui donne en quelques minutes des renseignements d'ensemble intéressants.

Mais si l'on veut étudier méthodiquement l'*intestin dans toute son étendue*, c'est à l'ingestion d'un lait ou d'un repas bismuthé qu'il convient de s'adresser. Le bismuth (100 g de carbonate dans notre pratique courante) progressera successivement dans les diverses portions et nous aurons, par une série d'examens échelonnés sur une durée de 24 à 48 heures, tout le loisir d'étudier la traversée intestinale depuis l'estomac jusqu'au rectum.

DUODÉNUM. — La région duodénale a donné lieu à des recherches particulièrement intéressantes. Sans doute des radiologistes éminents, tels que Holtznecht avaient pu décrire la traversée duodénale d'après les données fugitives de la radioscopie : mais la radiographie instantanée seule pouvait en fixer dans ses détails la configuration exacte, la situation, le mode de fonctionnement, les anomalies.

En octobre 1910, l'un de nous [1] présentait à la Société de Radiologie un radiogramme du duodénum dans son entier.

Cliché no 1 (fig. 1). — Vous pouvez, sur ce cliché, suivre le bord gauche, le fond de l'estomac ; le pylore marqué par un étranglement circulaire très net : le bulbe duodénal, une poche gazeuse qui lui fait suite, la deuxième portion presque horizontale et remplie de bismuth ; la troisième se dirigeant vers la ligne médiane obliquement en haut et à gauche ; la quatrième remontant sur le flanc gauche de la deuxième vertèbre lombaire et, suspendue par le muscle de Treitz, se continuant à angle aigu par le jéjunum.

Les travaux récents de Chilaiditi, Aubourg ont bien montré tout l'intérêt de ces recherches radiographiques en ce qui concerne l'étude des ptoses, des dilatations, des ulcérations duodénales. L'un de nous [2] présentait en janvier 1911 à la Société de Radiologie un cas de ptose duodéno-pylorique des plus nets.

Clichés no 2 et no 3. — Les clichés suivants montrent divers aspects du duodénum : sur ce premier, qui représente un estomac biloculaire, le pylore, le bulbe, la première portion se détachent très bien ; l'opacité stomacale masque les autres portions et sur le bas-fond apparaît le jéjunum. Sur cet autre, au contraire, l'estomac est en pleine contraction : pylore et portion initiale du duodénum sont floues, du fait même de la contraction et le bismuth se dessine en un nuage épais qui représente le jéjunum sur le bord gauche de l'estomac.

INTESTIN GRÊLE. — Sur ces deux clichés, pris au début de l'évacuation gastrique, nous n'avions que la portion initiale du grêle.

Clichés no 4 et no 5. — Sur ces autres, les anses grêles se remplissent de bismuth. Tout en avant, se voient les stries qui marquent les replis de la muqueuse.

Cliché no 6. — Voici l'image du grêle dans son ensemble : les anses se super-

---

[1] Dr DESTERNES, *La radiographie du duodénum* (*Soc. de Radiologie*, octobre 1910).

[2] Dr DESTERNES, *Un cas de dilatation d'estomac avec spasme médio-gastrique et ptose duodéno-pylorique* (*Soc. de Radiologie*, janvier 1911).

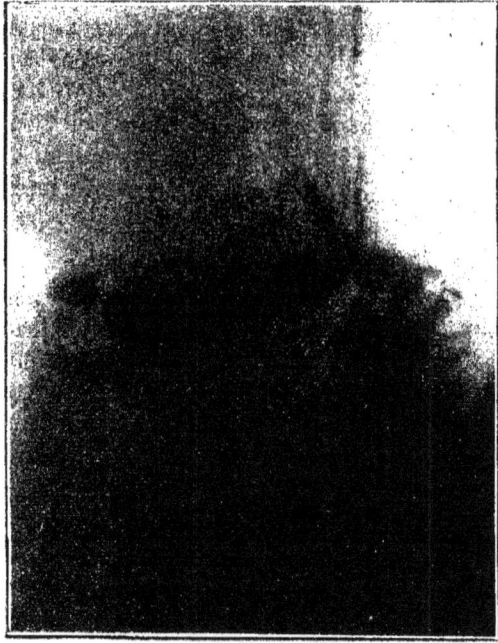

Fig. 1.

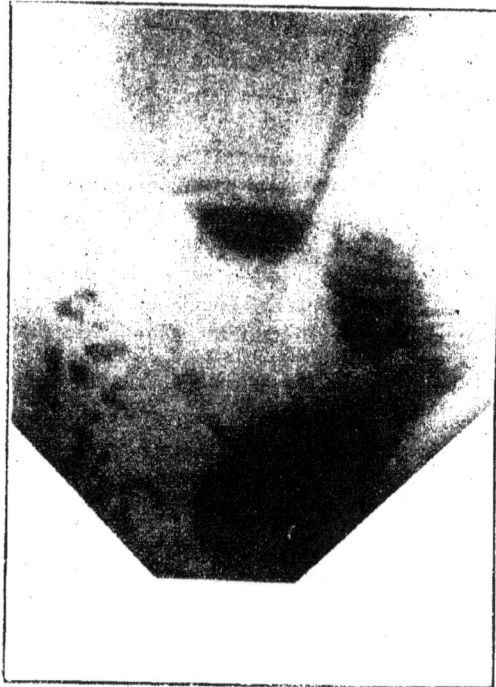

Fig. 2.

posent en une masse opaque qui remplit tout l'abdomen, avec des sinuosités plus claires indiquant les lignes de séparation des anses entre elles.

Cliché n° 7 (fig. n° 2). — Ce cliché présente un aspect tout différent : les anses grêles apparaissent très larges et tous les replis sont tracés par le bismuth, mais on constate de plus, au-dessus de la zone opaque, une véritable ligne de niveau parfaitement horizontale, surmontée d'une coupole claire. C'est un aspect. très caractéristique que présente *en instantané* l'intestin grêle quand il renferme à la fois des gaz et des liquides, et que la compression exercée par la plaque chasse les gaz vers la partie la plus élevée des anses.

Cliché n° 8. — Le cliché n° 8 nous montre une vue *de profil* de l'abdomen : le fond de l'estomac repose sur le colon transverse rempli de gaz ainsi que le révèle son aspect très clair. Au-dessus du colon se dessinent les anses grêles.

Le cliché n° 9 (fig. 3) montre l'état de l'évacuation après 1 heure. Fond de l'estomac, pylore, duodénum, anses grêles présentent les aspects les plus variés ; le cœcum est déjà en partie rempli de bismuth.

Cœcum. — On admet que la traversée de l'intestin grêle dure de 1 heure 30 minutes à 4 heures. Le cliché n° 9 prouve qu'il peut suffire de 1 heure pour que le lait bismuthé soit visible dans le cœcum : mais c'est là un fait exceptionnel et c'est après 4 à 8 heures qu'on obtient les meilleures images du cœcum.

Les clichés suivants, obtenus après 4 heures, nous figurent divers aspects de la traversée selon la rapidité d'évacuation de tel ou tel segment du tube digestif.

Cliché n° 10. Après 4 heures, en position debout. — Quelques traînées éparses dans l'intestin grêle : le confluent bien dessiné, le cœcum et une partie du colon ascendant remplis de bismuth, l'angle colique rempli de gaz. Le cœcum est couché obliquement dans la fosse iliaque et descend jusqu'à 1 cm du pubis.

Clichés n° 11 et n° 12. Après 4 heures (fig. 4). — L'intestin grêle presque en entier visible sur ce premier cliché, le confluent, le cœcum, le colon ascendant se dessinent et se font suite sans interruption apparente. *L'évacuation s'est faite d'une façon continue.* Sur ce second cliché l'estomac n'est pas encore évacué complètement, le cœcum et le colon ascendant sont remplis de bismuth, alors qu'aucune portion de l'intestin grêle n'est visible. *Il y a donc eu arrêt dans l'évacuation gastrique,* puisqu'une partie du bismuth est passée tout entière sans laisser de traces dans le grêle et que l'autre demeure dans l'estomac sans que l'évacuation continue.

La cause de cette anomalie apparente nous semble résulter des faits suivants : après l'ingestion du lait bismuthé, l'évacuation s'est poursuivie pendant un certain temps, puis s'est arrêtée après l'absorption d'un repas solide. La permière portion du lait bismuthé a pu traverser complètement l'intestin grêle avant que la seconde n'ait commencé son évacuation du fait de la présence dans l'estomac d'aliments solides.

Gros intestin. Colon ascendant et transverse. — L'image du colon transverse n'apparaît généralement qu'entre la 6ᵉ et la 12ᵉ heure, et l'on n'a le radiogramme total du gros intestin qu'entre la 11ᵉ et la

Fig. 4

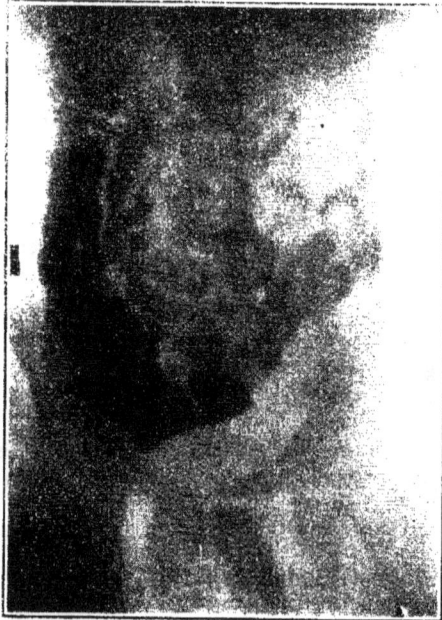

Fig. 5

24e heure. Il existe cependant, même chez des sujets sains, de grande variations à cet égard.

Le *cliché n° 13 (fig. 5)* nous en donnera la preuve. Obtenu 4 heures seulement après l'ingestion d'un lait bismuthé, il nous fournit une image de presque tout le gros intestin. Le fond de l'estomac, contenant encore une notable quantité de bismuth, s'étale largement dans le sens transversal. Le confluent est très nettement visible, ce qui indique que la traversée du grêle n'est pas encore terminée, et pourtant nous voyons dessinés complètement : le cœcum, le colon ascendant, l'angle colique droit, le transverse qui, comme une guirlande de papier finement et régulièrement découpé, décrit une large courbe et, contournant exactement l'estomac, lui servant de lit, pour ainsi dire, remonte très haut le long de son bord gauche jusqu'à l'angle splénique; enfin on peut suivre presque jusque dans la fosse iliaque gauche le colon descendant dans lequel arrivent les premières traces de bismuth. Ce cliché, des plus intéressants, montre bien la différence de niveau des deux angles coliques, le gauche plus élevé et plus fixe; il nous rend sensibles les rapports normaux du colon transverse et du fond de l'estomac que nous avions déjà signalés sur le cliché n° 8, de profil. Il nous montre enfin la diminution graduelle du calibre de l'intestin depuis le cœcum jusqu'à l'anse sigmoïde.

Cliché n° 14. — Le cliché n° 13 avait été obtenu en position debout. Le cliché n° 14 pris de même, après 4 heures, chez un autre sujet dans le décubitus dorsal, nous donne un aspect très différent des mêmes organes. On y voit aussi l'estomac incomplètement vidé, les anses grêles qui obscurcissent par leur enchevêtrement tout l'abdomen, le cœcum et le colon ascendant, le transverse et le colon descendant très dilaté par des gaz; mais la configuration comme la situation en sont totalement modifiées. Notons en particulier la situation élevée du cœcum en position couchée : c'est là un point sur lequel nous aurons à revenir.

Le *cliché n° 15* (10 heures après) et le *cliché n° 16* (12 heures après) figurent des aspects variés du colon transverse. Sur le premier il se replie en V, descendant d'abord jusqu'au sacrum; puis il remonte vers l'angle splénique nous donnant l'impression d'un *lombric*. Sur le second, l'image est celle d'un collier d'osselets.

Le *cliché n° 17 (fig. 6)* représente le gros intestin dans son entier. L'on voit d'une manière frappante la courbe en 8 décrite par le colon descendant en avant et en dedans de la portion ascendance du transverse.

Le *cliché n° 18* nous montre la fin de la traversée du gros intestin. Quelques traces dans le cœcum, quelques traces dans l'anse sigmoïde et une énorme masse dans l'ampoule rectale.

Le *cliché n° 19* est celui d'un enfant de 10 ans, radiographié 12 heures après le repas bismuthé. Il offre cette particularité que le transverse est complètement vide, alors que le cœcum et le colon ascendant, d'une part, le colon descendant, d'autre part, sont remplis de bismuth. Avons-nous pris cette vue au moment où une contraction venait de vider le transverse ou bien s'agit-il là d'un fait assez courant comme semblerait l'indiquer l'observation des chirurgiens qui trouvent presque toujours le colon transverse à l'état de vacuité? Nous nous contentons de poser la question sans vouloir, pour l'instant, en rechercher la solution.

Fig. 5.

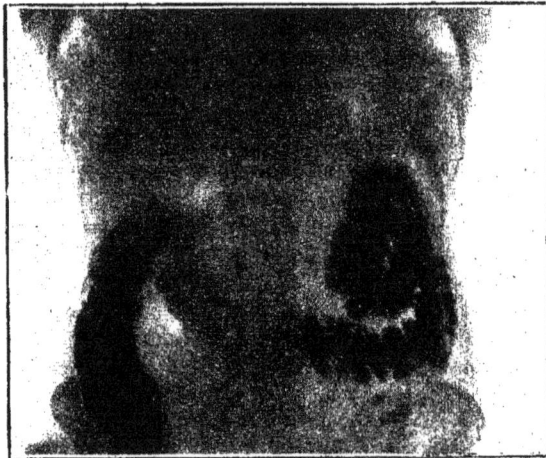

Fig. 6.

VARIATIONS DANS LA SITUATION ET L'ASPECT DU GROS INTESTIN SUIVANT LES POSITIONS DEBOUT ET COUCHÉE. — Les clichés précédents nous ont permis de suivre les diverses étapes de la traversée intestinale. Nous avons constaté que les aspects en étaient très variables selon le moment de l'exploration et la rapidité de l'évacuation, si différente selon les sujets. Les variations dans la forme et la situation de l'intestin sont, de même, très marquées selon la position d'examen adoptée.

Les *clichés n° 13 et n° 14* nous avaient déjà montré chez des sujets *différents* examinés à la même heure et dans des positions diverses, des variations considérables dans la situation et l'aspect des organes. Les clichés suivants sont ceux *d'un même sujet sain*, le D⁻ B. radiographié successivement à une minute d'intervalle dans les positions debout et couchée.

Cliché n° 20 (décubitus dorsal). — Le cœcum occupe la partie supérieure de la fosse iliaque : sa partie inférieure est à 5 cm au-dessous de la crête iliaque, l'angle colique la dépasse de 8 cm. Le colon transverse passe en avant de la quatrième vertèbre lombaire : il est, à ce niveau, distant de 3 cm de l'anse sigmoïde ; l'angle colique gauche s'élève à 15 cm au-dessus de la crête.

Cliché n° 21 (debout). — Le cœcum tout entier se trouve logé dans la fosse iliaque. Il s'est donc *abaissé de 8 cm*. Cette descente atteint même 9 *cm* pour le colon transverse et l'angle colique gauche.

Les *clichés n° 22* et *n° 23* obtenus dans des conditions expérimentales analogues chez *un autre sujet* montrent des différences encore plus accentuées.

CONCLUSIONS. — Dans cette première série de clichés, se rapportant à *des sujets sains*, nous avons surtout cherché à vous soumettre des images caractéristiques *normales*, pourrait-on dire, de l'intestin selon le moment de l'évacuation et la position d'examen. Sans aucun doute, il y a de très grandes différences individuelles, même chez les sujets sains ; on peut admettre cependant des types d'ensemble normaux et des durées moyennes de traversée des divers segments.

L'étude approfondie de ces images normales et des conditions habituelles de la traversée intestinale permettront, à l'état pathologique, de constater des différences dans les images radiologiques, différences portant soit sur l'aspect, soit sur la situation des organes, soit sur la durée de la traversée, soit encore sur la forme même de l'intestin.

Ce sont ces anomalies radiographiques qu'il conviendra d'interpréter, en se basant à la fois sur les données acquises à cet égard et sur l'étude clinique du malade. Dans ces conditions, l'exploration radiologique sera à même d'apporter au diagnostic médico-chirurgical de très précieux et très utiles renseignements : *médicalement,* elle contribuera pour une large part au diagnostic exact du siège, de la nature des différentes sortes de constipation ; elle montrera les divers modes d'entérite avec spasme ou dilatation, elle fera la preuve des différentes ptoses abdominales, etc ; *chirurgicalement,* elle montrera le siège des lésions et le degré d'obstruction ; la mobilité ou la fixation de tel segment, l'anomalie des contours, etc.

C'est pour vous donner une preuve nouvelle des résultats que peut actuellement fournir le radiodiagnostic intestinal que nous ferons, sans aucune digression, défiler sous vos yeux quelques cas typiques au point de vue pathologique.

RADIOGRAPHIES de l'INTESTIN PATHOLOGIQUE.

Cliché n° 24. — Cancer de l'angle colique droit.
Cliché n° 25. — Ptose du transverse.
Cliché n° 26. —   id..
Cliché n° 27. — Typhlite tuberculeuse.
Cliché n°° 28 et 29. — Engouement cœcal.
Cliché n° 30. — Dilatation gazeuse de l'angle colique gauche, repoussant l'estomac
       à droite.
Cliché n° 31. — Typhlo-appendicite ancienne.

MM. LES Drs J. DESTERNES

ET

L. BAUDON.

QUELQUES RADIOGRAPHIES DE L'APPENDICE ILÉO-CŒCAL.
(Présentation de clichés).

616.346.0724

4 Août.

Dans son Atlas et Précis du radiodiagnostic en médecine interne, Franz Grœdel de Nauheim écrit, en 1909,

« qu'à sa connaissance l'appendice vermiforme n'a pas encore été reproduit radiographiquement ».

M. Béclère, auquel nous empruntons cette citation, présentait en octobre 1909 un radiogramme montrant sur le vivant l'image nette de l'appendice. Cette présentation à la Société de Radiologie s'accompagnait de réflexions fort judicieuses sur la technique la plus propre à donner cette image et sur son importance relative au point de vue médical. Notre collègue Aubourg en publiait dans la *Presse médicale* de mai 1910 une seconde observation. La radiographie de l'appendice semblait cependant exceptionnelle.

Désireux de nous renseigner à cet égard par les résultats de notre pratique, nous avons d'abord recherché sur nos clichés d'intestin la présence plus ou moins nette de l'appendice. Nous l'avons noté cinq fois sur une centaine de clichés, soit une fois sur vingt; mais, comme dans ces cinq cas, il s'agissait de radiographies obtenues dans le décubitus et principalement dans le décubitus abdominal, la proportion des cas positifs dans cette position se ramenait à *une fois sur dix*, soit plus fréquemment qu'on ne l'admet en général. Nous vous présentons quelques-uns de ces clichés sur lesquels vous verrez très nettement l'appendice.

Mais il s'agissait là de résultats fortuits et, à notre connaissance, on n'a jusqu'ici jamais tenté, de propos délibéré, de radiographier l'appendice soit à l'état sain, soit surtout à l'état pathologique. Nous mettant dès lors dans les meilleures conditions d'examen, c'est-à-dire dans le décubitus abdominal, soit en position horizontale, soit en plan incliné (les pieds plus élevés que la tête), nous avons essayé d'établir par une série d'expérimentations quels renseignements la radiographie pouvait fournir soit sur l'appendice normal, soit sur le cœcum et l'appendice à l'état pathologique dans les affections typhlo-appendiculaires. Nous avons, dans ce but, radiographié jusqu'ici *neuf* sujets dans diverses conditions d'examen. Ce n'est là encore que le début de notre investigation, mais les résultats de cette première enquête nous ont paru assez intéressants pour les communiquer.

I. *Sujets sains.* — 1° D^r *B*. Ingestion de 100 g de fleur de bismuth.

Premier examen après 18 heures.

a) En position debout. — Le gros intestin est complètement rempli de bismuth. A l'extrémité inférieure du cœcum apparaît une petite tache allongée, mesurant un peu plus de 1 cm, moitié opaque, moitié claire et dont l'interprétation est assez difficile. Les clichés suivants montrent que c'est l'extrémité inférieure de l'appendice incomplètement rempli de bismuth.

b. Dans le décubitus dorsal. — Le fond du cœcum est remonté de quelques centimètres, une tache allongée, dirigée en bas, mesurant 2 cm à contours mieux tracés, donne nettement l'impression de l'appendice.

c. Dans le décubitus abdominal (fig. 2). — L'image est encore plus nette; l'appendice, en forme de virgule à pointe dirigée en bas et en dehors, mesurant environ 3 cm se détache très nettement du bas-fond du cœcum.

Deuxième examen après 42 heures.

Dans le décubitus abdominal. — Il ne reste que des traces de bismuth dans le cœcum et dans tout l'intestin que vous voyez cependant parfaitement dessiné. Mais l'appendice demeure très visible. Il présente une forme curviligne et son extrémité semble remonter en arrière du cœcum.

2° *M. G., externe du service.*

Lors d'un premier examen pratiqué il y a deux mois en vue de rechercher les variations sur la situation de l'intestin en position debout et couchée, nous n'avons pas constaté l'image de l'appendice.

Cette fois M. G. a ingéré 100 g de fleur de bismuth.

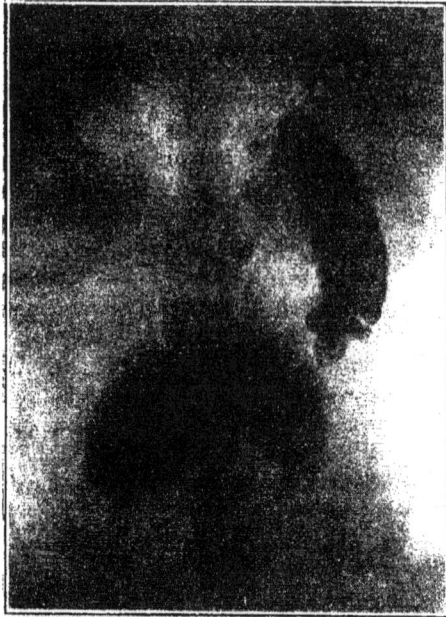

Fig. 1

Fig. 2

Premier examen après 5 heures.

Dans le décubitus abdominal. — Le cœcum et le colon ascendant sont remplis de bismuth. Le confluent se voit de même que des parties du grêle : on ne constate rien qui puisse faire penser à l'appendice.

Deuxième examen après 26 heures.

a. Dans le décubitus abdominal. — A la portion interne de l'ombre cœcale, à 1 cm environ du bas-fond, se détache l'appendice qui décrit une courbe en dedans, puis remonte suivant une ligne sinueuse et en diminuant de diamètre vers le haut. Sa longueur totale est de 5 cm environ.

b. Dans le décubitus abdominal en plan incliné (le bassin relevé de 7 à 8 cm plus haut que la tête) (*fig.* 3). — L'appendice est encore plus nettement visible. Il se détache perpendiculairement du cœcum à 2 cm au-dessus du bas-fond, se dirige franchement en dehors sur un trajet de 2 cm, puis, presque à angle droit, remonte en haut sur une longueur de 4 cm et son image se confond alors avec celle du colon transverse.

Il s'agissait, dans le cas précédent, d'un appendice à direction inféro-externe : il s'agit ici d'un appendice à direction interne et ascendante.

3° *Dr D.*

Premier examen après 4 heures.

Ingestion de 100 g de fleur de bismuth. Le grêle, le confluent, le cœcum sont dessinés, mais il est impossible de découvrir l'appendice, en raison même de la complexité de l'image.

Deuxième examen, après 26 heures.

Il ne reste plus dans le cœcum que de vagues taches bismuthées. Il n'y a plus de contours nets.

4° *Mme D.*

Examen après 8 heures.

Dans le décubitus abdominal. — Le cœcum, le colon ascendant et le colon transverse sont remplis de bismuth. A 4 cm environ au-dessus du bas-fond cœcal, on remarque un petit diverticule qui se détache perpendiculairement en dedans du cœcum et qui se dirige en dedans : sa longueur ne dépasse pas 1,5 cm. Nous n'osons affirmer qu'il s'agit de l'appendice.

De telle sorte que, dans nos essais, sur *quatre sujets sains*, nous avons vu l'appendice *deux fois* d'une façon certaine, une fois d'une façon douteuse. Il convient de faire remarquer que cette image a été obtenue dans le décubitus et particulièrement dans le *décubitus abdominal* soit en position horizontale, soit *en plan incliné.* Qu'en second lieu nous avons, dans nos radiographies, fait passer le rayon normal *au niveau de la ligne médiane, soit très en dedans de la région cœcale et, très bas, à la naissance du sacrum.*

II. *Sujets ayant eu l'appendicite ou se plaignant de douleurs appendiculaires.* — 1° Enfant de 13 ans ayant eu l'appendicite deux ans auparavant, bien portant depuis, sauf quelques crises d'entérite muco-membraneuse (*fig.* 4). La radiographie montre que le cœcum, le colon ascendant et la première partie du transverse sont d'un volume très diminué rétractés, resserrés pour ainsi dire ; enfin, ainsi qu'on s'en rend compte par l'examen debout et couché, que le

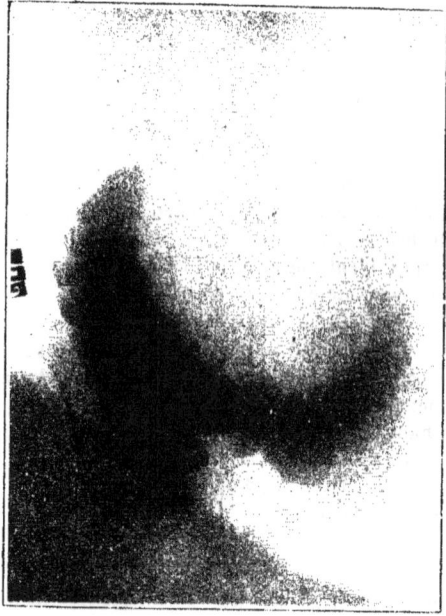

Fig. 3

Fig. 4

cœcum est haut placé et fixe. La masse bismuthée présente un aspect diffus et ne dessine en aucune façon les contours du cœcum dont le bas-fond en particulier n'est pas visible, non plus que l'appendice.

2° Antérieurement, nous avions, sur la demande de son médecin, radiographié une fillette de 9 ans, deux mois après une crise aiguë d'appendicite. Nous avons constaté que le cœcum présentait, contrairement au cas précédent, une apparence et une situation normales, que sa mobilité était conservée, puisque, selon la position d'examen, le fond se relevait de 2 à 3 cm. Sur la seconde radiographie obtenue dans le décubitus dorsal, une tache opaque, allongée, se détachant du bord externe du bas-fond, pourrait paraître suspecte; mais le cliché n'est pas assez net pour nous permettre de conclure à la présence de l'appendice.

3° Mlle L., 21 ans, vient nous trouver ces jours derniers pour nous demander un examen radiographique de son intestin. Elle ressent depuis plusieurs années des douleurs intermittentes dans la fosse iliaque droite à forme de coliques appendiculaires et présente des symptômes d'entérite.

Nous l'examinons 8 heures après l'ingestion de 100 g de fleur de bismuth dans la position debout, et dans le décubitus abdominal.

a. Dans la *position debout*, le colon ascendant, très volumineux, et la première partie du transverse repliés sur la face interne du cœcum se confondent en une masse compacte. De la partie externe du bas-fond cœcal, se détachent deux fines traînées de bismuth qui se rejoignent bientôt pour former un petit croissant à concavité dirigée en haut.

b. Dans le *décubitus abdominal*, nous constatons encore une énorme dilatation du colon ascendant, mais le transverse a repris sa direction normale.

Le bas-fond cœcal est remonté de 3 cm; mais nous distinguons surtout très nettement l'appendice qui, se détachant du centre de ce bas-fond, se dirige d'abord en bas et en dehors, puis, se coudant à angle aigu, devient ascendant, se recourbe encore brusquement, après un trajet de 1 cm environ, pour devenir franchement oblique en bas et en dedans, et se termine à 1,5 cm environ de son point d'émergence (*fig.* 5).

Cette double coudure de l'appendice nous paraît suffisante pour expliquer la production des troubles dont se plaint la malade.

Un fait, intéressant à signaler, est le résultat d'un nouvel examen radiographique pratiqué sur cette malade 24 heures après l'absorption du lait de bismuth et, par conséquent, 16 heures après la constatation des faits que nous venons de vous exposer. Le cœcum, qui nous apparaît toujours comme le premier segment intestinal rempli et le dernier vidé, n'est plus visible sur notre cliché, alors que le colon ascendant, le transverse et une grande partie du colon descendant sont parfaitement dessinés. Cette anomalie pourrait, à notre sens, s'expliquer par une hâtive contraction réflexe du cœcum, causée elle-même par l'irritation appendiculaire.

En somme, dans chacun de ces trois cas, l'exploration radiologique nous a fourni des renseignements précieux sur l'appendice lui-même chez Mlle L., sur l'état de la région cœcale chez les deux autres malades.

III. — *Malades opérés d'appendicite*. — Notre expérimentation porte sur deux cas. Il ne s'agit plus, ici, d'obtenir l'image de l'appendice, puis-

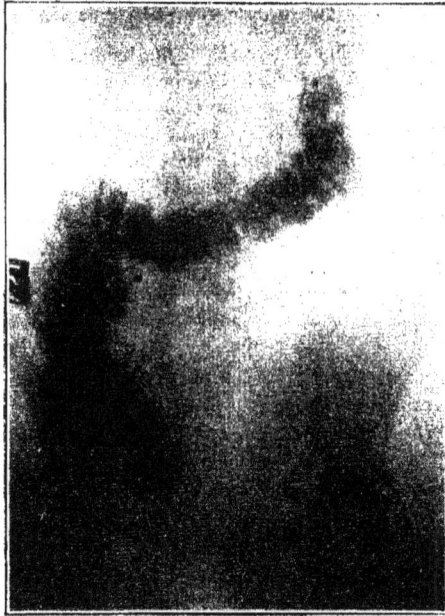

Fig.

Fig.

qu'il a été réséqué, mais de rechercher la cause d'accidents post-opéra-toires.

1° Chez une femme de 31 ans, opérée un an auparavant, persistait, en même temps qu'un point douloureux localisé dans la fosse iliaque droite, des troubles gastro-intestinaux graves : vomissements, pesanteur, constipation, syncopes, amaigrissement, etc.

L'examen radioscopique et radiographique après ingestion de bismuth permet de vérifier qu'il s'agissait d'un cas de dilatation grave de l'estomac avec ptose duodéno-pylorique et que la douleur localisée répondait *à la première portion du duodénum*, tandis que la région cœcale très nettement visible et sur laquelle se marquaient les traits de l'opération était, au contraire, indolente et mobile. Le bas-fond cœcal, au lieu d'avoir sa forme arrondie et demi-cerclée, se termine par une surface d'aspect tronquée et presque horizontale.

2° Un de nos confrères, le Dr C., opéré quatre ans auparavant d'appendicite, présentant des crises d'occlusion subaiguë avec état infectieux et malaises assez accentués, voulut bien nous demander d'explorer radiographiquement son intestin.

a. En position couchée (fig. 6). — Le cœcum occupe le tiers supérieur de la fosse iliaque. A la partie inféro-interne du bas-fond cœcal se dessine sur un trajet d'un peu plus de 1 cm une sorte de petit cul-de-sac dont il est difficile de fixer l'interprétation (repli du bas-fond cœcal ou naissance de l'appendice). La colonne cœco-colique mesure 17 cm de hauteur sur 5 cm en moyenne de largeur. Le colon transverse décrit une large courbe à concavité dirigée à droite et en haut, puis, remonte jusqu'à l'angle splénique haut situé. Le colon descendant se dirige verticalement en bas sur un parcours de 20 cm, puis, se coudant brusquement à angle droit, l'intestin va, après un trajet horizontal de 15 cm rejoindre l'origine du colon transverse à 5 cm du cœcum; puis, formant un nouveau coude, redescend de l'hypochondre droit à l'ampoule rectale.

Cette anomalie, tenant vraisemblablement à des adhérences, va se retrouver plus accentuée encore dans la position debout.

b. En position debout. — Dans cette position le bord inférieur du cœcum s'est abaissé seulement de 2 à 3 cm. L'angle colique s'est rabattu en dedans et en bas, de telle sorte que la colonne cœco-colique ne mesure plus que 10 cm au lieu de 17. Cœcum, colon et origine du transverse forment un énorme bloc de 10 cm sur 10 cm. Le transverse remonte toujours très haut à gauche, le colon descendant, après un trajet vertical, se replie en dedans et en haut et l'intestin rejoint l'origine du transverse, remonte au-dessus de lui, pour, de là, redescendre obliquement en bas et à gauche jusqu'à l'ampoule rectale. Ces anomalies nous donnent l'explication des accidents éprouvés par notre confrère.

Conclusion. — De cette série de faits se rapportant à l'exploration de l'appendice à l'état normal, de l'appendice et du cœcum au cours des affections cœco-appendiculaires, il convient de retenir des conclusions pratiques que nous résumerons de la manière suivante :

1° L'appendice peut être visible radiographiquement plus souvent qu'on ne l'a admis jusqu'à ce jour. Pour en obtenir l'image, il convient de se placer dans les conditions techniques les meilleures, savoir : *Immobilité absolue* et *radiographie rapide; décubitus* de préférence *abdominale* et même *en plan incliné;* rayon normal passant *en dedans du cœcum, sur la ligne médiane* et assez bas, *à la naissance du sacrum;* examens répétés de préférence *entre la huitième et la vingtième heure.*

2° L'exploration radiologique peut, à divers égards, apporter au diagnostic des renseignements utiles :

a. Elle permet d'éliminer le diagnostic d'appendicite porté cliniquement : il s'agit là de faits connus et sur lesquels il est inutile d'insister.

b. Elle montre la situation, la forme, la mobilité du cœcum qui peuvent, au cours des typhlo-appendicites, être gravement altérées.

c. Elle peut, en nous donnant assez souvent l'image de l'appendice, renseigner sur sa direction, sa longueur, ses rapports et expliquer certains troubles dont il est le siège.

d. Elle peut révéler la cause d'accidents persistant après l'intervention chirurgicale.

Pouvons-nous demander plus et espérer fixer, par exemple, et l'état exact de l'appendice et les indications opératoires? Sans doute non, bien qu'on ait publié quelques cas de calculs, d'obstruction de l'appendice décelés par la radiographie. Toutefois, les résultats obtenus dans nos essais, résultats dépassant tout ce que nous pouvons espérer, et nous apportant des renseignements presque constants et assez précieux, nous font espérer que des recherches nouvelles, méthodiquement poursuivies, permettront de retirer de ce mode d'examen beaucoup plus de bénéfices que l'état actuel de la question ne permettait de l'espérer.

M. LE D^r TH. NOGIER,

Agrégé de Physique à la Faculté de Médecine (Lyon).

TÉLÉRADIOGRAPHIES INSTANTANÉES DU CŒUR ET DU THORAX.

611-12-711.0724

4 Août.

L'an dernier, dans le rapport présenté au Congrès de Toulouse, nous avons montré que la radiographie instantanée, dans les temps les plus courts, s'obtenait au moyen des appareils du type Blitz (Dessauer) ou Unipuls (Reiniger). On peut, avec d'autres types d'appareils à redresseurs de courant à haute tension, obtenir également de bonnes radiographies instantanées, pourvu que l'on dispose d'un transformateur assez puissant (5 kilowatts et au-dessus) et d'un déclancheur automatique assez rapide. Au Congrès de Physiothérapie de Paris (avril 1911) nous avions communiqué des radiographies instantanées du cœur, faites en $\frac{1}{25}$ de seconde, environ; elles montraient d'une façon remarquablement nette le contour du cœur et les coupoles diaphragmatiques.

Depuis ce moment, nous avons cherché à obtenir à grande distance (1 m et 1,20 m de l'anticathode à la plaque) des épreuves instantanées. Les épreuves et les clichés que nous vous présentons prouvent que nous y sommes parvenus.

Notre appareillage était constitué par un appareil « Idéal » à redresseur de courant à haute tension, fonctionnant sur courant alternatif à 115 volts et 50 périodes complètes à la seconde. Le temps de passage du courant était réglé par un compteur-déclancheur pouvant mesurer jusqu'au centième de seconde. L'appareil absorbait plus de 50 ampères à pleine charge.

Dans ces conditions et en éloignant l'anticathode à 1 m, 1,20 m de la plaque radiographique, nous avons pu obtenir d'excellentes images du thorax et du cœur chez des sujets adultes; certains de ces sujets avaient même conservé leurs vêtements.

Les contours du cœur sont absolument nets, de même que le diaphragme et l'image des vaisseaux au niveau du hile. Cette netteté ne s'obtient pas, à vrai dire, dans tous les cas. Dans les thorax pathologiques, dans les cas de péricardite, il arrive très souvent que les contours du cœur s'estompent, mais la faute en est à la maladie plutôt qu'à l'appareillage ou à la technique.

Les ampoules qui nous ont servi pour nos recherches sont des ampoules Gundelach « Moment ». Le temps très court pendant lequel le courant à haute tension était admis dans l'ampoule a évité leur détérioration. L'anticathode est intacte, sans trou ni sillon dans les modèles que nous avons utilisés.

MM. Georges BOURGUIGNON,

Chef adjoint du Laboratoire d'Électricité de la Salpêtrière.

ET

Henri LAUGIER.

UNE NOUVELLE MÉTHODE EN ÉLECTRODIAGNOSTIC : LA RECHERCHE DU RAPPORT DES QUANTITÉS D'ÉLECTRICITÉ LIMINAIRES DES ONDES D'OUVERTURE ET DE FERMETURE DU COURANT D'INDUCTION.

615.849 : 616.07

1er Août.

Dans le *Bulletin de la Société française d'Électrothérapie et de Radiologie* du mois de mai 1911, nous avons publié un premier travail sur ce sujet. Il nous paraît intéressant de le porter à la connaissance des membres du Congrès, en y ajoutant quelques réflexions.

Le point de départ de nos recherches a été la note de Marcelle Lapicque et Jeanne Weill (*Soc. de Biologie*, 27 février 1909), dans laquelle ces auteurs ont montré que le rapport des quantités nécessaires pour produire le seuil de la contraction avec l'onde d'ouverture et l'onde de fermeture du courant d'induction, classait les muscles, suivant leur vitesse d'excitabilité, dans le même ordre que la recherche de la constante caractérisant la vitesse d'excitabilité musculaire et nerveuse, et que M. et Mme Lapicque ont appelée *chronaxie*.

Il nous a paru intéressant de rechercher ce rapport chez l'homme à l'état normal et à l'état pathologique.

Pour établir ce rapport, il faut chercher le seuil de la contraction, successivement avec l'onde induite d'ouverture et l'onde induite de fermeture, en ayant soin de ne pas déplacer l'électrode active entre ces deux déterminations. Jusqu'à présent, toutes nos recherches ont été faites avec la méthode unipolaire, l'électrode active étant le pôle négatif. Il faut donc, après avoir déterminé le seuil avec l'onde d'ouverture, renverser le sens, soit du courant inducteur, soit du courant induit. Il faut en outre, après avoir obtenu la contraction avec l'onde de fermeture, ouvrir le circuit induit avant d'ouvrir le courant inducteur, pour éviter au patient la secousse d'ouverture qui serait douloureuse et fatiguerait le muscle aux distances auxquelles on obtient la contraction avec l'onde induite de fermeture.

La double clef de Courtade, manœuvrée par un aide, pendant qu'on fait à la main les fermetures et ouvertures du courant inducteur avec la pédale qui se trouve sur le socle du grand chariot de Gaiffe-Tripier permet de faire très simplement cette double opération. Nous avons d'ailleurs à l'étude un dispositif permettant d'opérer sans aide.

Il nous a fallu, en outre, modifier la bobine induite de façon à avoir un voltage suffisant pour obtenir, à travers la peau, une secousse avec l'onde induite de fermeture. Des tours de fil fin ajoutés à la bobine à fil fin du grand chariot de Tripier ont augmenté la résistance de cette bobine de 1651 ohms à 3390 ohms, et ont augmenté le coefficient d'induction mutuelle de l'inducteur et de l'induit. Avec cette bobine, nous obtenons la secousse de fermeture sur toutes les régions, sauf à la paume de la main. Nous étudions actuellement d'autres bobines pour vaincre cette dernière difficulté.

Lorsqu'on a déterminé les distances des bobines auxquelles on obtient le seuil de la contraction avec l'onde induite d'ouverture et l'onde induite de fermeture, il faut, à l'aide de la courbe donnant les rapports des quantités d'électricité en fonction des distances des bobines, établir le rapport de ces quantités à l'ouverture et à la fermeture, en portant en numérateur le chiffre de l'onde de fermeture.

Cette courbe s'établit au galvanomètre balistique et donne, non pas le chiffre absolu de la quantité d'électricité à chaque distance des bobines, chiffre qui varie avec l'intensité du courant inducteur, mais la variation de ces quantités en fonction des distances. Le grand chariot de Tripier, fourni par la maison Gaiffe, porte une échelle donnant cette variation, pour la bobine à fil fin. Dans cette échelle, le o (maximum d'engaînement) de l'échelle en centimètres correspond à 1000 de l'échelle en quantité. Nous avons établi, grâce à l'obligeance de M. Lapicque, qui a aimablement mis son galvanomètre balistique à notre disposition dans son laboratoire de la Sorbonne, la courbe de notre bobine de 3390 ohms, très analogue d'ailleurs à celle de Gaiffe pour notre bobine primitive de 1651 ohms (*voir* les courbes ci-jointes, représentant la graduation des deux bobines à la même échelle).

Pour la commodité des calculs, nous avons, d'après notre courbe (*voir* la figure) établi un Tableau donnant les chiffres en quantité correspondant aux distances par ¼ de centimètre.

Nous avons commencé par étudier un certain nombre de muscles, à l'état normal, sur différents sujets. Nous avons constaté que la recherche de notre rapport donne des résultats très constants, avec la même instrumentation, sur un même muscle, d'un côté à l'autre, d'un jour à l'autre, d'un sujet à l'autre.

Voici, pour fixer les idées, le résultat de 20 expériences faites sur le biceps du bras, chez trois sujets, et répétées sur chaque sujet deux ou trois fois, à des jours différents. La moitié de ces 20 expériences a porté sur le côté droit, et la moitié sur le côté gauche.

Sur ce total de 20 déterminations (10 à droite, 10 à gauche), comprenant 3 sujets différents, le rapport maximum a été de 13,3, et le rapport minimum de 11,3. Pour déterminer l'erreur relative, nous ferons le rapport de l'écart maximum à la moyenne des chiffres trouvés.

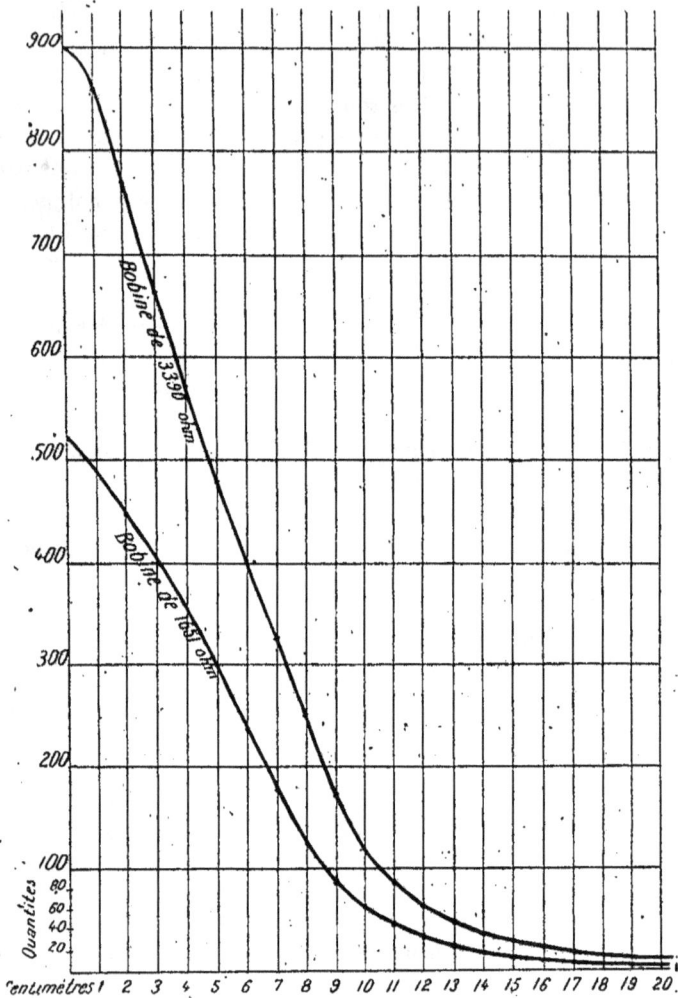

Dans ces conditions nous voyons que l'écart étant 2, la moyenne des rapports étant 12,3, l'erreur relative est $\dfrac{2}{12,3}$, soit 16 %.

Cet écart est le même si nous prenons les maxima et minima obtenus sur le même muscle du même côté du même sujet à des jours différents, si nous le mesurons le même jour sur le même muscle du même sujet à droite et à gauche, ou si nous comparons le muscle du même côté sur les trois sujets.

Si, dans nos 20 déterminations, nous prenons celles qui ont donné un écart inférieur à 1, nous voyons que 12 fois le rapport s'est tenu entre 12,1 et 12,8. L'écart est ici de 5,5 %.

Si nous déterminons de la même manière, l'approximation de la mesure des seuils, nous voyons que la variation va jusqu'à 110 %.

A l'ouverture, les chiffres en quantité ont été de 10,5 pour la distance maxima de 18,5^{cm} et de 36 pour la distance minima de 13,5^{cm}. Cet écart a une valeur de 156,8 %. A la fermeture, l'écart est sensiblement le même. La quantité minima est de 133 (pour une distance des bobines de 9,75^{cm}) et la quantité maxima est de 446, pour la distance 5,5^{cm}. Cet écart est de 152,5 %. Ces chiffres sont résumés dans le Tableau ci-joint.

1°. *Groupe de 20 expériences.*

	Maximum.	Minimum.	Écart pour 100.
Rapport	13,3	11,3	16
Chiffres en quantités : Ouverture	36	10,5	109,6
« Fermeture	446	133	108,9

2°. *Groupe de 12 expériences.*

	Maximum.	Minimum.	Écart pour 100.
Rapport	12,8	12,1	5,5
Chiffres en quantités : Ouverture	36	10,5	109,6
« Fermeture	446	133	108,9

Il est facile de se rendre compte de la raison de ces faits. La quantité d'électricité donnant le seuil varie surtout suivant la résistance de la peau. On a donc des chiffres absolus, en quantité, très différents suivant les jours pour un même sujet, ou d'un sujet à l'autre.

Mais le rapport des quantités à la fermeture et à l'ouverture étant réglé par l'excitabilité réelle du muscle respectivement aux deux formes de l'onde induite, on comprend que l'action de la peau disparaisse, car l'état de la peau est sensiblement le même pendant le temps que demandent les deux déterminations.

Nos expériences sur le biceps mettent donc bien nettement en évidence que le rapport donne une mesure relative de la vitesse d'excitabilité du muscle avec une constance très grande, même d'un sujet à un autre.

Voici maintenant quelques chiffres qui montrent la valeur du rapport, avec notre instrumentation, sur différents muscles:

Biceps	11,3 à	13,3
Deltoïde (portion antérieure et moyenne)	10 à	12
Jambier antérieur	10 à	11,3
Extenseurs des orteils	10,6 à	11,6
Extenseurs communs des doigts	9,9 à	10,3
Orbiculaire inférieur des lèvres	11 à	13

Les écarts entre les rapports d'un muscle à l'autre, tout en dépassant un peu ce qu'ils sont pour un même muscle d'un sujet à l'autre, ne sont cependant pas assez grands, et nos expériences, à ce sujet, sont encore trop peu nombreuses pour permettre de savoir s'il y a entre les différents muscles de l'homme les différences notables de vitesse que M. et Mme Lapicque ont vues entre les différents muscles de la grenouille. Il semble cependant que les muscles de l'homme diffèrent moins entre eux que ceux des animaux hétérothermes.

Nous avons ensuite fait porter nos recherches sur des muscles atteints d'états pathologiques.

Sur différents muscles atteints de DR partielle, nous avons vu le rapport descendre à 9, à 7, à 5, à 4 et même à 3, alors que l'homologue du côté sain gardait un rapport normal pour le muscle considéré. Nous avons vu, dans un cas de DR partielle chez un syringomyélique, dans l'extenseur commun des doigts des deux côtés, le rapport être de 5 du côté le moins paralysé, et de 4 du côté le plus paralysé.

Enfin, dans un cas de polynévrite légère, sans DR, avec excitabilité sensiblement normale par les moyens ordinaires, le rapport, sur le jambier antérieur, était de 6,3 du côté le plus impotent, et de 8 du côté le mieux conservé au point de vue fonctionnel.

Nous pouvons donc dire que, dans les cas qui donnent la réaction de la DR, ou dans ceux où il existe des lésions pouvant donner de la DR, le rapport baisse, et baisse d'autant plus que l'altération du muscle est plus grande. On peut donc dire que notre procédé, sans donner la mesure de la chronaxie, donne cependant une mesure relative de la vitesse d'excitabilité, vitesse qui se monte très constante à l'état normal, et qu'il permet d'apprécier par un chiffre le degré de la dégénérescence (Travail du Laboratoire d'Électricité de la Clinique des maladies nerveuses de la Salpêtrière).

M. LE Dr P. PROTHON,

Ex-interne des Hôpitaux (Lyon).

QUELQUES REMARQUES SUR LES PROCÉDÉS CLINIQUES ET RADIOLOGIQUES D'EXPLORATION DE L'ESTOMAC, DANS LES PTOSES GASTRIQUES EN PARTICULIER.

616.33.0724

4 Août.

Personne, aujourd'hui, ne met en doute l'utilité de l'exploration radiologique de l'estomac. Tous les radiologues savent que l'examen à l'écran a modifié complètement les notions que nous fournissait la table d'autopsie et même l'exploration chirurgicale au point de vue de la forme de l'estomac : l'état normal, les formes ptosées, biloculaires sont nettement déterminés par la radiologie; le reste de la pathologie gastrique, tumeurs, ulcères, troubles de la motricité, troubles secrétoires, etc., est ou sera sans doute élucidé de mieux en mieux à la lumière de l'ampoule de Röntgen. Seuls les vieux cliniciens pourraient accuser les jeunes de trop de hâte à vouloir faire table rase des anciennes méthodes. C'est là le danger des spécialisations. Il est facile de mettre tout le monde d'accord. Pour la délimitation des dimensions et de la forme, d'abord, il faut bien remarquer que l'estomac a des formes très variables suivant le mode d'examen. En second lieu, pour ce qui concerne la valeur des diverses méthodes employées, nous ferons voir que l'examen clinique, modifié suivant les données récentes, n'a rien perdu de sa valeur — que, comme toujours, les deux méthodes doivent s'associer pour se compléter.

La forme, ai-je dit, varie suivant la manière dont l'examen est pratiqué. Les anatomistes et les chirurgiens ont vu l'estomac généralement vide, flasque et horizontal. Il leur a paru étalé en largeur. Les cliniciens l'ont vu, ou plutôt l'ont perçu, par les moyens extérieurs dont ils disposaient, plus ou moins rempli de gaz ou d'aliments, ou encore distendu par l'insufflation. Les radiologues sont venus et, après l'avoir examiné insufflé, à l'état de vacuité et de passivité, ils se sont arrêtés enfin au procédé le plus rationnel et le plus physiologique : l'examen de l'estomac digérant un repas de bismuth. Pour ne pas répéter nos définitions, nous appellerons « forme radiologique » la forme physiologique ou physiopathologique vraie, la forme de l'estomac vu à l'écran en position verticale, en digestion de bouillie bismuthée. Cette forme vous la connaissez tous, ce n'est plus l'antique cornemuse, c'est le J majuscule. Je n'insiste pas. Cette forme, ou plutôt la délimitation de cette forme nouvelle, peut-elle aujourd'hui être établie par la clinique seule? Ses méthodes nous permettront-elles, en outre, d'étendre nos investigations dans le domaine de la physiologie gastrique? Comment et pourquoi sera-t-il nécessaire d'y ajouter l'examen radiologique? C'est ce qu'il convient d'examiner. Passons rapidement en revue les procédés cliniques. L'inspection peut nous renseigner grossièrement sur le volume d'un estomac distendu ou insufflé : elle nous permet parfois d'apercevoir des mouvements péristaltiques. La palpation nous renseigne assez confusément encore sur la forme et la situation de l'organe : elle nous révèle surtout les lésions douloureuses, les accidents de la paroi (tumeurs), l'état de plénitude ou de vacuité de l'organe (clapotage).

La percussion prétend nous donner plus exactement les limites de l'estomac. Il n'en est pas toujours ainsi : il est parfois difficile de distinguer les sonorités gastrique et colique. Il importe, en tous cas, pour les estomacs qu'on suppose allongés, de ne pas s'arrêter à la première différence de sonorité : on retrouve en effet en descendant après la sonorité colique la sonorité gastrique première, déjà obtenue dans la région sus-ombilicale : on peut la retrouver jusqu'au niveau de la vessie dans les estomacs qui atteignent le pubis. La palpation peut, également, être entachée d'erreur. J'ai nettement perçu, en position demi-assise, du clapotage péri-ombilical seulement, 2 heures après le repas, dans un estomac qui, radioscopé une heure après, descendait au pubis.

Les procédés accessoires de délimitation de l'estomac, tels que la dilatation par insufflation directe ou mélange gazeux, provoquent un gonflement généralisé et passif de l'estomac, d'ailleurs dangereux dans certains cas.

Dans un autre ordre d'idées, le chimisme gastrique, moyen d'exploration clinique qui semblait devoir faire la lumière sur la plupart des états pathologiques de l'estomac, n'a pas tenu ses promesses.

Nous pensons qu'aujourd'hui les procédés d'exploration de l'estomac doivent être : 1° les procédés cliniques habituels, contrôlés le plus souvent possible par la radioscopie ou pratiqués par le clinicien habitué à ce contrôle et éduqué par lui;

2° La recherche de la « douleur signal » de Leven : procédé clinique nouveau;

3° L'exploration radiologique.

Le clinicien, qui a l'habitude de contrôler par l'examen à l'écran les renseignements fournis par les méthodes cliniques ordinaires, développera considérablement sa sûreté d'examen. Un sujet présente-t-il des signes de ptose probable : névropathie, faiblesse musculaire, atonie diverses, il recherchera la limite inférieure de l'estomac, beaucoup plus bas qu'on a coutume de le faire. Il agira toutefois très méthodiquement, certains sujets très gastropathes étant parfois peu gastroptosés, certains autres, à l'inverse, supportant bien une ptose considérable. Il songera aux sonorités colique et intestinale, cœcale même, et ne se laissera pas tromper par elles, surtout en largeur; quant, quelques instants après un examen clinique un peu vague, on a la surprise d'apercevoir à l'écran un estomac en forme de J majuscule, de bas de laine, de sablier, de carafe à long col, etc., on regrette d'avoir égaré ses recherches sous les fausses côtes, dans des régions qui sonnaient trop bien !

Je sais bien que l'examen en position couchée modifie légèrement la forme radiologique de l'estomac et que l'examen clinique s'effectue généralement en position couchée : mais l'examen, d'ailleurs moins facile, en position debout, ne redresse pas toujours les erreurs d'interprétation.

C'est ici qu'intervient le procédé décrit récemment par Leven ou de la *douleur signal*.

C'est un procédé d'examen en position debout.

Vous en connaissez le principe et l'application :

La douleur épigastrique (ombilico-xyphoïdienne) spontanée ou provoquée, profonde ou superficielle, est due, probablement, à des tiraillements du plexus solaire par l'organe ptosé. Cette douleur cesse quant on relève le fond de l'estomac, donc quand les doigts de l'observateur, soit en remontant soit en descendant, atteignent et soulèvent le fond de l'organe. M. Leven me permettra de dire que cet excellent procédé n'est que l'application, avec une mise au point plus exacte et plus scientifique, du vieux procédé de l'épreuve de la sangle abdominale : l'observateur, placé en arrière du malade, soulève avec les deux mains mises en sangle toute la masse abdominale : le malade ressent un soulagement manifeste. Si le soutien est brusquement relâché, le malade accuse une sensation plus ou moins vive de douleur et, généralement, de bouleversement abdominal, sensation parfois extrêmement pénible et presque angoissante.

Avec un doigt sous l'estomac, les mêmes phénomènes s'observent, ils se réfèrent alors exclusivement à l'estomac, ils permettent la délimitation du fond de l'organe.

On sait l'application que Leven a faite de ce procédé dans le diagnostic des fausses douleurs appendiculaires, dues en réalité à des déviations gastriques ou pyloriques. J'ai observé que, chez certains malades se rendant mal compte de leurs sensations, la méthode de Leven donne lieu parfois à quelque incertitude. Il suffit toutefois de l'avoir appliquée pendant l'examen à l'écran pour se convaincre de sa valeur et de son exactitude générale.

Tous ces procédés cliniques, toutefois, ne donnent que des indications de forme ou même, simplement, celle du niveau du fond de l'organe : l'estomac biloculaire, l'estomac déplacé latéralement, échappent en général à l'examen clinique. Il en est de même des fonctions physiologiques de l'estomac, de sa capacité, de sa tonicité, de son mode d'évacuation. L'écran nous donnera ici de précieux renseignements.

L'examen se fera le malade à jeun. On fera absorber une bouillie bismuthée. Les formules de repas bismuthés sont nombreuses. J'emploie la suivante qui a l'inconvénient d'exiger un peu de cuisine, mais l'avantage d'être acceptée par les malades les plus difficiles.

Eau : 3oo à 4oo g.

Chocolat, une barre de déjeuner; ajouter, après dissolution à chaud en remuant toujours :

Fécule de pomme de terre diluée dans très peu d'eau froide : une cuillerée à café ou un peu plus;

Carbonate de Bi : 3o à 4o g ou davantage.

On obtient ainsi, à son gré, une bouillie fluide ou épaisse permettant les examens des sténoses œsophagiennes et des estomacs.

Pour simplifier, on peut employer des chocolats bismuthés tout préparés, tels que celui de Perroud de Lyon.

Je n'insiste pas sur le mode de remplissage du tube gastrique : on sait qu'il se fait à peu près toujours un rétrécissement en sablier : ce rétrécissement n'est pathologique que lorsqu'il persiste, qu'il est très serré et ne permet le passage du bismuth que lentement, en mince filet.

Je veux insister particulièrement sur :

1º La durée d'évacuation du contenu gastrique. Elle est très variable : parfois très rapidement une partie du bismuth passe dans le duodénum et, au bout d'une demi-heure, on est surpris du petit volume restant dans l'estomac. Un estomac qui évacue rapidement, quoique ptosé, n'est pas très malade.

2º La fréquence plus ou moins grande de l'apparition des encoches péristaltiques : il est des estomacs tout à fait atones qui n'en présentent qu'à des intervalles très longs. On arrive à réveiller la tonicité et à faire apparaître une encoche profonde par les pressions et le massage exercés sur le fond de l'organe.

3º La possibilité ou la difficulté du relèvement volontaire de l'estomac (manœuvre de Chilaiditi) : certains estomacs étirés jusqu'au pubis ne se relèvent pas d'un centimètre : d'autres, par cette manœuvre, remontent de 8 cm à 12 cm.

J'ai surtout examiné et j'ai voulu parler surtout ici des estomacs ptosés. Je n'insisterai donc pas sur la visibilité possible des ulcères et des cancers gastriques, visibilité d'ailleurs indirecte (défaut d'ombre bismuthée ou d'encoche péristaltique au niveau du cancer, bulle d'air au niveau de l'ulcère, biloculation par sténose, etc.).

On voit, d'après cet exposé, que la grande supériorité de l'examen à l'écran sur les méthodes cliniques habituelles consiste dans des indications beaucoup plus précises sur la position, sur la forme, mais aussi et on ne saurait trop y insister parce que les progrès doivent se faire dans ce sens, sur une partie de la physiologie de l'estomac.

Concluons toutefois, car les avantages de l'usage plus répandu des méthodes cliniques ne peuvent être négligés, que l'association de tous les moyens d'investigation est absolument nécessaire : que, par cette réunion de moyens, nous arrivons à comprendre — au sens le plus large — l'estomac, nous le sentons nous l'avons en main.

Quelles déductions thérapeutiques pouvons-nous, dès aujourd'hui, formuler? Quel doit être le traitement des ptoses gastriques? L'homme digère généralement debout : il paraît de plus en plus évident que la digestion gastrique des ptosés doit se faire en position couchée. Les ptosés doivent user de régimes plutôt secs, faire des repas peu abondants, tonifier leur système nerveux et musculaire — je ne sors pas ici des banalités. L'examen radiologique nous permet aujourd'hui d'ajouter comme nécessaires : la manœuvre du relèvement volontaire de l'estomac pratiquée plusieurs fois par jour, soit à jeun, soit après les repas; le massage de l'estomac pratiqué pendant la période de réplétion gastrique. Il faudra y ajouter probablement bientôt l'électrisation directe et indirecte (percutanée) de l'estomac, cette dernière connue depuis longtemps. Mais il est probable que les points d'application de l'électricité et son dosage devront être étudiés de façon très précise; si l'on veut obtenir des résultats thérapeutiques.

Cette thérapeutique sera-t-elle donc toute mécanique et physique? On voit que nous tendons à l'admettre en même temps que nous admettons que chez les ptosés c'est l'atonie avec atrophie musculaire et glandulaire, l'abaissement avec ou sans association de ptose duodénale, les déformations diverses de l'organe, qui agissent au total, mécaniquement sur son fonctionnement.

MM. E. HUET, G. BOURGUIGNON et H. LAUGIER.

CONTRACTIONS VIVES ET CONTRACTIONS LENTES DANS UN MÊME MUSCLE, SUIVANT LES CONDITIONS DE L'EXCITATION, DANS LA DR PARTIELLE.

612.741

1ᵉʳ Août.

Erb, dans son *Traité d'Électrothérapie* (1884, traduction française de Rueff, p. 193), signale ainsi l'existence sur un même muscle de contractions vives avec le pôle négatif et lentes avec le pôle positif :

« Il est très instructif de voir, au commencement de la DR, se produire sur un seul et même muscle, avec la KF une secousse énergique et prompte comme l'éclair, et bientôt après avec la An F une secousse lente et traînante. Cela peut surtout se constater sur les muscles grands et massifs; triceps ou biceps du bras, vaste interne. »

. D'autres auteurs, et en particulier Remak, ont signalé de même l'existence de contraction lente au pôle positif et vive au pôle négatif, avec le courant galvanique.

Plus tard, E. Huet, dans le *Manuel de Diagnostic médical* (1900, p. 485), puis plus récemment, en 1911, dans la *Pratique neurologique* (p. 1248, en note, et p. 1250), signale le même fait. Dans le *Manuel de Diagnostic médical*, il dit en effet (p. 485) :

« La lenteur des contractions est souvent plus prononcée pour les contractions produites par le pôle P; parfois même elle est déjà manifeste avec ce pôle, tandis que les contractions produites par le pôle N restent encore plus ou moins vives. »

Dans la *Pratique neurologique*, qui vient de paraître, en 1911, il dit encore (p. 1250) :

« Dans des formes atténuées de la DR, on voit parfois la lenteur de la contraction manifeste seulement à l'excitation avec le pôle positif, tandis que la contraction reste assez vive pour l'excitation avec le pôle négatif. »

Dans cet article, E. Huet ajoute même que la lenteur peut exister aux deux pôles avec des courants forts, alors qu'au seuil NFC existe seule avec contraction vive (p. 1248) :

« On voit parfois, dit-il, dans ces formes de DR, la contraction rester assez vive et prédominer à la fermeture de la cathode, au seuil de l'excitation, tandis qu'avec des courants plus forts, les contractions se montrent lentes et que CPF devient égale ou supérieure à NFC. »

Enfin, Delherm et Laquerrière ont de nouveau attiré l'attention sur ces faits à la séance du mois de juin de la Société française d'Électro-thérapie et de Radiologie, et en ont proposé une interprétation basée sur les expériences de Mlle Ioteïko et Bottazzi; ils considèrent que la coexistence de contractions lentes au pôle positif et vives au pôle négatif dans un même muscle est due à la coexistence dans ce muscle de fibres dégénérées et de fibres saines.

Au cours des recherches que deux d'entre nous poursuivent sur le rapport des intensités liminaires de l'onde induite d'ouverture et de fermeture, nous avons eu l'occasion de constater à maintes reprises ce phénomène, en faisant l'exploration galvanique des muscles dont nous avions déterminé le rapport. En voici un exemple extrêmement démonstratif :

Nous avons eu l'occasion d'examiner un jeune homme qui avait une blessure du plexus brachial du côté gauche, par balle de revolver, datant d'environ trois semaines. Il y avait de la DR complète dans certains muscles. Mais le biceps ne présentait qu'une DR partielle peu accentuée. Or voici ce que donnait l'exploration de ce muscle avec le courant galva-nique, au niveau du nerf, du point moteur et du tendon :

Dans l'excitation par le nerf, la contraction était assez vive aux deux pôles. Dans l'excitation par le tendon, la contraction était très lente aux deux pôles. Dans l'excitation au point moteur, les choses se passaient différemment suivant l'intensité du courant : avec un courant faible (3 mA), on était au seuil de la contraction à NF, sans contraction à PF, et cette unique contraction, NFC, était vive; avec un courant moyen, 5 à 6 mA, on obtenait NFC > PFC, avec contraction vive aux deux pôles; avec un courant plus fort, 7 mA, la contraction était lente avec le pôle positif et vive avec le pôle négatif; avec 10 mA enfin, la contraction restait lente au pôle positif; au pôle négatif, sans être aussi lente qu'au pôle positif, elle devenait moins vive qu'à l'état normal.

Voilà donc un exemple très complet de contractions vives et lentes dans un même muscle suivant les conditions de l'excitation directe ou indirecte, suivant l'intensité du courant, suivant le pôle actif. Mais la dissociation de l'action des pôles sur la vitesse de la contraction est plus fréquente qu'on ne le croit et n'est pas aussi exclusivement localisée aux grands muscles que le dit Erb. Enfin on peut la rencontrer, non seulement sur les muscles, mais encore sur les nerfs. Quatre cas de paralysie faciale que nous suivons actuellement à la Salpêtrière nous en ont donné la preuve. Nous avons fait porter notre étude sur l'orbiculaire inférieur des lèvres principalement.

Avec ces quatre cas nous avons observé toutes les combinaisons possibles, suivant le moment de l'évolution où a porté l'exploration, depuis la lenteur localisée au pôle positif sur le muscle seul, jusqu'à la lenteur aux deux pôles à la fois sur le nerf et sur le muscle.

Nous résumons ces combinaisons dans le Tableau suivant :

	Muscle.	Nerf.
1....	Contraction lente à PF. » vive à NF.	Contraction vive aux deux pôles.
2....	Contraction lente à PF. » vive à NF.	Contraction lente à PF. » vive à NF.
3....	Contraction lente aux deux pôles.	Contraction vive aux deux pôles.
4....	Contraction lente aux deux pôles.	Contraction lente à PF. » vive à NF.
5....	Contraction lente aux deux pôles.	Contraction lente aux deux pôles.

Les conditions dans lesquelles on observe la lenteur à PF avec contraction vive à NF, soit sur le muscle seul, soit à la fois sur le nerf et sur le muscle, sont celles qui correspondent à une DR partielle très peu accentuée.

La preuve en est donnée par deux ordres de faits. Erb, nous l'avons vu, avait déjà signalé qu'il avait observé cette dissociation de l'action des pôles au début de la DR.

D'après les notes de E. Huet, prises depuis longtemps et sans idées préconçues, et d'après l'évolution des quatre cas dont nous parlons dans ce travail, nous pouvons ajouter que ce phénomène s'observe non seulement au début de la DR, mais qu'il reparaît à la phase terminale de la DR lorsque celle-ci évolue vers la guérison. Dans les deux cas, il s'agit donc de DR peu accentuée.

Voici deux exemples de cette évolution, pris parmi les quatre observations de paralysie faciale dont nous parlons :

Dans le premier cas, il s'agit d'une jeune femme atteinte de paralysie faciale droite depuis le 11 juin 1911. Le premier examen a été fait le 25 juin, 15 jours après le début. A ce moment, dans l'orbiculaire inférieur des lèvres, nous avons observé la formule suivante :

PFC lent ; NFC vif sur le muscle ;
Contraction vive aux deux pôles, par le nerf.

Le 4 juillet, la contraction est devenue lente aux deux pôles au point moteur, alors qu'elle est devenue lente à PF, en restant vive à NF, par le nerf, donnant la formule suivante :

Muscle.	Nerf.
Contraction lente aux deux pôles.	Contraction lente à PF.
	» vive à NF.

Le 12 juillet, la formule était la même. Les examens que nous ferons ultérieurement, nous montreront ce qu'elle deviendra.

Voilà donc une malade observée près du début de l'affection et qui montre la dissociation existant d'abord sur le muscle, puis apparaissant sur le nerf, et faisant place à la contraction lente aux deux pôles sur le muscle.

Le deuxième cas nous montre l'évolution inverse.

Il s'agit d'une malade atteinte de paralysie faciale droite datant du 31 mai 1911. Mais nous n'avons vu cette malade pour la première fois que cinq semaines après le début de la paralysie, le 4 juillet. A ce moment elle était déjà en voie d'amélioration au point de vue des mouvements volontaires. Or, dans l'orbiculaire des lèvres, la contraction était lente aux deux pôles au point moteur et vive aux deux pôles par le nerf, formule classique d'une DR partielle peu grave.

Six jours plus tard, le 10 juillet, l'amélioration de la paralysie s'était très accentuée au point de vue volontaire.

A ce moment, au point moteur, la contraction était devenue vive à NF, alors qu'elle restait lente à PF. Au contraire, sur le nerf, la vivacité aux deux pôles avait fait place à la lenteur à PF avec vivacité à NF.

Ce deuxième cas nous montre donc l'apparition de la dissociation de l'action des pôles, à la phase terminale ou tout au moins avancée vers la guérison de la DR. Cette dissociation succède à une DR partielle typique avec lenteur aux deux pôles. Les deux autres cas nous ont montré des faits semblables.

Nous pouvons donc affirmer que c'est au début et à la fin de la DR partielle que s'observe la lenteur à PF avec contraction vive à NF, soit seulement au point moteur, soit à la fois au point moteur et sur le nerf. Une autre preuve qu'il s'agit de DR très peu accentuée est fournie par la recherche du rapport des intensités liminaires de l'onde induite d'ouverture et de fermeture.

Deux d'entre nous ont montré que ce rapport baisse dans de fortes proportions dans la DR. Or, dans les quatre cas de paralysie faciale dont nous parlons et dans le cas de paralysie du plexus brachial, le rapport s'est montré normal ou très peu abaissé sur les muscles présentant la dissociation d'action des pôles. Tandis, en effet, que, dans les cas où il existe de la lenteur aux deux pôles, le rapport baisse de 11 à 13 (chiffre normal), à 5, à 4 et même à 3 ; il a été de 7 à 8 sur le biceps de notre malade à la paralysie du plexus brachial et de 9 à 13 sur l'orbiculaire inférieur de nos paralysies faciales. Dans tous ces cas, le rapport est donc resté normal ou s'est très peu abaissé. Ce résultat vient donc confirmer la conclusion tirée de l'évolution et permet d'affirmer qu'il s'agit, dans les cas de dissociation d'action des pôles, de muscles atteints de DR partielle très légère.

Ce fait de l'existence de contraction lente au pôle positif, accompagnant une contraction vive au pôle négatif, ne doit pas être considéré comme une particularité isolée. Il doit au contraire être rattaché aux faits dans lesquels on constate de la lenteur au point moteur, alors que l'excitation du même muscle par le nerf donne une contraction vive, et à ceux dans lesquels on constate des contractions vives au point moteur, alors que l'excitation par le tendon (excitation longitudinale) donne une contraction lente.

Contraction vive et contraction lente suivant le lieu de l'excitation, contraction vive et contraction lente suivant le pôle actif, et, pour le même pôle, suivant l'intensité du courant sont des expressions variées, du même phénomène et doivent être rattachées à la même cause et recevoir la même interprétation.

Pour interpréter ces faits, il suffit de se reporter aux expériences de Mlle Ioteïko et Bottazzi qui ont montré que la contraction vive caractérise la contraction de la fibrille, alors que la contraction lente caractérise celle du sarcoplasme. Ces deux substances contractiles diffèrent d'ailleurs par d'autres propriétés physiologiques. La fibrille répond mieux au pôle négatif qu'au pôle positif et a pour formule NFC > PFC. La contractilité est d'autre part aussi facilement, sinon plus, mise en jeu quand on l'excite par le nerf que directement, de sorte qu'elle répond mieux à l'excitation par le nerf qu'à l'excitation au point moteur, et mieux à l'excitation au point moteur qu'à l'excitation par le tendon (excitation longitudinale) qui est l'excitation directe de la fibre musculaire la plus pure, puisqu'on admet qu'au point moteur on excite la fibre musculaire à la fois directement et par les filets nerveux. Le sarcoplasme au contraire répond mieux à PF qu'à NF et a pour formule PFC > N F C. Sa contractilité est plus facilement mise en jeu par l'excitation directe que par l'excitation par le nerf. Il en résulte que le sarcoplasme répond mieux à l'excitation par le tendon (excitation longitudinale) qu'à l'excitation au point moteur, et mieux à l'excitation au point moteur qu'à l'excitation par le nerf.

Il est facile dès lors de comprendre que, suivant les quantités respectives de fibrille et de sarcoplasme contenues dans un même muscle, on n'aura que des contractions vives (état normal), ou un mélange de contractions vives et lentes suivant le rapport de la quantité de fibrilles à celle du sarcoplasme, ou seulement des contractions lentes.

S'il y a assez de fibrilles pour qu'elles répondent bien à NF, leur contraction à NF masquera celle du sarcoplasme. Mais, en même temps, s'il y a assez de sarcoplasme pour qu'il puisse se manifester, sa contraction à PF prédominera sur celle des fibrilles au même pôle et la contraction sera lente à PF. On comprend ainsi que, suivant les quantités respectives de fibrille et de sarcoplasme, on obtiendra toutes les combinaisons possibles de contractions lentes et vives. Lorsqu'il y aura assez de sarcoplasme pour que sa contraction domine aux deux pôles sur le muscle, il pourra cependant y avoir assez de fibrilles pour que leur contraction masque celle du sarcoplasme dans l'excitation par le nerf. Au contraire la lenteur sera encore plus nette par le tendon qu'au point moteur.

Mais il nous semble qu'au sujet de la répartition de la fibrille et du sarcoplasme, il y a lieu de substituer à l'hypothèse de Delherm et Laquerrière, de la coexistence dans un même muscle de fibres saines et de fibres dégénérées, celle d'une variation des quantités respectives de fibrille et de sarcoplasme dans une même fibre, c'est-à-dire d'un degré dans la dégénérescence. On s'explique alors les particularités que nous avons signalées : rapport des intensités liminaires des ondes induites très peu abaissé ou normal, existence de la dissociation de l'action des pôles au début de la DR et à sa période de régression dans les cas où elle aboutit à la guérison.

Nous espérons d'ailleurs, par des recherches expérimentales, préciser cette hypothèse et pouvoir décider entre les deux. Il nous a paru intéressant, dès maintenant, de faire cet essai de synthèse et de rapprocher dans une interprétation commune tous les faits de coexistence de contractions vives et lentes dans un même muscle, faits très généralement connus de contractions vives par le nerf et lentes par le muscle, et faits moins connus et signalés comme une particularité de contractions vives au pôle négatif coexistant avec la lenteur de la contraction au pôle positif. (Travail du Laboratoire d'Électricité de la clinique des maladies nerveuses à la Salpêtrière.)

M. IRIBARNE.

(Paris).

TRAITEMENT ÉLECTRIQUE DES PARALYSIES DU LARYNX ET DU VOILE DU PALAIS

. 616.849.45.0724 + 611.22

1er Août.

Le traitement électrique des paralysies du larynx dépend des variétés étiologiques de ces paralysies. On peut néanmoins formuler une règle générale d'électrothérapie laryngée s'appliquant à la totalité des cas : le courant continu sera appliqué en premier lieu et le courant faradique terminera le traitement.

Pour le courant continu, on utilisera une batterie de 40 éléments, munie d'un rhéostat, d'un milliampèremètre, et d'un inverseur de courant. L'électrisation extra-laryngée se fera au moyen de deux larges électrodes recouvertes de plusieurs, compresses de gaze, imbibées d'une solution de chlorure de sodium. Les séances seront de 20 minutes et l'intensité du courant atteindra progressivement 50 milliampères.

Le courant faradique sera appliqué par une électrode double intralaryngée qui sera maniée sous le contrôle du miroir laryngoscopique.

Dans certains cas de sensibilité excessive du vestibule pharyngien, quand le rapprochement des mâchoires empêche l'introduction du miroir, on aura recours à la laryngoscopie directe. L'électrode intra-laryngée rectiligne sera conduite par le tube-spatule jusqu'à la zone paralysée.

Pour les paralysies du voile du palais, la technique est un peu différente : une électrode est placée directement sur le voile et l'autre à l'angle de la mâchoire.

L'électricité ne doit pas se borner à intervenir dans les cas de paralysie complète ou partielle du voile du palais. Il y a des cas où les muscles vélopalatins sont atteints de parésie, d'asthénie suffisante pour causer le nasonnement, la rhinolalie ouverte, qui empêche le sujet de prononcer les voyelles autrement que *an, en, in, on, un*. Le *b* se change en *m*, le *d* en *n*. L'électrisation galvanique d'abord, faradique ensuite, est employée avec succès pour faire disparaître ce symptôme en rendant au muscle sa tonicité normale, indispensable à une bonne prononciation.

M. le Dr Raoul DUPUY,

Ancien Interne de Saint-Lazare (Paris).

DE L'ÉLECTRO-IONISATION ET DE L'ÉLECTROLYSE DANS LE TRAITEMENT DE CERTAINES FORMES CHRONIQUES DE L'URÉTRITE BLENNORRAGIQUE CHEZ L'HOMME.

615.843 + 616.952

1ᵉ² *Août.*

Les dangers de l'urétrite chronique. — Pour certains auteurs, la médication galvanique en urologie ne présente aucun intérêt. Pour d'autres plus intransigeants, elle est une erreur thérapeutique; ce dogme, pure routine, entretenu par l'ostracisme de maîtres éminents, a fait délaisser cet adjuvant de premier ordre, qui cependant a déjà fait ses preuves.

Il est difficile, sinon impossible, à quelques isolés de remonter le courant des théories admises et nous constatons avec peine le même désintéressement, la même insouciance pour tout ce qui concerne la vulgaire blennorragie.

Cette affection, chez l'homme, la plus bénigne de toutes, si elle est soignée dès le début et rationnellement par la méthode antiseptique des grands lavages au permanganate de chaux, devient un véritable fléau, plus dangereux que la syphilis, surtout pour la femme lorsqu'elle passe à la chronicité par suite d'une faute contre la thérapeutique, l'hygiène ou la morale. Sa fréquence, sa ténacité, son évolution sournoise en font un ennemi des plus redoutables pour l'humanité, s'attaquant à l'individu, longtemps après son inoculation, en lui rendant une vieillesse insupportable, en stérilisant la femme, la condamnant à une vie de souffrance passée sur une chaise longue, en faisant une infirme ou une névrosée d'une charmante jeune fille qui aurait pu collaborer à la grandeur du pays en lui donnant de beaux enfants !

La chirurgie, heureusement, remédie à certaines grandes complications; de jour en jour la technique de l'ablation de la prostate ou de la matrice s'améliore considérablement.

Mais, ne serait-il pas plus utile de *guérir l'urétrite chronique* de l'homme qui est la cause initiale de toutes les misères? Les cas, si nombreux relevant de l'urologie ou de la gynécologie ne seraient-ils pas diminués? Et ne supprimerait-on pas du coup un long chapitre de la pathologie : la blennorragie, maladie générale, assurément plus important que nous le permettent de l'affirmer les études encore restreintes, entreprises sur ce sujet. N'a-t-on pas trouvé dans le sang de malades atteints d'urétrite chronique du gonocoque que l'on a isolé dans 73 % des cas examinés. Ce chiffre effrayant dispense de tout commentaire.

Des lésions de l'urétrite chronique. — Guérir l'urétrite chronique n'est pas toujours facile. Par son calibre inégal, par sa conformation intérieure (diverticules et lacunes de Morgagni), par les glandes propres de sa muqueuse (follicules et glandes de Littre), par les glandes situées près de lui et venant s'y déverser (glandes de Cowper et glandes prostatiques), l'urètre est un organe de prédilection pour l'infection chronique, pour la concentration et l'enkystement du gonocoque et de ses satellites.

Quant aux microbes eux-mêmes, ils sont des plus résistants : ils se cachent dans les couches profondes de l'épithélium, dans les culs-de-sac glandulaires à plusieurs millimètres de la surface de la muqueuse. Les lésions qu'ils provoquent sont multiples. Sous l'influence de la sécrétion septique et de l'irritation produite par elle, les tissus se congestionnent, s'infiltrent et, selon la lésion épithéliale, la maladie se présente sous deux aspects principaux.

Tantôt l'épithélium, comme mortifié, desquame et les papilles prolifèrent (urétrite proliférante habituellement décrite sous le terme d'*infiltration molle*); tantôt l'épithélium bourgeonne, s'épidermise, se rétracte et se tasse (urétrite sténosante-infiltration dure).

Les lésions peuvent être ou localisées, ou généralisées et nous sommes en présence d'atrésies partielles ou totales et selon le type qu'elles revêtent : molles ou dures et ceci sur un même urètre.

Les glandes suivent le même processus : elles sont les laboratoires où pullulent les microbes; turgescentes dans l'infiltration molle, elles s'atrophient ou s'enkystent dans l'infiltration dure après l'oblitération de leur canal excréteur. La prostate formée de tissu glandulaire et de travées conjonctives, présente et de l'infection des glandes et de l'hyperplasie conjonctive que suivent l'hypertrophie ou la sclérose comme dans tous les organes touchés par les poisons gonococciques.

L'énumération rapide de ces lésions est absolument nécessaire à la compréhension du traitement qui consistera : à modifier l'épithélium, à atteindre les microbes dans les glandes, à diminuer la sclérose et à augmenter l'élasticité et le calibre du canal.

Ces lésions sont souvent heureusement modifiées par un traitement approprié; cependant il est des cas, où malgré des essais réitérés, les médications employées habituellement ne donnent pas satisfaction.

Dans ces cas, s'il s'agit d'une infection généralisée ou si l'urétroscope a décelé plusieurs foyers disséminés, nous pratiquons l'électro-ionisation urétrale.

Urétrite diffuse et électro-ionisation. — Le principe de cette application est dû au professeur Stéphane-Leduc, de Nantes, qui, en 1907, publia sa théorie des *ions*. Le 14 mars 1911, le professeur Gariel exposa notre méthode à l'Académie de Médecine.

Nous introduisons dans l'urètre une tige de cuivre rouge bien polie (n° 18 à 25 Charrière), nous réunissons cette tige au pôle positif d'un courant galvanique faible (15 à 25 milliampères), cependant que le pôle négatif est relié à une large électrode abdominale. La séance dure de 15 à 25 minutes.

La série des phénomènes observés pendant et après la séance est des plus complexes.

1° Au niveau des tissus, au bout de quelques instants, on perçoit une sorte de contracture, la muqueuse est attirée et retenue par l'électrode; l'épithélium s'exfolie et meurt après la coagulation de l'albumine. Il se forme également aux dépens des chlorures organiques, des acides chloreux et chloriques qui agissent comme caustiques faibles.

2° Au niveau de l'électrode, on constate la désagrégation de cette dernière en molécules infiniment petites, attirées au pôle négatif *les ions* et arrêtées par les tissus environnants où elles demeurent à l'état naissant et à l'état libre. Cette pénétration est surtout intraglandulaire, comme l'a remarqué M. Leduc.

3° Des deux phénomènes précédents, un troisième en découle : formation de sels antiseptiques, de chlorures et d'oxychlorures de cuivre par la combinaison des acides chloreux et des molécules de cuivre.

4° Les réactions à distance sont des plus intéressantes. A la suite de l'application, on perçoit une vaso-dilatation périphérique suivie de vaso-constriction des plus salutaires pour les organes du petit bassin (prostate hypertrophiée, hémorroïdes).

Cette application est indolore et seule l'extraction de la tige est désa-
gréable, si l'on n'a pas le soin de renverser le courant pendant quelques
minutes.

Une forte réaction suit habituellement l'application, avec sécrétion
urétrale abondante et congestion du pénis; cet état dure 3 jours; puis,
au bout de 8 jours, le malade éprouve une sensation de bien-être incom-
parable, dû au recouvrement de l'élasticité des parois de l'urètre et de
la diminution de l'hypertrophie prostatique.

Au bout de 15 jours, ou cette séance a donné un résultat définitif
(30 % des cas), ou elle a été insuffisante et, dans ce second cas, le canal
est des mieux préparés pour la médication à choisir.

Si la sécrétion est fortement purulente et gonococcique, les instilla-
tions de protargol combinées aux lavages urétro-vésicaux et pratiqués
en série donnent de bons résultats.

Parfois, le malade ne voit qu'une légère sécrétion matinale et quelques
filaments dans l'urine; l'urétroscope dans ce cas sera d'un grand secours
et permettra de cautériser à la teinture d'iode ou à la solution d'acide
chromique à 30 % les points non entièrement cicatrisés.

Cette galvanoplastie urétrale n'est pas dangereuse; depuis trois ans de
pratique, nous n'avons jamais constaté d'accident ou d'incident fâcheux.
La muqueuse de l'urètre, en effet, supporte plus facilement que n'importe
quel autre tissu les effets physico-chimiques de l'électro-ionisation,
étant habituée au contact de l'urine acide. D'autre part, le cuivre est un
métal peu caustique; le faible ampérage pour les dimensions de tissu
traité et enfin l'emploi d'une électrode attaquable expliquent l'innocuité de cette application qui peut être répétée plusieurs fois sans inconvénient.

Au traitement électro-ionique qui s'adresse aux formes d'urétrite
diffuse et profonde, à ces cas où une modification complète de la muqueuse est nécessaire pour obtenir une guérison, nous joignons l'emploi
de l'électrolyse, soit linéaire, soit circulaire, dans les formes localisées.

Rétrécissements durs et électrolyse linéaire. — Notre intention n'est
pas de faire une revue de la question électrolytique, sujet de controverses
et de discussions ardentes; nous nous bornerons à signaler le parti que
l'on peut tirer de cette méthode sagement appliquée et de souligner
différentes indications qui n'ont été que mentionnées.

L'électrolyse linéaire, que l'on peut remplacer par l'urétrotomie électrolytique dans certains rétrécissements *très durs*, trouve son application
dans tous les rétrécissements durs. Elle nous a donné des résultats ines-
pérés dans plusieurs cas où l'urétrotomie simple avait été sans effet,
notamment sur une ancienne cicatrice circulaire de chancre syphilitique
de l'urètre, siégeant à 3 cm du méat et qui s'était infectée et congestionnée sous l'influence d'une blennorragie subaiguë. Procédé rapide,
antiseptique et hémostatique (particularité intéressante pour certains

urètres qui saignent si facilement) n'obligeant pas le malade à rester couché, n'infectant presque jamais, l'électrolyse linéaire ne donne de bons résultats que si elle est appliquée avec douceur et patience. :

Les expériences de laboratoire pratiquées sur les animaux, malheureuses parfois, n'ont pas été faites avec l'esprit d'impartialité qui doit présider à tout contrôle scientifique. A notre connaissance, l'ampérage employé a été trop élevé et la durée d'application trop longue, d'où lésion des tissus. Il ne faut jamais dépasser 15 à 20 milliampères pour un sujet normal et si le rétrécissement n'est pas franchi en 40 à 45 secondes, grand maximum, on doit interrompre la séance et, ou faire une urétrotomie électrolytique (procédé d'urgence) ou préparer et ramollir le rétrécissement avec des bougies filiformes que l'on pourra introduire, guidé par l'urétroscope.

Voici quelles sont, rapidement, les règles de l'électrolyse linéaire dans les cas de rétrécissements durs et serrés (¹), son emploi est également des plus intéressants dans les lacunites chroniques.

Les lacunites et l'électrolyse linéaire. — Les lacunites sont l'inflammation des lacunes de Morgagni, sorte de replis muqueux en forme de hottes, de valvules, simples fentes parfois, remplies et parsemées de follicules et de glandes de Littre. Situées sur la paroi supérieure de l'urètre, le plus habituellement dans l'urètre antérieur, au nombre de 6 à 10, elles constituent des foyers d'infection qu'il est impossible de nettoyer par les procédés habituels.

Aussi les spécialistes de l'école allemande et, en France, G. Fraisse ont-ils construit des ciseaux minuscules pour ouvrir et débrider avec l'aide de l'urétroscope ces valvules. Cette technique permet une cautérisation directe des régions chroniquement infectées.

Dans ces cas, nous préférons l'électrolyse linéaire. Après nous être renseignés sur l'état des lésions et leur siège, nous introduisons dans l'urètre une tige conductrice à lame électrolytique supérieure, d'assez grande envergure (n° 25 à 30 Charrière); nous la plaçons et la maintenons bien exactement dans un plan vertical correspondant à l'axe du conduit. Nous faisons passer le courant (10 à 15 milliampères) dès l'introduction dans la fosse naviculaire, afin de détruire certains follicules situés au niveau de la valvule de Guérin (la plus grande des lacunes de Morgagni) et qui entretiennent souvent la suppuration.

. Nous procédons ensuite comme pour une électrolyse linéaire ordinaire. L'instrument a fendu toutes les valvules, a cautérisé ou détruit de nombreuses glandes infectées qu'elles recélaient et souvent, après une seule séance, on est arrivé à tarir une suppuration interminable. Mais, avant de pratiquer cette opération, un examen précis à l'urétroscope est absolument nécessaire.

(¹) Nous utilisons habituellement un électrolyseur à quatre branches, qui fait une section cruciale sur la muqueuse.

Follicules et littrites enkystés et électrolyse linéo-circulaire (Béniqué électrolytique). — Un examen méthodique par la palpation sur Béniqué sera également indispensable pour établir le diagnostic d'autres lésions urétrales fort tenaces et tout aussi dangereuses : nous voulons parler de l'infection chronique des follicules et des glandes de Littre ankystées ou fistulisées à l'intérieur de l'urètre. Ces organes ainsi infectés donnent la sensation d'un urètre *farci de grains de plomb;* ces petites tumeurs sont perceptibles sur la paroi inférieure du canal. Celles de la paroi supérieure sont peut-être moins fréquentes et assurément plus méconnues du fait de l'inclusion du canal dans les corps caverneux. Leur destruction complète est difficilement obtenue; les caustiques, les hautes dilatations sont souvent, presque toujours, sans effet et ces repaires inexpugnables, véritables laboratoires microbiens embouteillés, du fait du rétrécissement du canal excréteur, distillent en paix leur virus et leurs microbes.

C'est contre ces formes d'urétrite que Kollmann conseillait la ponction électrolytique intra-urétrale. Cette méthode, véritable jeu de patience, est, à notre humble avis, aveugle et incomplète, car presque toujours il est impossible de voir sur la muqueuse urétrale le point où il faudra intervenir. Dans ces cas, nous préférons le *Béniqué électrolytique.*

L'emploi du Béniqué électrolytique, marque une transition entre l'électrolyse linéaire et circulaire, et la conduite de cette opération (signalée également par le Dr Roucayrol) est des plus simples et à la portée de tous. Voici les différents temps de cette application telle que nous la pratiquons depuis deux ans :

1º Introduire un Béniqué de gros calibre — 56 ou 60 — préalablement glycériné. Il vaut mieux ne pas franchir le col de la vessie et il sera bon de vaseliner le méat après l'introduction, car ces deux régions sont fort impressionnées par le passage du courant qui provoque une certaine douleur de réaction, douleur exagérée du reste par l'état nerveux de beaucoup de blennorragiens chroniques ; aussi, pour notre usage personnel, préférons-nous utiliser un Béniqué droit muni d'un petit manchon isolant pour le méat; l'emploi de cet instrument est souvent suffisant, car les lésions que l'on veut traiter siègent presque toujours dans l'urètre antérieur.

2º Réunir ce Béniqué au pôle négatif d'un courant galvanique; donner une intensité de 10 à 15 milliampères pendant 3 minutes environ.

3º Pendant le passage du courant, faire un massage sur Béniqué de tous les points qui paraissent suspects.

Ce massage produit une sorte d'écrasement des tumeurs et les doigts de l'opérateur perçoivent la fonte des petits kystes qui disparaissent comme par enchantement. Lorsque le Béniqué est retiré, on constate au méat l'apparition d'une masse mousseuse et parfois caséeuse dont les glandes étaient remplies.

L'opération sera répétée deux fois par semaine pendant un mois environ; elle donne habituellement les meilleurs résultats.

C'est à dessein que nous ne parlons pas des gros kystes enflammés, atteignent parfois le volume d'une noix; nous préférons pour eux une intervention chirurgicale.

Rétrécissements mous, polypes muqueux et électrolyse circulaire. — Il est certaines lésions d'urétrite chronique, que l'urétroscope nous révèle sous la forme de bourgeons rougeâtres, de polypes muqueux (que les auteurs allemands extirpent à l'anse galvanique froide). Elles sont caractérisées par de l'hypertrophie papillaire et elles constituent les rétrécissements-mous, les rétrécissements larges, formes tout à fait justiciables du traitement électrolytique. Dans ces cas, c'est l'électrolyse circulaire qui devra être employée; pour ce cas, les auteurs sont à peu près d'accord, et dernièrement le Dr Desnos a publié un travail des plus documentés auquel nous ne trouvons rien à ajouter, si ce n'est une particularité intéressante sur le siège de ces lésions, que nous ne trouvons signalée dans aucun auteur.

Nous avons été frappé de voir chez de nombreux malades ces points chroniquement enflammés siéger à des endroits identiques : au niveau de la fosse naviculaire et à 8 cm du méat.

Comment interpréter ces faits? Y aurait-il une stase de matière purulente au niveau du goulot de la bouteille urétrale? Le méat est, en effet, la partie la plus étroite du canal. Quant à la deuxième localisation à 8 cm du méat, peut-on l'expliquer par le voisinage du sphincter dit *membraneux*, ou ne devrait-on pas plutôt incriminer le coude produit par la partie horizontale de l'urètre périnéal (!) et la partie verticale de l'urètre pénien au repos (*pars pendula*). Ce coude arrête assurément la suppuration des organes voisins (prostate, bulbe, glandes de Cowper) lorsqu'elle est peu abondante et les lésions muqueuses doivent être causées par cette stagnation. Ne voit-on pas les malades rechercher la suppuration par des tractions sur l'organe, en arrière du point que nous indiquons?

L'électrolyse circulaire au déclin de l'urétrite. — Enfin, l'électrolyse circulaire rendra les plus grands services pour la retouche finale du canal, à la fin d'un traitement. Elle constitue une sorte de *balayage terminal* qui détruira certains follicules oubliés et qui suffisent à eux seuls à entretenir une suppuration. Elle redonne une vitalité nouvelle à l'épithélium, elle maintient le bon calibre du canal et sera préférée aux séances de Béniqué qui clôturent une cure. Nous n'insistons pas sur la technique de cette opération connue de tous, nous ne ferons qu'insister sur la diamètre de l'olive qui doit être fort et sur l'ampérage qui doit être faible.

Les résultats obtenus au moyen des méthodes galvaniques et remarques générales. — Au moyen des différents procédés que nous venons d'énumérer, nous arrivons à un résultat intéressant de 90 % de guérisons.

Souvent la cure est des plus longues, malades et médecins doivent

***14

faire des efforts de patience pour ne pas se laisser aller au découragement. Sans cause bien appréciable, il est des malades atteints depuis des années qui sont guéris en quelques semaines, alors que d'autres mettent de longs mois pour voir disparaître définitivement toute manifestation pathologique.

Les échecs que l'on constate, quand la thérapeutique est bien appliquée, sont rarement dus à des cas d'urétrite antérieure, ils viennent de la prostate et des glandes de Cowper surtout, qui en l'état actuel de la science ne peuvent être désinfectées complètement, même chirurgicalement. Aussi, malgré toutes les améliorations du traitement, constatées ces dernières années, l'urétrite chronique reste-t-elle un gros point noir, un danger permanent pour toute l'humanité. Et maintenant que nous connaissons les difficultés de sa guérison, que dire de ceux qui prétendent que quelques capsules de santal, quelques gouttes de nitrate ou quelques séances de Béniqué, guérissent en 3 jours les écoulements les plus rebelles !

Conclusions. — De ce qui précède, nous pouvons tirer les conclusions suivantes :

1° L'urétrite chronique chez l'homme, quoique bénigne en apparence, est une maladie des plus graves pour l'individu qui en est atteint et pour la collectivité. Plus que la syphilis, que l'on a jugulée ces dernières années, par ses conséquences inattendues, la blennorragie maladie générale, est des plus préjudiciables pour le pays et pour la race.

Cet état est actuellement le résultat d'une infection aiguë, négligée et qui, étant soignée, aurait guéri radicalement.

2° Les lésions de l'urétrite chronique sont glandulaires et épithéliales et toujours des plus tenaces du fait des mœurs de l'agent pathogène qui les provoque.

3° Lorsque les traitements habituellement employés contre elle ont échoué, on peut utiliser, avec certain succès, les méthodes électriques, savoir :

a. *L'électro-ionisation du cuivre* : dans certaines urétrites diffuses et généralisées, véritable galvanoplastie desclérosante du canal, curettage et non sanglant, détersion prostatique;

b. L'électrolyse linéaire : 1° dans les rétrécissements durs; 2° dans l'infection chronique des lacunes de Morgagni;

c. L'électrolyse linéo-circulaire (Béniqué électrolytique): dans la détersion des glandes urétrales enkystées (follicules et glandes de Littre).

d. L'électrolyse circulaire : dans les rétrécissements mous, parfois constitués par une série de polypes muqueux. et comme *balayage terminal*.

4° Vu leur facilité d'application et les résultats heureux qu'elles donnent, nous faisons des vœux pour que l'électro-ionisation et l'électrolyse soient employées par de nombreux spécialistes pour le traitement de l'urétrite chronique.

M. LE Dr J. LABORDERIE.

(Sarlat).

SONDES ÉLECTROLYTIQUES.

615.841

1er Août.

La sonde électrolytique du Dr J. Laborderie se compose essentiellement d'une partie métallique recouverte sur sa plus grande longueur
d'une partie isolante en gomme de qualité extra qui lui permet de résister
à une longue ébullition, voire même à l'autoclave.

La partie métallique — la plus importante — est constituée par
une pièce en laiton nickelé de forme cylindro-conique.

La partie conique se trouvant en avant présente à sa partie anté-

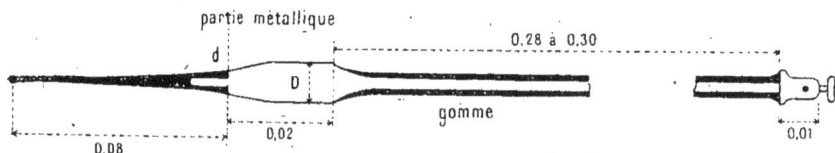

rieure une tige de fixation de diamètre inférieur pour la bougie conductrice en gomme. Cette partie conique, intimement unie à la partie cylindrique se continue avec elle sans ligne de démarcation.

A la partie postérieure du cylindre, qui se termine progressivement,
est soudé un fil conducteur avec borne, chargé d'amener le courant
à travers la partie isolante en gomme, qui le recouvre.

Dimensions. — La sonde a dans son ensemble une longueur totale de
41 cm répartis ainsi :

	cm.
Bougie conductrice......................	0,08
Partie métallique......................	0,02
Partie isolante	0,28 à 0,30
Borne......................	0,01

La série comprend huit sondes électrolytiques dont les dimensions,
en ce qui concerne la partie métallique, sont calculées de façon à ce
que le diamètre D de la partie cylindrique ait exactement 1 mm
de plus que le diamètre d de l'entrée de la partie conique, c'est-à-dire
que le diamètre d correspondant à un numéro n de la filière charrière,
le diamètre D correspond à trois numéros au-dessus ou $n + 3$.

Le tableau suivant donne du reste les cotes d'exécution de cette partie
métallique.

N°ⁱ des sondes.	diam. *d.*	diam. D.
	mm.	mm.
1	1,33	2,33
2	2,00	3,00
3	2,66	3,66
4	3,33	4,33
5	4,00	5,00
6	4,66	5,66
7	5,33	6,33
8	6,00	7,00

Enfin, partie cylindrique et partie conique ont chacune 1 cm.

Afin de reconnaître ces différentes sondes, celles-ci portent poinçonnées sur la borne trois numéros : le premier indique le numéro de la série; le deuxième correspond au numéro de la filière charrière au sommet de la partie conique; le troisième correspond au diamètre de la partie cylindrique.

On comprend dès lors les avantages de cet instrument qui est à la fois pratique et économique.

Pratique, parce qu'il permet de dilater de trois numéros avec la même sonde tout rétrécissement de l'urètre et de combiner l'électrolyse circulaire avec la dilatation électrolytique en laissant en place pendant quelques instants la partie cylindrique.

Économique, parce que la série complète ne comprend que 8 sondes (alors qu'il faut 17 sondes ordinaires) pour aller du 4 au 21 charrière. Enfin, sur les olives de Newman, elles ont le grand avantage de permettre le traitement de rétrécissements plus serrés, puisque la plus petite olive ne présente pas un diamètre inférieur au 8 ou 9 de la filière Charrière.

Ces sondes électrolytiques, présentées au Congrès de Paris (Pâques 1911), par M. le Dᵣ Delherm, ont reçu quelques modifications sur les conseils autorisés de M. le professeur Bergonié et de M. le professeur agrégé Bordier. Le fil métallique trop rigide a été remplacé par un fil de cuivre recuit qui donne à la sonde une plus grande souplesse; la borne trop lourde a été diminuée de volume, ce qui la rend plus légère.

Ainsi construit, cet instrument permettra de rendre de grands services dans le traitement des rétrécissements de l'urètre.

M. MIRAMOND DE LAROQUETTE,

Médecin-major de l'Armée.

TRAITEMENT DES DIARRHÉES COLONIALES CHRONIQUES PAR LE SURCHAUFFAGE LUMINEUX ÉLECTRIQUE DE L'ABDOMEN.

616.341.0084 : 537.32

5 Août.

Voici une nouvelle application thérapeutique de l'excitation fonctionnelle que provoquent sur les tissus vivants, les radiations de chaleur lumineuse.

J'ai montré que ces radiations sont réellement pénétrantes, qu'elles traversent la peau et les organes qui sont généralement transparents même sous une assez grande épaisseur, et que notamment elles atteignent à travers la paroi abdominale l'intestin et ses annexes. Dans ces organes, les radiations provoquent presque instantanément une hyperémie capillaire locale intense, une hypersécrétion des glandes intéressées, une contractilité plus énergique et plus régulière des tuniques musculaires. Ces réactions physiologiques qui résultent indubitablement du surchauffage lumineux en particulier produit par les lampes électriques à incandescence, sont aujourd'hui suivant mes indications utilisées pour combattre certaines affections abdominales qui s'accompagnent d'atonie et d'insuffisance fonctionnelle du tube digestif, notamment l'entérocolite mucomembraneuse, les parésies intestinales post-opératoires, les péritonites tuberculeuses ascitiques. Mais on n'avait pas encore, que je sache, tenté leur application au traitement des diarrhées chroniques, et en particulier des diarrhées coloniales, lorsqu'au mois de novembre dernier, le professeur Simonin du Val-de-Grâce, eut l'idée d'essayer l'action de son appareil photothermique sur un malade de son service très gravement atteint de diarrhée de Cochinchine, et dont l'affection avait jusqu'alors résisté à toutes les médications. L'amélioration fut si rapide et le résultat final si inattendu que le professeur Simonin a soumis le cas à la Société de pathologie exotique en le qualifiant de merveilleux.

J'ai pensé qu'il était intéressant de vous faire connaître ce fait si caractéristique et qui ouvre encore de nouveaux horizons à la physiothérapie. L'extension de notre domaine colonial nous appelle en effet de plus en plus à rencontrer en France ces cas de pathologie exotique, anciens, rebelles, rapatriés, et devant lesquels souvent ou pouvait se croire désarmé. Or il n'est pas douteux aujourd'hui que ces malades coloniaux doivent aussi bénéficier de nos nouvelles méthodes de traitement physique, et en particulier des diverses applications de l'électricité médicale.

On sait que la diarrhée coloniale chronique et particulièrement la diarrhée de Cochinchine est une entérocolite de nature spéciale, certainement une infection chronique qui intéresse l'intestin et ses annexes, surtout le foie et le pancréas. Cliniquement, l'affection se caractérise par des selles huileuses, mucilagineuses ou spumeuses, abondantes en nombre et en quantité, de couleur claire, gris foncé ou mastic, et dont les caractères attestent en particulier l'insuffisance des sécrétions hépatiques et pancréatiques. Cette diarrhée extrêmement tenace amène un état d'anémie et d'amaigrissement très accusé, et parfois une véritable cachexie due sans doute en partie à l'infection et à l'intoxication chroniques, et plus encore peut-être au défaut de digestion et d'absorption alimentaire. Dans les cas mortels relativement fréquents, on trouve à l'autopsie une muqueuse intestinale amincie, atrophiée avec parfois ulcération et même disparition des glandes de Lieberkühn et de Brünner. Le foie et le pancréas présentent aussi des lésions dégénératives et sont souvent rétractés. En somme, les signes cliniques aussi bien que les lésions nécropsiques démontrent qu'il s'agit d'une infection chronique du tube digestif avec atrophie et hypofonctionnement de la muqueuse intestinale et des glandes annexes.

L'irradiation thermolumineuse augmentant la vitalité des tissus et leurs fonctions normales, en l'espèce sécrétion et absorption, ainsi que leurs moyens de défense contre l'infection, apparaît donc ici encore comme une méthode thérapeutique rationnelle qui doit aider à l'effet des médications internes et des régimes appropriés. Au point de vue physiologique, il est d'ailleurs pour nous vraisemblable que le courant galvanique, par ses actions trophique et vasodilatatrice pourrait, dans ces cas, produire des effets analogues.

Quoi qu'il en soit, voici résumée l'observation du malade de M. le professeur Simonin.

Il s'agit d'un soldat colonial âgé de 30 ans, ayant eu précédemment la dysenterie en Chine en 1900, et des fièvres intermittentes au Tonkin en 1904. Étant à Saïgon, en juin 1909, il fut atteint de diarrhée d'abord bilieuse, puis plus tard spumeuse, blanche et gazeuse, avec de 12 à 20 selles par jour, anémie et amaigrissement rapides.

Rapatrié en juillet 1909, il fut admis à l'hôpital militaire de Lyon au mois d'octobre suivant. Il était à ce moment extrêmement émacié, pesant 42 kg pour une taille de 1,70 m; un régime de viande crue, d'œufs frais et de purée de pommes de terre améliora beaucoup son état; mais il persistait encore chaque jour 8 à 10 selles décolorées, lorsque le malade partit en congé. Il revint le 14 octobre 1910 et entra au Val-de-Grâce dans un état très aggravé, avec diarrhée intense, anémie et amaigrissement extrêmes. Soumis d'abord à un régime de viande crue et de jus de viande, il continue à se cachectiser, présentant chaque jour 10 à 12 selles qui forment une masse totale de 13 à 1500 g, selles grisâtres, spumeuses, horriblement fétides. Benzonaphtol, salicylate de bismuth, lavements de liqueur de Labarraque sont aussi essayés sans résultats appréciables.

Le 11 novembre, M. Simonin reprenant le service trouve le malade alité et dans un état très inquiétant, le poids est de 40 kg; la face est exsangue, terreuse et sale, les conjonctives palpébrales de couleur porcelaine; l'aspect général du corps est squelettique, l'haleine fétide; la langue rugueuse, chagrinée, est sans cesse envahie, ainsi que les lèvres et les gencives, de vésicules et d'ulcérations très douloureuses, le bord antérieur du foie est rétracté sous les fausses côtes; les selles sont toujours nombreuses, grises et fétides. Cependant le malade demande à manger; pendant les digestions il y a de l'oppression, des éructations, des borborigmes; l'abdomen est ballonné, puis, après les selles, il redevient mou, dépressible et non douloureux.

Le 30 novembre, M. Simonin décide de supprimer tout traitement médicamenteux et d'essayer le surchauffage lumineux avec l'espoir d'accélérer la nutrition locale et secondairement les sécrétions du foie, du pancréas et de l'entérokinase intestinale qui, en l'espèce, font manifestement défaut. Les séances ont lieu chaque matin, pendant 25 minutes à une température maxima de 82°, il se produit sous l'appareil qui est appliqué sur le ventre une sudation intense et un érythème persistant. Le traitement a été continué pendant 24 jours, mais, dit M. Simonin, « l'action bienfaisante de la chaleur lumineuse a été presque immédiate, absolument inattendue et réellement merveilleuse ». Très vite les selles se réduisirent à 1 ou 2 par jour et devinrent pâteuses, consistantes, de couleur purée de pois; à partir du 11 décembre, treizième jour de traitement, on observe à peu près chaque jour une seule selle moulée, d'aspect normal. A dater du quinzième jour, on ajoute au traitement jusque là exclusivement physique, quatre comprimés de ferment entérique et l'on augmente l'alimentation; le 31 décembre le malade pèse 52 kg, soit 12 kg de gain en un mois de traitement, les forces sont aussi revenues avec l'embonpoint et le malade reste levé une partie de la journée.

En janvier, on fait une série d'injections de cacodylate de soude et le régime est encore augmenté. Le 26 janvier le poids est de 63,500 kg soit encore 12 kg de récupérés en moins d'un mois, la stomatite ulcéreuse a disparu, les urines atteignent 2,500 g par jour avec une densité de 1,016, un taux élevé d'urée et de phosphate et un taux normal de chlorures, formule urinaire qui atteste le retour de la fonction uréopoiétique du foie coïncidant avec le retour de la fonction biligénique démontré par les selles. Le 2 mars, le poids est de 70,500 kg, le teint est redevenu clair, les muqueuses bien colorées, le foie a repris un volume normal.

Sans vouloir affirmer une guérison définitive, car il faut tenir compte des récidives possibles, M. Simonin a souligné l'importance de ces trois faits caractéristiques :

1° L'augmentation de poids de 30 kg en 3 mois,

2° Le retour de selles normales en quantité et qualité,

3° La reprise des coefficients urinaires physiologiques.

En somme, dans ce cas particulièrement grave de diarrhée coloniale, il est manifeste que le surchauffage lumineux du ventre a provoqué les effets qu'on pouvait a priori en attendre, savoir la restauration fonctionnelle de l'intestin, du foie, du pancréas et des reins, restauration qui s'est traduite par une sécrétion redevenue normale des glandes intéressées et par une absorption alimentaire suffisante pour faire progressif vement disparaître la déchéance générale de l'organisme. Pour moi, il n'est pas douteux que ce résultat doit être attribué à la fois à l'hyperémie et à l'excitation directe des éléments cellulaires, qu'ont provoquées, là, comme ailleurs les radiations pénétrantes de chaleur lumineuse.

M. LE Dr L. RAOULT-DESLONCHAMPS.

(Paris).

L'EXTRACTION DES CORPS MÉTALLIQUES MAGNÉTIQUES
PAR L'ÉLECTRO-AIMANT.

538.332 : 616.0036

4 Août.

L'aimant exerce une action attractive sur le fer, le nickel et le cobalt; cette attraction est beaucoup plus forte pour le fer que pour les deux autres métaux; étant donné d'autre part la grande utilisation du fer pour tous les matériaux d'emploi courant, c'est surtout des parcelles de ce métal qui ont l'occasion de pénétrer dans nos tissus, et c'est surtout sous forme de morceaux d'aiguilles pleines ou creuses (injections hypodermiques) que l'acier pénètre dans la main, les pieds ou les fesses de nos malades. Quant aux parcelles métalliques qui, chez les ouvriers qui travaillent les métaux, vont se fixer sur la cornée ou dans les milieux oculaires, depuis longtemps les oculistes ont employé des électro-aimants plus ou moins puissants pour leur extraction.

L'application des rayons X à la recherche des corps étrangers a grandement simplifié les difficultés d'extraction et on ne peut être qu'étonné en constatant qu'il est encore des médecins qui essaient de rechercher des aiguilles sans avoir obtenu par une radiographie dans deux positions ou par un examen radioscopique des renseignements précis sur la situation et la direction du corps étranger; mais, même dans les cas où l'on a pris cette mesure indispensable, la recherche devient quelquefois tellement pénible, pour l'opéré aussi bien que pour l'opérateur, que ce dernier préfère laisser dans les tissus une aiguille qui s'est trop bien cachée; on doit ajouter que les suites de ces opérations bénignes se compliquent quelquefois de chéloïdes et surtout lorsqu'il s'agit de la main, de rétractions de l'aponévrose palmaire fort gênantes pour les travailleurs surtout exposés à ce genre d'accident.

L'emploi de tables permettant d'opérer sous le contrôle de la radios-

copie offre certainement de grands avantages, mais il nécessite un matériel spécial, oblige à opérer en chambre noire; de sorte que ce procédé
ne s'est pas vulgarisé.

Au cours de ces dernières années, nous avons recherché s'il ne serait
pas possible d'avoir un électro-aimant de puissance telle que les aiguilles
fussent extraites des tissus à travers les téguments intacts. Nous avons
tout d'abord constaté que la peau, le derme offrait une résistance à la
pénétration beaucoup plus considérable que les tissus musculaire ou
conjonctif, et d'autre part que pour faire cheminer une aiguille dans les
tissus il fallait la tirer pas sa pointe.

On pourrait croire qu'on peut augmenter indéfiniment la force attractive d'un électro-aimant en augmentant ses dimensions et la quantité
de courant qui traverse l'enroulement; en réalité il n'en est rien; un
morceau de fer doux arrivant très vite à son point de saturation, on ne
peut dépasser une certaine limite pour laquelle il faut tenir compte et du
poids de l'électro qui doit être mobile et de l'échauffement produit par
le courant, échauffement susceptible de détériorer et l'appareil et les
tissus organiques avec lesquels il doit entrer en contact.

L'électro-aimant que nous avons fait construire se compose d'un
barreau de fer doux ayant 1 m de hauteur et formant un tronc de cône
dont la base a un diamètre de 9 cm; à la partie inférieure peuvent se visser
des prolongements en fer doux de formes différentes. L'appareil est
suspendu à un système à contrepoids fixé au mur qui le rend mobile
dans tous les sens.

C'est avec cet appareil que nous avons pu, au cours de ces cinq derniers
mois, extraire 38 aiguilles cassées dans la main, le pied, le mollet ou la fesse.
Nous commençons par repérer exactement la position de l'aiguille soit
par une radiographie dans deux diamètres, soit simplement à l'écran,
en plaçant un fil de plomb parallèlement à l'aiguille. S'il y a une pointe,
et si cette pointe n'est pas trop éloignée de la peau, nous préférons tirer
l'aiguille par la pointe sans nous inquiéter de l'orifice d'entrée que d'ailleurs dans la plupart des cas il est impossible de retrouver. Ordinairement on voit en approchant l'électro la peau se soulever formant une
petite aspérité conique; à travers les tissus se produit un contact indi-
rect qui donne une sensation particulière de rupture lorsqu'on écarte
l'aimant. Alors il peut se produire deux éventualités : ou en déplaçant
l'aiguille par des attractions successives que l'on produit en interrom-
pant et en rétablissant brusquement le courant dans l'enroulement
l'aiguille traverse la peau et sort pour venir se coller à l'aimant; ou bien,
et c'est là le cas le plus fréquent, le derme offre une résistance trop considérable à se laisser traverser. J'adapte alors à l'extrémité de l'électro un
cône de fer doux; après analgésie au chlorure d'éthyle je plonge dans la
région la pointe d'un bistouri faisant une incision d'environ 1 cm. et par la
brèche ainsi faite je fais pénétrer la pointe conique de l'électro-aimant;
en la relevant on trouve l'aiguille collée au fer doux.

M. le Dr E. BONNEFOY.

(Cannes).

TRAITEMENT
DU GOITRE EXOPHTALMIQUE PAR LES COURANTS DE HAUTE FRÉQUENCE APPLIQUÉS AU MOYEN DU LIT CONDENSATEUR.

616.859.6 + 615.846

31 *Juillet.*

L'action si manifeste des courants de haute fréquence sur la circulation périphérique et sur les troubles vaso-moteurs, action dont nous avons eu maintes fois l'occasion de constater l'heureuse efficacité dans un grand nombre de maladies ayant pour cause ou pour syndrome le ralentissement de la circulation, nous a déterminé à appliquer cette même modalité électrique dans le traitement de la maladie de Basedow.

Si, en effet, la pathogénie de cette affection est encore loin d'être bien établie, il est cependant un phénomène qu'on observe constamment, c'est la tachycardie, laquelle s'accompagne toujours de troubles sécrétoires des glandes cutanées se manifestant par un état sudoral permanent de la peau.

C'est cette humidité de la peau qui la rend infiniment moins résistante aux courants électriques, ainsi que l'a établi Vigouroux dès 1888. Du reste, ce phénomène n'est pas exclusif à la maladie de Basedow : on l'observe également dans nombre d'affections s'accompagnant de troubles de la circulation périphérique, notamment dans l'intoxication nicotinique.

Une autre raison, raison fortuite, celle-ci, nous avait également engagé à essayer l'action des courants de haute fréquence dans le traitement du goitre exophtalmique. Nous avons rapporté, dans un précédent travail [1], l'observation d'un malade qui nous avait été adressé par le Dr Dieterlin le 16 décembre 1903.

Ce malade, M. B..., issu de parents goutteux, présentait lui-même diverses manifestations de cette diathèse pour lesquelles nous fîmes, conformément à notre technique habituelle, des séances quotidiennes de lit condensateur. Il présentait en outre un gonflement notable, mais indolore, du côté droit du corps thyroïde, mais il n'y avait ni exophtalmie, ni tachycardie, il s'agissait donc d'un goitre simple, unilatéral, que nous avons considéré comme un syn-

---

[1] *Études cliniques sur l'action thérapeutique des courants de haute fréquence dans les troubles trophiques et vaso-moteurs* (*Annales d'Électrobiologie,* 1904).

drome de son arthritisme. Or, après une vingtaine de séances, et alors que les manifestations goutteuses commençaient à s'amender notablement, le malade s'aperçut que sa tumeur avait brusquement augmenté de volume et qu'elle était devenue douloureuse au toucher.

Ne pouvant admettre que cet accident fût occasionné par le traitement, nous conseillâmes au malade de venir le continuer après quelques jours de repos. Il revint au bout d'une semaine et nous constatâmes que le cou avait sensiblement désenflé et que la sensibilité au toucher avait complètement disparu. Nous fîmes donc trois nouvelles séances quotidiennes à la suite desquelles le malade cessa de venir. Nous apprîmes quelques jours plus tard, par le Dr Dieterlin, qu'il avait été appelé d'urgence auprès de son malade, lequel avait dû s'aliter après la dernière séance. Il présentait une fièvre assez intense (39°); le cou avait enflé à nouveau et il était devenu très douloureux. Ce gonflement continua à augmenter pendant 3 ou 4 jours; le malade éprouvait une sensation de constriction à la gorge au point qu'il ne pouvait avaler que difficilement, que la respiration devenait très pénible, et qu'il était même survenu de véritables crises de suffocation.

Le Dr Dieterlin se trouva fort inquiet de cet état et il était même sur le point de recourir à l'assistance d'un chirurgien lorsque la tuméfaction commença à diminuer et elle diminua progressivement si bien qu'elle finit par devenir à peine apparente. En même temps, la fièvre tombait, la respiration devenait plus aisée, la déglutition se faisait sans difficulté.

Nous revîmes ce malade quelques mois après : la tumeur thyroïdienne avait presque totalement disparu, au point qu'il avait dû changer ses chemises dont l'encolure était devenue beaucoup trop large.

Nous terminions cette observation par le réflexion suivante :

« N'y aurait-il pas là une indication pour le traitement de l'hypertrophie de la grande thyroïde, et ne peut-on admettre que les courants de haute fréquence, dont l'action est si incontestable dans la paralysie des nerfs vasomoteurs, exercent une influence analogue sur la circulation des vaisseaux lymphatiques?... Le fait ci-dessus signalé autorise, en tous cas, les cliniciens à expérimenter cette action dans le traitement de la maladie de Basedow ».

Ce n'est que cinq ans plus tard, le 16 janvier 1909, que nous eûmes l'occasion de faire cette expérience, on verra avec quel heureux résultat. Et, certes, le cas était loin d'être encourageant.

Il s'agissait d'une jeune institutrice âgée de 21 ans, Mlle C..., qui nous était adressée par notre excellent ami le Dr Chuquet. Cette jeune fille, assez bien portante jusqu'à l'âge de 19 ans, mais présentant toutefois, à certains intervalles, des troubles nerveux assez mal définis, irritabilité, émotivité, etc., s'aperçut à cette époque que son cou gonflait, et que ce gonflement, d'abord limité à droite de la ligne médiane, se manifestait également du côté gauche.

En même temps, les yeux devenaient plus saillants, et le cœur était le siège de palpitations très intenses que la moindre émotion exagérait encore, et qui se continuaient aux artères du cou. Enfin, ses mains étaient prises de tremblements précipités qu'elle ne pouvait pas arriver à surmonter et qui la mettaient dans l'impossibilité de tenir une plume ou de se livrer à un travail manuel.

Les traitements qui lui avaient été prescrits, digitale, belladone, bromure, etc., n'avaient en rien amélioré son état qui, au contraire, allait tous les jours empirant. Peu ou pas de sommeil, appétit presque nul, digestions difficiles, etc.; aussi était-il survenu un amaigrissement considérable et un état d'anémie de plus en plus prononcé. Les règles, assez régulières jusqu'à cette époque, avaient été presque totalement supprimées et n'apparaissaient qu'à de longs intervalles, tous les 5 ou 6 mois, et en très faible quantité.

Notre malade s'est donc présentée à notre cabinet le 16 janvier 1909 et ce qui frappe dès l'abord c'est une grande pâleur de la face, des lèvres, des conjonctives. Les yeux sont très saillants, les pupilles dilatées. Le goitre est très prononcé, surtout du côté droit. Enfin, les membres supérieurs présentent un tremblement extrêmement rapide et ce tremblement s'étend même parfois aux masséters, ce qui rend la parole saccadée et hésitante.

Le cœur est le siège de palpitations très intenses qui occasionnent à la malade un grand état d'anxiété; le pouls est extrêmement fréquent, au point de rendre les pulsations presque incomptables : elles dépassent le nombre de 180. Ces pulsations se manifestent également aux artères du cou, et elles sont d'autant plus pénibles pour la malade qu'elles empêchent le sommeil. On constate, en outre, sur toute la surface cutanée un état de moiteur considérable, et, phénomène assez inattendu chez une personne aussi anémiée, la tension artérielle radiale est bien au-dessus de la moyenne et dépasse 19 cm. Cette hypertension est évidemment due à la vaso-constriction périphérique, laquelle occasionne elle-même l'abondante sueur que nous remarquons. Enfin, le poids de la malade est de 45,500 kg.

Nous commençons immédiatement le traitement par des séances quotidiennes de lit condensateur de 10 minutes de durée, 400 mA. Une amélioration notable ne tarde pas à se manifester, et, à la date du 2 février, c'est-à-dire après une quinzaine de séances, la malade se sent plus forte, elle commence à manger avec un certain appétit et le nombre des pulsations a notablement diminué, n'étant plus que de 140. Malheureusement, quelques jours après, le 7 février, survient une fièvre grippale avec toutes sortes de complications qui obligent la malade à garder la chambre pendant plus de 2 mois. Elle revient le 10 avril. A ce moment, le poids est de 46 kg et le nombre des pulsations est de 150. Néanmoins, l'exophtalmie semble avoir un peu diminué et la tumeur thyroïdienne est sensiblement moins développée. Nous reprenons notre traitement jusqu'au 30 mai, soit environ une cinquantaine de séances. Les règles, qui étaient revenues à la fin de janvier, ont continué assez régulièrement quoique très peu abondantes, et au moment de la suspension du traitement, par suite de la fermeture de notre cabinet, le poids de la malade est de 48,400 kg et le nombre des pulsations n'est plus que de 130.

. La malade vient nous revoir au commencement de la saison suivante, le 5 novembre. Le goitre ainsi que l'exophtalmie ont encore diminué; l'appétit est bon, la pâleur du visage n'existe plus, le poids du corps s'est élevé à 51 kg, les mains sont beaucoup moins tremblantes; toutefois, les règles qui avaient continué encore 2 mois après la suspension du traitement n'ont plus reparu depuis le mois d'août.

. Le traitement est repris, mais, en raison du meilleur état de la malade, les séances ne sont plus faites que tous les deux jours pendant les mois de novembre et décembre; en janvier, nous n'en faisons plus que deux par semaine, puis une tous les huit jours pendant les mois de février, mars, avril et mai. Les règles étaient revenues quelques jours après la reprise du traitement, dans le courant

de décembre, et elles n'ont pas cessé d'être normales et de plus en plus abondantes depuis cette époque. Le poids du corps a encore augmenté et à fin
mai 1910 il est de 53 kg. La malade a pu reprendre ses fonctions d'institutrice
dès le mois de janvier, et elle ne les a pas discontinuées depuis cette époque.
Le nombre des pulsations n'est plus que de 90. La malade a été revue en
novembre 1910, l'exophtalmie est à peine apparente, le goitre s'est progressivement résorbé et l'état général est aussi bon que possible. Nous ne jugeons
donc pas utile de reprendre le traitement, nous réservant de surveiller la
malade de loin en loin, de façon à refaire quelques séances s'il y avait lieu.
Le 15 juin 1911, nous sommes heureux de constater que son état de santé s'est
maintenu aussi bon: les règles sont tout à fait normales et ne provoquent
aucune douleur. Il persiste seulement un certain degré de tachycardie (90 à
100 pulsations), mais les palpitations ont complètement disparu et la malade
se considère comme tout à fait guérie. Un an auparavant, en juin 1910, dans un
travail présenté à la Société française d'Électrothérapie (¹), nous faisions
allusion à ce cas et nous exprimions l'espoir de pouvoir prochainement annoncer
la complète guérison de la malade; toutefois, nous avions voulu attendre la
complète disparition de la triade symptomatique de la maladie de Basedow,
en dehors de tout traitement. Aujourd'hui, plus d'un an après la cessation
du traitement, ces symptômes ont continué à s'amender de plus en plus et la
guérison ne fait plus aucun doute.

Certes, nous n'avons pas la prétention, sur ce cas unique, de faire
la critique des autres moyens employés pour la cure de la maladie de
Basedow, et d'opposer notre thérapeutique aux divers traitements auxquels on a déjà eu recours et dont l'énumération a été exposée d'une
façon si magistrale dans le savant rapport que MM. Gilbert Ballet et
Louis Delherm (²) ont présenté à la session du Congrès de Médecine
de 1907.

Nous nous contenterons de constater que la modalité électrique que
nous proposons n'a pas été l'objet d'expérimentations de la part de
ces auteurs, et nous espérons que, en présence d'une guérison obtenue
dans un cas aussi grave, quelques-uns de nos collègues voudront bien
faire l'essai de cette thérapeutique et porter à la connaissance du public
médical le résultat de leurs expériences.

(¹) *Bulletin officiel de la Société française d'Électrothérapie*, juillet 1910.
(²) GILBERT BALLET et LOUIS DELHERM, *Traitement du goitre exophtalmique*
(*Congrès français de Médecine*, 1907).

MM. JULIEN et THOMAS.

(Nice).

ACTION DES RAYONS X DANS UN CAS DE SCLÉROSE DES CORDES VOCALES

615.849 : 616.542 + 611.226

2 *Août.*

Une dame, Mme X..., âgée de 5o ans, était presque complètement aphone par suite de la lésion organique suivante : à l'examen de son larynx, on constatait l'existence d'une bride cicatricielle partant des deux aryténoïdes sur la partie médiane des deux cordes vocales, les empêchant d'une façon absolue de se rapprocher pendant les mouvements de phonation. Il y avait entre les deux cordes vocales ûne distance de 2 mm de plus pendant les grandes inspirations, l'orifice glottique était réduit à 8 mm. Les brides cicatricielles des cordes vocales étaient dues à des galvano-cautérisations répétées pour laryngite végétante tuberculeuse.

Cette dame avait essayé toutes sortes de traitement. On proposa l'ionisation. On fit un certain nombre de séances sans grand succès, elle abandonna le traitement. Quelque temps après, elle vint de nouveau nous voir; on lui fit alors des applications de rayons X.

Séance une fois par semaine, irradiation des cordes vocales en localisant les rayons et prenant pour porte d'entrée alternativement les côtés droit et gauche du cou. Rayons N°s 7-8 Benoît, filtre de 1 mm d'aluminium, dose de 2 à 3 heures au-dessus du filtre à chaque séance, porte-ampoule et localisateur de Drault.

Au bout d'un mois, la voix était devenue sonore, les cordes vocales se rapprochant hermétiquement et l'orifice glottique avait augmenté de moitié.

On fit ainsi une dizaine de séances et, à la fin du traitement, on pouvait constater la disparition ou, en tous cas, l'assouplissement complet des deux brides avec un état fonctionnel normal.

Mme LA DOCTORESSE S. FABRE.

TRAITEMENT D'UNE ARTHRITE RHUMATISMALE
PAR LES BOUES RADIO-ACTIVES ET LE RADIUM.

564.432 + 615.838.8 : 616.991.1

5 *Août.*

Nous avons l'honneur de vous exposer un cas d'arthrite chez un malade d'une vingtaine d'années atteint de rhumatisme articulaire aigu à forme poli-articulaire soigné et notablement amélioré par une application de radium dans le service du professeur Robin.

L'observation tire son intérêt de la forme anormale du rhumatisme qui a évolué sans grande réaction fébrile, sans phénomènes urinaires, avec des localisations peu abondantes, et secondairement unique, localisation rebelle à tout traitement et que seule la radiothérapie améliora au point de permettre au malade de reprendre ses occupations habituelles.

Le malade entra à l'hôpital le 25 avril 1911 se plaignant de douleurs dans les articulations des membres inférieurs et au niveau de l'articulation radio-carpienne gauche. Il raconte l'histoire suivante : Les douleurs ont débuté le 16 avril précédées par une angine érythémateuse avec dysphagie prononcée accompagnée d'un certain état de malaise d'anorexie, d'abattement et de céphalée. Au début, les douleurs siègent aux articulations tibio-tarsiennes droite et gauche qui sont augmentées de volume, rouges, chaudes, douloureuses spontanément, à la pression et au moindre mouvement du malade. La rougeur surtout est marquée et s'étend en haut jusqu'au mollet. Elle présente son maximum en dedans au niveau de la malléole interne. Les autres articulations sont d'abord indemnes, mais 3 jours après, au dire du malade, apparaît au niveau de la radio-carpienne gauche de la douleur, de l'impotence fonctionnelle et une rougeur œdémateuse. La rougeur et l'œdème s'étendent jusqu'à la face dorsale de la main.

Le 26 avril au matin, on procède dans la salle à l'examen du malade. C'est un nommé L..., âgé de 20 ans et exerçant la profession de sommelier. L'étude des antécédents ne révèle rien de particulier. Le malade présente les mêmes localisations articulaires, les deux tibio-tarsiennes et la radio-carpienne gauche. Celle-ci donne à la main un aspect caractéristique : un œdème rouge empâte toute la région, s'étend sur la face dorsale du métacarpe et remonte un peu sur l'avant-bras; le poignet est globuleux et les doigts eux-mêmes sont envahis. La main prend l'aspect de main en battoir; les doigts gros, déformés par leur augmentation de volume au niveau des articulations phalangiennes prennent l'aspect des doigts en radis. L'articulation radio-carpienne gauche est douloureuse, tout mouvement lui est impossible. Les mouvements des doigts sont très difficiles, principalement l'opposition du pouce. On complète l'examen du malade et celui-ci ne révèle rien de spécial.

On recherche avec soin un écoulement du côté de l'urètre, mais celui-ci apparaît absolument sec, sans aucune trace d'écoulement récent ou ancien. Le lendemain on fait au malade une injection intra-musculaire de 10 cm³ de ferment métallique. Le lendemain on constate une amélioration des arthrites au niveau des deux tibio-tarsiennes, la radio-carpienne est peu influencée. L'état général reste mauvais, l'abattement et la faiblesse persistent.

Il faut noter que la température est de 38° et ne s'élèvera pas à un degré supérieur durant toute l'évolution de la maladie.

La rougeur et la douleur à la main gauche sont peu diminuées. Le poignet reste augmenté de volume et la mensuration donne les résultats suivants : en faisant passer le ruban métrique par le sommet des deux styloïdes, on note une circonférence de 18 cm du côté sain, tandis que l'on a 22 cm du côté gauche.

Il existe de même un élargissement du dos de la main au niveau de sa racine et l'on trouve 25 cm à droite, 28 cm du côté lésé.

On institue alors le traitement salicylé à raison de 4 g par jour. Sous l'influence de ce traitement la température s'abaisse légèrement, les douleurs au niveau des tibio-tarsiennes diminuent, la courbe des urines remonte, mais les douleurs persistent à la radio-carpienne gauche. L'œdème ne diminue pas, les mouvements restent toujours impossibles dans les articulations de la main et des doigts.

Devant l'inefficacité du traitement habituel et devant la ténacité de cette localisation, on fait le 10 mai une première application de boues radio-actives avec courant continu pendant 3o minutes. Le 11 mai, l'amélioration est déjà sensible, les mouvements digitaux et surtout ceux du pouce deviennent possibles et moins douloureux. On continue le traitement en faisant des applications journalières d'une demi-heure avec 15 milliampères. Le 18 mai, l'œdème diminué légèrement modifie les résultats de la mensuration de 1 cm, mais sur le dos de la main paraît une éruption. Le malade reçoit une alimentation normale.

Le 20 mai, nous appliquons pendant 2 heures trois appareils à sels collés de 1 cg d'activité 5oo,ooo. Amélioration marquée et progressive jusqu'au 3o mai, date de sortie de l'hôpital. A ce moment, la main conserve un peu son aspect en battoir et les doigts sont encore fusiformes, mais les mouvements articulaires sont possibles et la douleur insignifiante.

Le 3 juin, une nouvelle poussée douloureuse ramène le malade à l'hôpital; nous faisons une nouvelle application de radium qui permet de constater une amélioration le lendemain.

Le 10 juin, nous avons revu le malade complètement guéri et capable de reprendre son travail sans aucune gêne.

Dans cette observation, il est intéressant de noter que les boues radio-actives ont produit une action favorable sur la douleur qu'elles ont calmée, mais la guérison rapide n'a été obtenue que par le radium.

MM. AUGIER, JULIEN et VIALLE.

(Nice).

SUR UN MALADE ATTEINT D'UN CANCER DE L'ESTOMAC AYANT PRÉSENTÉ SOUS L'INFLUENCE DU RADIUM UNE RÉGRESSION COMPLÈTE DE SA TUMEUR.

616.33.00646 + 546.432

5 *Août.*

Il s'agit d'un malade, M. S..., âgé de 48 ans, qui, depuis trois ans, présentait des troubles dyspeptiques divers, sans prédominance d'aucun, qu'il surmontait par une réduction dans la quantité de son alimentation. En août 1910, il fut pris pour la première fois de vomissements noirs. Ces hématémèses marc de café et le mœlèna ont continué d'une façon intermittente jusqu'en octobre. A ce moment, l'un d'entre nous appelé pour la première fois auprès du malade constate à l'inspection dans le décubitus horizontal des contractions péristaltiques de l'estomac. Ces ondes péristaltiques se portent de gauche à droite et d'autres antipéristaltiques progressent en sens inverse. A la palpation, on perçoit à droite de la ligne médiane, à deux travers de doigt au-dessus de l'ombilic, par conséquent dans la région correspondant au pylore, une tumeur de la grosseur d'une petite mandarine.

Le malade ne pouvant presque plus être alimenté et étant dans un état de cachexie extrêmement prononcé qui n'aurait pas permis une opération telle que la gastro-entérostomie, on propose l'application du radium après laparotomie à la cocaïne.

Le 5 novembre, incision paramédiane à travers le muscle grand droit, passant au niveau de la tumeur, longue de 10 cm. On trouve une tumeur notablement plus aplatie que la palpation n'aurait pu le faire croire, occupant la face antérieure de l'estomac, dans la région juxtapylorique sans adhérences péritonéales. L'idée première d'introduire un tube en pleine tumeur doit être abandonnée sous peine de pénétrer dans la cavité stomacale. L'idée même de creuser un sillon en pleine tumeur doit être également écartée. Le tube de radium (tube de Dominici, à rayonnement ultra-pénétrant, contenant 1 cg de sulfate de radium pur), placé au préalable dans une sonde molle de Nélaton dont l'extrémité a été fermée à la soie, est couché sur la tumeur dans le sens vertical. La sonde est maintenue fixée par deux anses de catgut double zéro. On s'assure que ces deux anses ne suppriment pas la lumière de la sonde et permettent le déplacement du tube de radium dont on pourra par conséquent faire varier les irradiations. Un crin de Florence fixe solidement le tube à la peau au niveau de l'angle inférieur de l'incision. Suture à demi-étages. Pansement sec. La durée de séjour du tube fut de 50 heures.

Pendant une première période de 25 heures, toutes les six heures environ, le tube, attaché à un fil d'argent, fut descendu verticalement d'environ 1 cm chaque fois.

Pendant une deuxième période de 25 heures, le tube fut remonté de la même façon qu'il avait été descendu. En somme, la tumeur fut divisée en 4 zones dont chacune fut irradiée pendant 12 heures environ en demi-périodes d'environ 6 heures chacune, sauf pour la zone la plus basse qui fut irradiée pendant 12 heures consécutives.

Extérieurement, deux tubes de radium identiques au premier furent déplacés à la surface de la tumeur de façon à l'irradier et aussi les alentours. La durée de ces irradiations fut de 70 heures. Les deux tubes étaient engainés dans des tubes d'argent de $\frac{5}{10}$ de millimètre d'épaisseur et accouplés dans une même enveloppe de tarlatane recouverte de caoutchouc mince. La durée de séjour dans chaque zone d'application fut de 12 heures environ.

Les suites opératoires furent normales, pas la moindre réaction péritonéale, réunion par première intention.

Résultats. — Le dixième jour on enlève les fils et la palpation permet de constater que la tumeur a complètement disparu. On a seulement, dans la région qu'elle occupait, la sensation d'une résistance nettement sous-musculaire et

15

qu'on n'a pas à gauche de la ligne médiane. Parallèlement à cette amélioration locale, reprise de l'appétit, d'une alimentation d'une abondance inconnue depuis plusieurs mois, disparition de la teinte jaune paille; le malade reprend ses forces, engraisse.

Mme LA DOCTORESSE FABRE ET M. LE Dr OSTROVSKY.

ACTION DU RADIUM SUR LES TOXINES [1].

548.432 : 616.0221:24

Dans une Note préliminaire communiquée en 1910 au Congrès de Bruxelles, nous avons indiqué sommairement quelles étaient les propriétés de la *nécrotuberculine* du Dr Ostrovsky ainsi que notre méthode pour expérimenter, tant sur cette toxine que sur la toxine diphtérique de l'Institut Pasteur, l'action du sulfate de radium, soit mélangé intimement à la toxine, soit disposé à faible distance de façon à l'irradier pendant un temps plus ou moins long.

Nous ne donnerons aujourd'hui que les résultats de la *méthode des toxines radifères* que nous avons étudiée :

1° Sur la *nécrotuberculine Ostrovsky*;
2° Sur la toxine tétanique;
3° Sur la toxine diphtérique;
4° Sur une émulsion de bacilles de Koch vivants.

1. *Nécrotuberculine Ostrovsky.* — En nous basant sur six séries d'expériences (du 7 juin au 17 novembre 1910) avec la *nécrotuberculine du Dr Ostrovsky*, à laquelle nous avons ajouté du sulfate de radium, en variant la quantité de sel de 10 microgrammes jusqu'à 40 microgrammes pour la même quantité d'endotoxine et en faisant agir le radium de 10 à 43 jours, nous pouvons tirer les conclusions suivantes [2] :

1° Que la *nécrotuberculine* pure tue les cobayes témoins, de 24 heures à 8 jours, en moyenne, après l'inoculation;

2° Que la survie moyenne des cobayes radioactivés est de 10 jours à 2 mois et demi, après l'intoxication;

3° Que les lésions toxiques chez les cobayes radioactivés présentent toujours moins d'étendue et se cicatrisent plus vite que chez les animaux de contrôle;

---

[1] Travail fait au laboratoire de M. Metchnikoff, à l'Institut Pasteur.
[2] Les solutions de sulfate de radium nous ont été obligeamment données par notre confrère et ami, le Dr Dominici.

4° Qu'à l'autopsie des cobayes radioactivés survivants à l'intoxication, on constate que les lésions toxiques, et en particulier celles des capsules surrénales, sont moins marquées que chez les animaux témoins;

5° Que l'action du sulfate de radium sur la nécrotuberculine paraît être plus active, quand on emploie des doses moyennes (pour 20 cm³, 20 microgrammes, dose favorable) et quand on laisse le sulfate de radium en présence de l'endotoxine plus de 30 jours, pour que l'émanation atteigne son équilibre.

2. *Toxine tétanique.* — Dans trois séries d'expériences avec la *toxine tétanique* de l'Institut Pasteur (du 22 octobre 1910 au 1ᵉʳ décembre), en variant la quantité du sulfate de radium et la durée de contact, nous n'avons pu constater aucune action retardatrice du radium sur la virulence de cette toxine, dont la rapidité et la puissance d'action peuvent être comparées à celles de la toxine diphtérique de l'Institut Pasteur, alors que cette dernière a été nettement impressionnée par le sulfate de radium.

Ce résultat négatif pourrait peut-être être attribué à ce que le bacille tétanique, anaérobie, vit dans le sol, c'est-à-dire dans un milieu beaucoup plus radioactif que l'air ou l'eau, et serait moins sensible aux radiations.

3. *Toxine diphtérique.* — Dans sept séries d'expériences qui ont duré du 1ᵉʳ septembre 1910 au 7 janvier 1911, avec la toxine diphtérique de l'Institut Pasteur, d'une activité toxique de $\frac{1}{100}$ de centimètre cube pour un cobaye de 250 g, en faisant varier la quantité de sulfate de radium de 20 à 50 microgrammes et en employant les mélanges équilibrés (après 30 jours de contact), nous arrivons à tirer les conclusions suivantes :

1° Que les cobayes de contrôle mouraient de 24 à 72 heures après l'inoculation;

2° Que les cobayes inoculés avec la toxine diphtérique radifère survivaient de 5 à 12 jours, en moyenne, et, dans certains cas, de 20 à 30 jours;

3° Que des lésions des capsules surrénales chez les cobayes intoxiqués avec la toxine diphtérique radifère, étaient d'intensité beaucoup moins prononcée que chez les cobayes témoins, chez lesquels, seuls, ces lésions étaient hémorragiques.

4° Que les mélanges de toxine diphtérique, avec 50 microgrammes de sulfate de radium, avaient une toxicité moins grande qu'avec 20 microgrammes.

4. *Émulsion de bacilles de Koch vivants.* — Après avoir délayé 10 anses de culture de bacilles de tuberculose Marmoreck (Institut Pasteur) dans 30 cm³ d'eau salée, et avoir filtré sur toile, nous avons injecté à 10 témoins 10 cm³ de cette émulsion et à 10 cobayes 8 cm³ de l'émulsion additionnée de 2 cm³ de sérum contenant 40 microgrammes de sulfate

de radium. Tous les animaux furent sacrifiés 30 jours après et l'autopsie nous a permis de constater une différence très nette dans les lésions.

1º Les cobayes inoculés avec la culture radifère présentaient localement une ulcération qui cicatrisait rapidement. La caséification du chancre et des ganglions était moins prononcée;

2º Les lésions internes présentaient moins d'étendue et moins de congestions que chez les animaux de contrôle.

Élimination du radium injecté. — Nous avons conservé une trentaine de cadavres de cobayes injectés avec les solutions radifères et ayant survécu de 2 à 60 jours.

M. Georges Fabre [1] les a calcinés et a mesuré par la méthode de l'Émanation équilibrée, en vase clos pendant 1 mois, la teneur de ces cendres en sulfate de radium.

Ces chiffres nous ont permis de constater :

1º Que plus de la moitié du sulfate de radium injecté est éliminé dans les premières 48 heures;

2º Que l'élimination est ensuite tellement lente que les cobayes ayant survécu 1 ou 2 mois contenaient approximativement la même proportion de radium que ceux qui n'avaient survécu que quelques jours;

3º Que la quantité éliminée au début et la quantité conservée dans l'organisme étaient toutes deux proportionnelles à la quantité injectée.

MM. LES Dʳˢ H. DOMINICI ET H. CHÉRON.

RAPPORT SUR LE TRAITEMENT DES CANCERS PROFONDS PAR LE RADIUM.

$616.994.6 + 546.432$

5 *Août.*

Les cancers profonds, dont nous envisagerons le traitement par le radium, sont les tumeurs malignes autres que celles qui se limitent à la peau.

Au point de vue topographique, nous rangerons parmi ces tumeurs :

1º Les néoplasmes qui, tout en provenant de l'épiderme cutané, s'étendent à des régions situées en deçà de la peau, soit par infiltration progressive, soit par métastase;

2º Les tumeurs malignes développées aux dépens de la muqueuse des conduits naturels et des organes auxquels ces conduits aboutissent;

---

[1] *Au Laboratoire biologique du Radium* (service du Dʳ Dominici).

3º Les cancers qui, formés d'emblée à la peau ou aux muqueuses, s'étendent aux zones sous-cutanées ou sous-muqueuses.

L'application du radium au traitement de ces affections se réalise :

a. En les soumettant à l'action du rayonnement d'appareils contenant un sel de radium;.

b. En y injectant l'émanation du radium ou des substances radioactivées par cette émanation ;

c En y introduisant le radium en nature à l'état de sel soluble ou insoluble ; .

d. En faisant pénétrer dans les tissus le radium à l'état d'ions au moyen de l'électrolyse (procédé de Haret) [1].

Le plus utilisé et le mieux connu de ces procédés est actuellement l'irradiation, dont la mise en jeu et les effets thérapeutiques feront le sujet principal de ce rapport.

TRAITEMENT DES CANCERS PROFONDS PAR IRRADIATION.

Du rayonnement et de l'outillage radiumthérapique.

Les premiers expérimentateurs, qui ont utilisé le radium pour le traitement du cancer en général, se servaient de boîtiers à parois formées de substances diverses, ou de tubes de verre contenant du radium à l'état de sel pulvérulent, mélangé en proportions variables, à du bromure ou du sulfate de baryum (Danlos, Zimmern et Wimier, Abbe, Morton, Einhorn, Rehns, Salmon, Branstein, Repman, Sichel, Darier, Mackenzie, Davidson, Boikoff, Dieffenbach et Lieber, Oudin et Verchère, Foveau de Courmelle, Blaschko, etc.).

Les appareils utilisés à la période actuelle sont essentiellement :

1º *Des appareils dits à sel collé,* constitués par un support de toile ou de métal à la surface duquel du sulfate de baryum, broyé et pulvérisé, est maintenu adhérent au moyen d'un vernis homogène, le vernis de Danne. Le vernis de ces appareils absorbe, en partie ou en totalité, les rayons les moins pénétrants, c'est-à-dire les α, de sorte que ces appareils émettent outre une partie des α les β moyens, mous et durs ainsi que les γ.

2º Des tubes de verres à paroi de $\frac{5}{10}$ de millimètre d'épaisseur environ. La paroi de ces tubes arrête, outre les α, les β mous de sorte qu'ils n'émettent que les β moyens, les β durs et la presque totalité des γ.

3º Des tubes radifères d'argent, d'or, de platine, hermétiquement clos et contenant du bromure ou du sulfate de radium purs à l'état de poudre sèche. Leur paroi, mesurant en général $\frac{5}{10}$ de millimètre d'épaisseur, absorbe les α, les β mous et moyens et ne laisse passer que les β les plus durs et les γ.

Ces derniers appareils sont dits à rayonnements ultrapénétrants de Dominici [2].

---

[1] Quelques mois avant les premières expériences de Haret, Bertolotti avait fait passer dans les tissus vivants, au moyen de l'électrolyse, une partie de la substance radioactive de boues contenant du radium, du thorium, de l'actinium.

[2] Dominici a dénommé rayonnement ultrapénétrant le rayonnement constitué par les rayons qui ont franchi une lame de plomb de $\frac{5}{10}$ de millimètre et plus

Le rayonnement ultrapénétrant ne représente guère que la centième partie ($\frac{1}{100}$) du rayonnement global. Il n'en est pas moins la fraction essentielle du faisceau radiant pour le traitement des cancers profonds [1] :

1° Parce que ce rayonnement est capable d'exercer une action régressive remarquable sur les éléments néoplasiques à condition de compenser la faiblesse de son intensité par une augmentation de durée de sa mise en jeu;

2° Parce que ce rayonnement présente une innocuité remarquable, dans les conditions de l'application thérapeutique, envers les tissus normaux.

Les rayons autres que les rayons ultrapénétrants doivent être généralement rejetés parcequ'ils sont inutiles et nuisibles.

Ces rayons sont inutiles, car, d'après les recherches que nous avons pratiquées avec MM. Beaudoin, Bader et Faivre, la peau, le tissu cellulaire sous-cutané, les muscles, la substance propre de la plupart des néoplasmes les interceptent à-moins de 1^{cm} de la surface d'application de ces appareils.

Ils sont nuisibles, parce qu'ils provoquent des escarres des tissus où ils s'amortissent quand on les met en jeu pendant le temps nécessaire pour obtenir la régression de la plupart des cancers profonds, justiciables de la radiumthérapie.

Le traitement de la majorité des cancers profonds, par le radium, nécessite donc la conversion des appareils à sels collés ou des tubes radiféres à paroi de verre en appareils à rayonnement ultrapénétrant.

A cet effet, on superpose aux appareils des gaines ou des lames métalliques auxquelles on surajoute des feuilles de papier sur une épaisseur de plusieurs millimètres, de façon à arrêter le rayonnement secondaire qui résulte du passage des rayons ultrapénétrants à travers les écrans métalliques.

---

d'épaisseur, ou tout autre écran de capacité d'absorption équivalente. — L'équivalence est facile à établir, si l'on se rappelle la loi d'après laquelle la capacité d'absorption des diverses substances à l'égard du rayonnement est proportionnelle à leur épaisseur et, dans une certaine mesure, à leur densité.

[1] De même que M. Béclère, M. Wishman, en 1905, a insisté sur le peu de dureté des α et d'un grand nombre de β. Cet auteur a conseillé de filtrer le rayonnement pour le traitement des tumeurs situées dans la profondeur des tissus. C'est là une notion sur laquelle s'accordent en principe toutes les personnes tant soit peu compétentes en matière de radiumthérapie, et c'est pourquoi certains auteurs avaient filtré le rayonnement, soit au moyen d'aluminium, soit en écartant les appareils radiféres de la surface de la peau ou des muqueuses (Bayet, Bongiovani). Néanmoins, il semblait indispensable de conserver le plus grand nombre possible de β, les γ paraissant quantité négligeable. Cette conception, qui paraissait juste à première vue, a été infirmée, en théorie et en pratique, par la méthode du rayonnement ultrapénétrant de Dominici.

Les recherches que nous poursuivons actuellement avec Rubens-Duval, Faure-Beaulieu et Barcat nous démontrent que la radiumthérapie doit et devra ses résultats les plus importants à l'outillage fournissant la quantité la plus grande de γ purs, rendus aussi homogènes que possible au moyen d'écrans appropriés à cette sélection.

MODES D'UTILISATION DU RAYONNEMENT.

L'irradiation est mise en jeu tantôt à titre essentiel tantôt à titre auxiliaire.

Utilisation exclusive du rayonnement.

Les cas que nous allons envisager sont ceux où l'intervention chirurgicale est irréalisable :

1º Pour des causes d'ordre général ou local extrinsèques aux tumeurs (cachexie, cardiopathie, etc.);

2º Pour des causes inhérentes aux tumeurs.

Modes d'irradiation. — L'application des appareils est :

a. Juxtacutanée ou juxtamuqueuse;

b. Juxtanéoplasique;

c. Intranéoplasique.

a. L'application juxtacutanée ou juxtamuqueuse consiste en l'apposition des appareils à la surface de la peau ou d'une muqueuse recouvrant le cancer.

b. L'application juxtanéoplasique est celle où les appareils sont appliqués directement à la surface des masses cancéreuses infiltrées dans la peau ou dans les muqueuses.

c. L'application intranéoplasique consiste en l'introduction d'appareils radifères dans l'épaisseur d'un tissu cancéreux.

Applications juxtacutanées, juxtamuqueuses et juxtacancéreuses. — Les appareils de choix en ce qui concerne l'application du radium à la surface de la peau recouvrant les cancers sont les appareils à sel collé.

On leur préfère les appareils tubes de verre, d'argent, d'or ou de platine, quand l'application du radium doit s'exécuter dans les dépressions de la surface du corps, dans les cavités naturelles, dans les brèches creusées dans le tissu cancéreux, dans l'épaisseur même de ces tissus.

Applications intranéoplasiques. — En ce qui concerne les applications intranéoplasiques, nous croyons que, dans la règle, les tubes d'argent, d'or ou de platine sont préférables aux tubes de verre dont Abbe et Morton ont recommandé l'emploi, parce qu'ils sont plus résistants et plus faciles à manier(1)

Nous admettons, en général, qu'on doit utiliser, contre les cancers profonds, la quantité maxima de radium disponible, soit pour les applications de sur-

---

(1) Les tubes à paroi métallique dense ont une infériorité apparente en ce sens qu'ils émettent un rayonnement de moindre intensité que les tubes de verre à paroi de même épaisseur, renfermant une charge égale de sel de radium.

Nous avons démontré, avec la collaboration technique de M. Bader et de M. Faivre, que l'excédent de rayonnement des derniers appareils représentait un avantage plus apparent que réel, car il suffit de 5ᵐᵐ à 6ᵐᵐ de tissu sarcomateux ou épithéliomateux pour éteindre l'activité radiante appartenant en propre aux tubes à rayonnement composite; si ces derniers appareils ont un avantage sur les tubes à rayonnement ultrapénétrant, c'est tout au plus pour le traitement des tumeurs de faible volume.

face (Wickham et Degrais), soit pour les applications intranéoplasiques, bien que MM. Abbe et Morton aient utilisé avec succès des tubes de verre contenant simplement 1^{mg} de sel de radium pur, lesquels restaient enfouis dans les tissus néoplasiques un temps considérable, jusqu'à 10 semaines (Morton).

Comme Wickham et Degrais, nous pensons qu'il y a avantage, pour les applications de surface, à mettre en jeu, d'une façon simultanée, la plus grande quantité d'appareils possible et à les disposer de façon que les rayons se croisent dans l'épaisseur des tissus malades.

Quant à l'irradiation intranéoplasique, il est naturellement préférable de la réaliser par foyers multiples que par un foyer unique central.

Enfin, on combinera les applications de surface aux applications intranéoplasiques.

ASSOCIATION DE LA CHIRURGIE ET DE LA RADIUMTHÉRAPIE.

L'association de la chirurgie et de la radiumthérapie s'exécute suivant deux modes principaux :

Le premier mode est celui où la chirurgie est l'auxiliaire de la radiumthérapie. En pareil cas, la part du chirurgien se réduit à pratiquer la découverte des tumeurs destinées à recevoir les tubes radifères et à y introduire ceux-ci par ponction, par transfixion ou par vissage.

Le second mode est celui où la radiumthérapie est l'auxiliaire de la chirurgie dont elle est destinée à parfaire l'action ou à préparer les voies.

La subordination de la radiumthérapie à la chirurgie a été préconisée par Exner, Abbe, Tuffier (1907), Chevrier, Schwartz, Segond, de Martel. Bazy, etc., qui nous ont appelé à maintes reprises pour en réaliser des combinaisons qui ont fourni, d'autre part, des résultats intéressants à MM. Wickham et Degrais, Lebey, Lejars et Rubens-Duval, Pozzi et Mme Fabre, etc.

La radiumthérapie contribue à parfaire l'action de la chirurgie quand l'irradiation suit l'intervention chirurgicale.

La radiumthérapie prépare la voie à la chirurgie en déterminant la rétraction et la réduction de tumeurs très étendues et très volumineuses, en mobilisant un utérus fixé par une gangue inflammatoire, etc., en modifiant non seulement l'état local, mais aussi l'état général des malades.

Effets thérapeutiques. — Les effets thérapeutiques sont paranéoplasiques ou antinéoplasiques.

Dans les cas justiciables de la radiumthérapie, les effets paranéoplasiques se caractérisent par la disparition ou la diminution de la douleur, des hémorragies, des œdèmes inflammatoires, de la suppuration, de la gangrène.

L'effet antinéoplasique se traduit par une régression plus ou moins accusée du cancer.

Les facteurs de cette régression sont, d'une part, la réceptivité du tissu propre de la tumeur au rayonnement; de l'autre, l'adaptation du traitement à la variété de cancer traité.

Nous appelons réceptivité du tissu néoplasique son aptitude à être modifié par le rayonnement.

Cette réceptivité dépend :

1º De l'âge des tissus envisagés relativement à leur évolution;

2º Des propriétés spécifiques et d'origine inconnue en vertu desquelles les cellules des tissus différenciés sont plus ou moins sensibles au rayonnement.

La sensibilité des cancers au rayonnement est indiquée dans une certaine mesure, par certains caractères cliniques, au moins en ce qui concerne les tumeurs malignes épithéliales.

Les épithéliomes et les carcinomes formés par un soubassement très dur, profondément infiltrés, à surface peu bourgeonnante, sont fréquemment moins sensibles au rayonnement que les tumeurs présentant les caractères inverses.

Quelle que soit la sensibilité de certains cancers, au rayonnement, il est impossible de déterminer leur régression si la technique de l'irradiation n'est pas adaptée rigoureusement à leur traitement.

Il y aura lieu d'éviter certaines causes d'échec telles que : l'insuffisance de la charge en radium; la situation des appareils à trop grande distance de la masse néoplasique; l'introduction d'un seul tube radifère au centre d'une tumeur très volumineuse; une insuffisance de filtrage capable d'occasionner des radiumdermites limitant l'application à une durée insuffisante pour produire la régression, etc.

RÉSULTATS DE LA RADIUMTHÉRAPIE DES CANCERS PROFONDS.

Dans les cas favorables, l'irradiation est capable de pallier une situation désespérée, en calmant des douleurs intolérables, en stérilisant un tissu néoplasique infecté, en asséchant des plaies qui saignent et qui suppurent, en déterminant une régression des tumeurs parfois intégrale au point de vue clinique.

A ces effets palliatifs se joignent ceux qui résultent de la suppression de troubles fonctionnels : 1º disparition de l'œdème du bras, correspondant à la présence de ganglions néoplasiques rétro-claviculaires;

2º Amélioration de la déglutition à la suite de la régression des cancers limités, mous, végétants du plancher de la bouche, de la langue, des piliers et du voile du palais et de l'amygdale, retour de la perméabilité de l'œsophage rétréci par un carcinome, à la suite de l'introduction de sonde radifères (Einhorn, Exner, Guizoz et Barcat, Finzi);

3º Atténuation des douleurs et des vomissements de certains cancers gastriques, par apposition de grandes plaques radifères dans la région stomacale;

4º Régularisation de la défécation, de la miction, par introduction de tubes radifères dans l'ampoule rectale et dans la vessie (Minet, Chéron et Dominici);

5º Amélioration des fonctions respiratoires, par réduction de tumeurs du médiastin, consécutivement à des irradiations de surface (Wickham et Degrais), ou par introduction de tubes à rayonnement filtré à travers $2^{mm},5$ de platine (Finzi).

Certes, il existe des *noli me tangere* pour le radium, tels que les cancers durs de la langue, de la face interne de la joue; mais nombreux sont les cas où les régressions totales en apparence et dépassant une année, ont été réalisées,

Ces résultats ont été obtenus notamment à l'égard des cancers de l'utérus (Tuffier et Dominici; Tuffier, Degrais, Lacapère), et sont acquis principalement depuis l'époque où Chéron et Rubens-Duval ont démontré l'utilité de doses relativement considérables de radium (20^{cg}) pour le traitement de ces tumeurs.

Nous n'ignorons pas, d'autre part, que les régressions les plus complètes en apparence sont comprises à échéances plus ou moins éloignées, par des récidives locales ou des métastases; mais il n'en existe pas moins, à la suite du traitement radiumthérapique, des survies importantes.

Parmi les cancers profonds dont la régression, après le traitement radiumthérapique, dure depuis plus de 2 ans, nous pouvons citer des tumeurs telles que le squirre du sein atrophique; l'épithélioma du sein localisé dans une partie de la glande, mais que sa forme clinique fait considérer comme un *noli me tangere* dont le traitement par la chirurgie comporte des récidives immédiates; l'épithélioma glandulaire infiltrant le maxillaire supérieur, le sarcome qui se développe aux dépens de la muqueuse du maxilaire supérieur; le lymphadénome limité à un organe tel que la parotide.

Mais la rareté des résultats que nous venons de mentionner ne donne, en aucune façon, la mesure du pouvoir curatif du radium à l'égard du cancer.

L'évaluation d'une méthode thérapeutique nécessite et la mise en jeu de tous ses moyens d'action et son application à tous les cas y ressortissant.

Ni l'une ni l'autre de ces conditions n'a été jusqu'ici complètement réalisée à cause de la pénurie du radium et du choix des tumeurs malignes réservées à la radiumthérapie.

La pénurie du radium entraîne l'insuffisance du nombre des appareils radifères, et des combinaisons techniques propres à mettre en jeu les propriétés antinéoplasiques.

Les tumeurs concédées à la radiumthérapie font généralement partie du groupe des cas désespérés. Ce sont, dans la règle, les néoplasmes que leur récidive, leur dissémination, leurs connexions anatomiques soustraient à la chirurgie.

Si l'on fait intervenir le radium à leur égard c'est pour calmer les douleurs intolérables, pour assécher des plaies qui saignent et qui suppurent, pour diminuer les troubles de compression en réduisant le volume des masses néoplasiques. Néanmoins, la régression déterminée par le radium va parfois jusqu'à la résorption des tumeurs, qui paraît intégrale au point de vue clinique, et dont la durée peut dépasser deux ans et demi.

L'avenir démontrera s'il est possible de guérir certains cancers profonds au moyen de la radiumthérapie.

Cette espérance ne semblera pas chimérique, si l'on se rappelle que la technique de l'irradiation est loin d'avoir réalisé toutes les conditions nécessaires à son action, que les autres procédés de radiumthérapie que nous avons mentionnés au début de ce Rapport : l'injection de l'émanation du radium ou des substances radioactivées par cette émanation, l'injection du radium à l'état de sel soluble ou insoluble, l'introduction de l'ion radium par électrolyse (procédé de Huret) sont à peine expérimentés.

M. LE Dr BAILLY-SALIN.

SUR UN CAS DE LUPUS TUBERCULEUX GUÉRI PAR LA RADIOTHÉRAPIE.

616.57.0025 + 615.849

2 Août.

La guérison du lupus tuberculeux par le traitement radiothérapique étant généralement admise, il n'y a d'intérêt pour les spécialistes qu'à mettre en comparaison les cas traités avec des techniques différentes. C'est pour cette raison que j'ai cru devoir vous présenter cette observation qui se met utilement en parallèle avec quelques autres récemment parues sur le même sujet.

La malade était une femme de 5o ans, atteinte depuis 2 ans d'une ulcération à l'extrémité du nez : le diagnostic de lupus tuberculeux avait été porté par notre confrère le Dr Picquet, chirurgien à Sens, qui avait pratiqué à plusieurs séances de cautérisations sans résultat favorable, ce qui le décida à m'adresser la malade.

Le lupus avait alors le diamètre d'une pièce de 1 franc, était ulcéré et saignait facilement; je pratiquai le 5 janvier 1911, à l'aide d'un localisateur de dimensions appropriées, une irradiation de la région malade, rayons 5-6 Benoist jusqu'au virage de la pastille à la teinte IV du radiochromomètre du Dr Bordier. Il en résulta une radiodermite qui mit exactement 75 jours à se guérir complètement, laissant place à un tissu de cicatrisation fin, délicat, sans aspect atrophique; il n'y eut pas de douleurs pendant la durée de cette radiodermite et le traitement consista en application d'une pommade à base d'oxyde de zinc et de naphtalan.

Quand on compare ce résultat obtenu en une seule séance au traitement radiothérapique courant qui réclame de 3 à 10 mois de traitement, on apprécie sa rapidité : cette précision dans ce traitement et sa commodité sont le résultat habituel lorsqu'on pousse le virage de la pastille aux teintes III et IV de l'échelle radiochromatique du Dr Bordier. Cette teinte IV correspond à 15 unités I [quantité de rayons X qui, agissant sur une couche de réactif de Freund (dissolution chloroformique d'iodoforme à 2 % ayant 1 cm d'épaisseur et sur 1 cm² de cette couche), mettra en liberté $\frac{1}{10}$ de milligramme d'iode dans le centimètre cube du réactif ainsi déterminé].

C'est exactement la même dose que fit absorber à une malade le Dr Laborderie de Sarlat (Société française d'Électrothérapie), mais en 23 séances convenablement espacées.

La lésion lupique a demandé dans les deux cas la même quantité de rayons X pour guérir, la manière d'absorption ayant été seule différente : dose fractionnée ou dose unique, nous avons bien employé la dose de rayons nécessaire pour cicatriser un lupus tuberculeux ulcéré.

Preund écrivait qu'il est très rare de guérir complètement le lupus par la radiothérapie, mais qu'on pouvait l'améliorer beaucoup, ce qui a fait souvent adjoindre au traitement radiothérapique d'autres procédés, cautérisations, etc.

En suivant les conseils d'Holsknecht, on doit, pour les séances espacées, monter à 4 H par séance quand on a affaire à un lupus ulcéré : nous pensons qu'on peut atteindre sans danger les teintes III et IV Bordier; nous venons d'en fournir deux preuves, et les auteurs qui ont relaté des insuccès, Neisser, Gron et d'autres, ont peut-être péché par insuffisance de quantité.

Quoi qu'on en dise, la méthode Bordier, en s'entourant de précautions qui doivent être la règle de tous nos actes radiothérapiques, a une précision suffisante pour nous guider dans l'application du traitement du upus tuberculeux ulcéré par les hautes doses et souvent par une dose forte absorbée en une seule séance.

Kaposi a formulé l'hypothèse suivante : « il faut s'attendre à récidive toutes les fois qu'une lésion de lupus a été guérie par application des agents physiques ».

Si cette éventualité se produit pour le cas que je vous ai soumis, j'ai la conviction que le même mode de traitement, avec la même technique, donnera à nouveau le même résultat.

Mme LA DOCTORESSE S. FABRE.

TRAITEMENT PAR LE RADIUM D'UN CAS DE LUPUS VULGAIRE DATANT DE 32 ANS.

616.57.0025 + 546 43.

5 *Août.*

Nous présentons un cas de lupus vulgaire chez une malade âgée de 48 ans et atteinte depuis l'âge de 16 ans. L'ancienneté de l'affection, l'inefficacité des traitements habituels, la rapidité de la guérison par la radiothérapie mieux supportée du reste que les autres traitements, font l'intérêt de ce cas.

Mlle F..., âgée de 48 ans, atteinte de lupus vulgaire de la joue droite, n'a pas d'antécédents héréditaires qui méritent d'être notés.

Comme antécédents personnels, on trouve dans son enfance beaucoup de maladies de cet âge, mais sans gravité particulière. A 15 ans, elle présente un début de bacillose du sommet droit, lésion dont il ne reste actuellement aucune trace.

A 16 ans, débute sur la joue droite là lésion qui nous intéresse. Un noyau apparut sur le milieu de la joue, s'étendit rapidement et envahit la joue entière.

La malade se présente à la consultation en janvier; à ce moment la joue envahie par le processus lupique est couverte d'un placard de 0,5 cm d'épaisseur. La surface est parsemée de points ulcérés qui reposent sur une base bourgeonnante et desquels s'écoule un liquide séro-purulent.

La malade a suivi la gamme des traitements médicaux sans aucun résultat. Pendant deux ans, elle a été traitée par le Finzen; pendant deux autres années la radiothérapie essayée n'a donné aucune amélioration, et son action, mal supporté par la malade, provoqua du gonflement, de fortes douleurs avec sensation de chaleur, en somme une très forte irritation sans résultat favorable.

Plusieurs années de traitement à la Bourboule restèrent également sans effet.

Son état général est resté excellent durant toute l'évolution de son lupus et elle présente même un certain degré d'embonpoint qui témoigne d'une bonne santé habituelle.

On applique la radiothérapie d'une manière suivie, mais très lente. Pendant les premiers mois, on fait agir trois fois par semaine un appareil de 6 cg d'activité 500,000 muni d'un écran de $\frac{3}{10}$ de millimètre en plomb avec une épaisseur de caoutchouc et quatre épaisseurs de tarlatane.

A chaque séance, l'appareil est laissé sur chaque place 15 minutes Au bout d'un mois on observe un repos de 3 semaines. A ce moment, la rougeur générale a diminué et les bourgeons se sont aplatis. On reprend le traitement à raison de trois applications par semaine pendant 3 semaines, après lesquelles on s'arrête pendant 10 jours pour continuer ainsi jusqu'au mois de juillet. Actuellement il n'y a plus de bourgeons ni d'écailles et la guérison s'est faite sans cicatrice. La joue droite est un peu plus rouge que la gauche, mais son aspect est presque normal.

Il est intéressant de noter qu'il n'y avait plus de points suppurés après 2 mois de traitement et que, d'autre part, celui-ci n'entraîna jamais d'irritation ni de rougeur chez une malade qui s'était montrée si sensible aux traitements précédents.

M. H. BORDIÊR,

Agrégé à la Faculté de Médecine (Lyon).

EFFETS REMARQUABLES DE LA RADIOTHÉRAPIE MÉDULLAIRE CHEZ UN ATAXIQUE.

615.849 : 616.832.'734

2 Août.

Étant donné que le tabès est, de l'avis de tous les Traités de Pathologie, une maladie incurable, le cas que je vais rapporter mérite quelque attention, car il s'agit là, non pas d'une rémission comme on en voit quelquefois, mais d'une amélioration réelle avec disparition de plusieurs symptômes fondamentaux de l'ataxie. Ce résultat est dû certainement à la technique radiothérapique mise en œuvre pour le traitement de ce malade.

Il s'agit d'un homme âgé de 48 ans, commandant d'infanterie, qui a présenté les premiers signes du tabès en 1899; abolition du réflexe rotulien, signe de Romberg, etc. Il s'aperçut tout d'abord de la difficulté qu'il éprouvait à marcher dans l'obscurité; il eut aussi des douleurs fulgurantes qui durèrent pendant quelques années. Le malade était très gêné par l'anesthésie plantaire; il lui semblait enfoncer dans un tapis très épais; il ne pouvait marcher sur un parquet ciré. Je soignai ce malade plusieurs fois depuis le début de sa maladie au moyen du courant galvanique, les pieds étant appuyés sur une électrode spongieuse, l'autre électrode, négative, appliquée sur la région lombaire. Il n'y eût pas d'aggravation dans l'état du malade qui put continuer, quoique difficilement, à faire son service de capitaine; il fit plusieurs chutes de cheval, mais son colonel et les autres officiers supérieurs n'eurent pas à se plaindre du service de ce malade.

Ce n'est qu'en novembre 1910 que l'on s'aperçut que le commandant M. ne pouvait pas rester en activité avec son infirmité d'ataxique qu'il ne pouvait plus cacher. Il passa devant une Commission où figuraient deux médecins et qui, avant de le mettre à la réforme, lui donna 6 mois de congé. Les pièces qui accompagnent son dossier contiennent les avis des médecins qui indiquent les symptômes suivants :

Signe de Romberg, pupille d'Argyll-Robertson, choc du talon en marchant, incoordination marquée des mouvements volontaires, impossibilité de la flexion des jambes sur la pointe des pieds, impossibilité de se retourner brusquement, abolition des réflexes patellaires et du réflexe rotulien.

Ce malade vint alors me trouver et me déclara qu'il voulait employer son congé de 6 mois à se soigner, qu'il se confiait à moi pour tâcher d'améliorer son état et pouvoir reprendre son service. Je lui proposai d'essayer d'agir sur la cause du mal, la sclérose des cordons postérieurs de la moelle, au moyen des rayons X : il accepta ce traitement qui fut fait de la façon suivante :

Ayant préalablement étudié sur un squelette la proportion de rayons X qui arrivent jusqu'au canal médullaire et ayant reconnu que l'irradiation la plus efficace était celle obtenue par la position oblique qui permet aux rayons d'entrer par la lame vertébrale réunissant l'apophyse épineuse de chaque vertèbre à l'apophyse transverse, c'est cette dernière technique que j'appliquai chez ce malade. L'irradiation médiane, faite dans le plan des apophyses épineuses, est bien inférieure en effet, comme je l'ai démontré, car les rayons ont à traverser toute l'épaisseur des apophyses, et la proportion de rayons qui arrive à la moelle n'est que de

12 % sous la cinquième vertèbre dorsale, au lieu de 18 % dans le cas de l'irradiation oblique.

La moelle a été irradiée chez ce malade en trois fois : la région cervico-dorsale, la région dorsale et la région lombaire. Chaque segment fut soumis à une série d'irradiations, à droite et à gauche; la moitié droite étant protégée à partir de la ligne médiane des crêtes apophysaires au moyen d'une feuille de plomb pendant l'irradiation de la gouttière vertébrale gauche et vice versa.

Il y eut trois irradiations faites à la dose de 2 unités I chaque fois, dose mesurée sur la peau, sous le filtre de 1 mm d'aluminium, ce qui représente neuf irradiations doubles pour toute la moelle. Un repos de 3 semaines était laissé entre chaque série. Après trois séries, soit après 2 mois et demi, le malade trouva une amélioration sensible dans son équilibre : il pouvait faire quelques mouvements de flexion sur le membre inférieur, ce qui lui était impossible auparavant, et surtout il constata la possibilité de marcher dans l'obscurité. En effet, en lui faisant fermer les yeux, je m'assurai que la station debout pouvait être gardée longtemps sans hésitation.

Deux autres séries, avec intervalle de 3 semaines, furent encore faites; le traitement cessa en avril, soit en tout 5 mois. Pendant ce temps-là, les différents symptômes s'améliorèrent sensiblement; en mars déjà, je constatai que la pupille réagissait très bien à la lumière; le signe d'Argyll-Robertson avait donc disparu : le malade pouvait se tenir sur un pied les yeux fermés; la flexion sur la pointe des pieds était parfaite; le choc du talon, en marchant, avait totalement disparu. Le malade pouvait se promener dans la rue en regardant les étalages ou en causant, sans avoir comme auparavant besoin de regarder ses pieds.

Il rentra à son régiment fin mai; les mêmes médecins qui l'avaient examiné furent stupéfaits, m'écrivit le malade, de l'état dans lequel ils trouvaient le commandant M. « C'est merveilleux ! c'est à ne pas y croire ! » telle est l'expression des deux médecins qui constatèrent la disparition des principaux signes de l'ataxie. Ils furent d'avis que devant la grande et réelle amélioration, il ne pouvait plus être question de mettre le malade en non-activité.

Il a repris, en effet, son service; cheval, manœuvres, tout cela lui est maintenant possible sans fatigue. Quant à l'état général, il est aussi meilleur; le malade a engraissé de 3 kg.

La très notable amélioration obtenue chez ce malade ne peut être confondue avec un simple arrêt dans l'évolution de la maladie, puisque certains symptômes du tabès ont disparu ! C'est bien à un commencement de guérison des lésions médullaires qu'il faut attribuer le mieux constaté. L'explication de cet heureux résultat doit être recherchée, selon moi, d'une part dans la forte dose de rayons ayant atteint la moelle et d'autre part dans la technique suivie.

Cette technique a permis, en effet, la pénétration des rayons dans la direction des cordons de Burdach, car les irradiations étaient faites, on l'a vu plus haut, en orientant le plan de symétrie de l'ampoule dans le plan bissecteur de l'angle formé par le plan apophysaire épineux et celui des apophyses transverses; les rayons n'avaient à traverser que les lames vertébrales peu épaisses, au lieu d'avoir à traverser les apophyses épineuses, comme cela a lieu dans l'irradiation médiane.

C'est précisément sur les régions médullaires où siègent les lésions du tabès, à droite et à gauche, que la plus forte proportion de rayons X a été introduite par la technique suivie.

La dose totale a été de 15 fois, 1,8 à 2 unités I sous le filtre, répartie en 5 mois, sur chacune des régions irradiées, cervicale, dorsale, lombaire. Chaque segment a donc reçu environ 25 à 30 unités I; si l'on admet la valeur moyenne de 18 % pour la proportion de rayons filtrés pouvant atteindre la moelle à travers les lames vertébrales, on arrive à voir qu'environ 4 à 5 unités I ont été absorbées par la substance médullaire et, en particulier, par les cordons de Burdach, la zone de Lissauer, les fibres radiculaires courtes et moyennes, qui sont les parties de la moelle où siègent les lésions tabétiques. C'est à cette dose, relativement élevée, que je rapporte les effets remarquables de la radiothérapie dans le cas que je viens de faire connaître. Les rayons X doivent avoir une action élective sur les cellules nerveuses où a lieu un travail de destruction ou de transformation.

J'ai observé aussi dans un cas d'atrophie musculaire progressive (type Aran-Duchenne) les mêmes effets absolument étonnants, grâce à la technique suivie et à la forte dose de rayons absorbés.

M. H. BORDIER.

REMARQUES SUR L'ÉVALUATION DES DOSES FAIBLES DE RAYONS X PAR LE CHROMORADIOMÈTRE DE BORDIER.

615.847.

2 Août.

L'évaluation des *doses faibles* de rayons X par mon chromoradiomètre présente quelques difficultés sur lesquelles il est utile de renseigner les radiothérapeutes qui utilisent ce *procédé clinique* de dosage.

L'appréciation du virage de la pastille à la teinte O est délicate à faire, tandis que les colorations du platino-cyanure, à partir de la teinte I et surtout de la teinte II correspondant à des doses de plus en plus fortes, se comparent très facilement aux teintes étalons. Cette différence tient uniquement à la fluorescence du platino-cyanure de baryum : lorsque

la dose de rayons X reçue par la pastille a atteint 4 à 5 unités I, la fluorescence diminue rapidement, en sorte que la coloration du platino-
cyanure viré, n'étant plus accompagnée de la luminescence du sel, est
de même nature que celle des teintes étalons II, III et IV; la comparaison est alors très facile et l'égalité de teinte s'apprécie exactement.

Lorsque la dose de rayons X reçue par le platino-cyanure a, au contraire, été faible (teintes O et I), à la coloration du sel ayant subi un commencement de virage vient s'ajouter la fluorescence que produit la
lumière du jour; en sorte que la comparaison de la pastille avec les
teintes étalons O et I est gênée, d'autant plus qu'on se sert d'une
intensité lumineuse solaire *plus grande*.

Il est pourtant possible de diminuer cette luminescence parasite de
la pastille tout en employant la lumière naturelle; on s'en rend compte
facilement en hiver, lorsque le soleil est caché par les nuages; la comparaison de la pastille virée avec la teinte O se fait très bien, et cette teinte O,
dans mon *nouveau modèle* de radiomètre, peut être obtenue exactement.

Quand la lumière solaire est vive, comme en été, on peut, en diminuant la quantité de rayons solaires qui tombent sur le chromoradiomètre et la pastille à comparer, obtenir une atténuation marquée de
la fluorescence du platino-cyanure et rendre ainsi la comparaison avec
les premières teintes étalons très aisée. Il suffit de tirer suffisamment
les rideaux de la pièce où l'on se trouve pour avoir une intensité lumineuse suffisante pour voir, mais insuffisante pour provoquer une forte
fluorescence de la pastille (¹). C'est ce qu'ont compris certains radiothérapeutes qui, après m'avoir fait part de la difficulté d'obtenir la
teinte O, ont su régler la quantité de lumière incidente pour que la
comparaison ne soit pas gênée par la fluorescence du platino-cyanure.

– Enfin, je ferai remarquer, ainsi que je l'ai dit bien souvent déjà,
que mon chromoradiomètre a été étalonné avec et pour les rayons X
de fort degré radiochromométrique de 7 à 10 B. Il ne faut donc pas
vouloir obtenir de lui des indications qu'il ne peut fournir; avec des
rayons de très faible degré de pénétration, le virage du platino-cyanure à des teintes données, ne permettrait plus de prévoir les réactions
cutanées. C'est pour cela que, dans les effets sur la peau des rayons X,
il faudrait beaucoup plus tenir compte qu'on ne l'a fait de la *qualité*
des rayons employés à *virage égal* de la pastille. Les observations de
M. Spéder (*Archiv. d'Élect. méd.*, juillet 1910, p. 41), sont tout à fait
démonstratives à cet égard.

(¹) J'étudie un moyen lucimétrique très simple qui permettra de se placer toujours
dans les mêmes conditions d'éclairement de la pastille pour sa comparaison *à la
lumière naturelle* avec les teintes étalons.

M. H. BORDIER.

RECHERCHES EXPÉRIMENTALES SUR LA RADIOTHÉRAPIE MÉDULLAIRE.

611.82 : 615:849

2 Août.

C'est pour préciser la technique des applications des rayons X sur la moelle que j'ai entrepris depuis plusieurs mois une série de recherches qui m'ont conduit à poser des indications utiles à la radiothérapie médullaire.

J'ai opéré sur le squelette en remplaçant les masses musculaires par du coton imbibé d'une solution salée à 7 $^0/_{00}$ et de même épaisseur. J'ai pu, grâce à l'emploi de mon chromoradiomètre, déterminer les proportions de rayons X qui arrivent jusqu'au centre du canal vertébral dans certaines conditions.

Lorsque les irradiations sont faites dans le plan de symétrie du corps, plan qui passe par l'axe des apophyses épineuses, et *sans filtration,* j'ai trouvé que la proportion de rayons X ayant pénétré jusqu'au canal vertébral varie *suivant les régions;* si l'on représente par 100 la quantité incidente sur la surface du coton (représentant la peau), on trouve que les quantités transmises sont :

> 5 sous la 1re vertèbre dorsale ;
> 9   »   5e »   dorsale;
> 15 dans l'espace intervertébral de la 2e à la 3e lombaire.

Les rayons employés avaient le degré 9 à 10 Benoist.

Lorsque le faisceau est *filtré* avec une lame de 1 mm d'aluminium, la proportion s'élève; ainsi, sous la cinquième dorsale, la quantité passe de 9 à 12 à 13 $^0/_0$.

J'ai cherché à voir ce que devient la quantité de rayons X transmise jusqu'à la moelle, lorsque l'ampoule est orientée de telle façon que son plan médian coïncide avec le plan bissecteur de l'angle dièdre formé par les apophyses épineuses et les apophyses transverses.

En filtrant avec 1 mm d'aluminium, comme précédemment, la pastille réactif placée dans le canal vertébral présente une teinte de virage sensiblement plus accusée : la proportion s'élève, sous la cinquième dorsale, jusqu'à 17 ou 18 %. Ce résultat se comprend aisément en considérant le peu d'épaisseur de la lame osseuse qui relie chaque apophyse épineuse aux apophyses transverses.

Donc, en dirigeant le faisceau de rayons X dans ce plan oblique et situé à 45° du plan antéro-postérieur, on peut arriver à faire pénétrer jusqu'au canal médullaire une dose relativement grande de rayons X, beaucoup plus grande qu'en faisant les irradiations dans le plan des apophyses épineuses et avec cet avantage que cette quantité importante de rayons est introduite à droite et à gauche successivement, chaque côté étant protégé par une lame de plomb pendant l'irradiation du côté opposé.

C'est la technique que je suis maintenant en radiothérapie médullaire et qui m'a donné des résultats qu'on n'est pas habitué à obtenir dans des maladies réputées incurables.

TABLE DES MATIÈRES.

(Tome III.)

NOTES ET MÉMOIRES.

TABLE ANALYTIQUE.

47720   Paris. — Imp. GAUTHIER-VILLARS, Quai des Grands-Augustins, 55.